“十三五”江苏省高等学校重点教材（本书编号：2020-2-183）
应用型本科计算机类专业系列教材
应用型高校计算机学科建设专家委员会组织编写

C语言程序设计
——游戏案例驱动

主　编　赵启升　李存华
副主编　张丽虹　朱长水　陈琳琳　黄瑜岳
　　　　薛雁丹　王国金　朱　娴　郑　磊
主　审　朱辉生

南京大学出版社

内容简介

本书以 Visual Studio 2012 为环境，讲授 C 语言程序设计的基本语法、思想、方法和解决实际问题的技巧。

本教材编写以计算思维的培养和实践能力提升兼顾为原则，通过软件工程思想指导程序开发，重点培养学生编写综合应用程序、解决复杂功能问题的能力。本书结合编者多年的工程与教学实践，与传统介绍 C 程序设计教材相比，在内容组织上进行了优化，层次分明，系统性、实用性更强。全书共分 10 章，分别为初识 C 语言、输入输出、顺序结构、分支结构、循环结构、函数、数组、指针、结构体与链表以及文件。每章均有综合实例、项目实训，并附有相当数量的全国计算机二级考试真题。

本书可以作为应用型高校各专业 C 语言程序设计课程的教材，也可供准备参加计算机等级考试、学科竞赛及工程技术人员阅读参考。

图书在版编目(CIP)数据

C 语言程序设计：游戏案例驱动 / 赵启升，李存华主编. —南京：南京大学出版社，2021.12(2023.12 重印)
应用型本科计算机类专业系列教材
ISBN 978-7-305-25167-2

Ⅰ. ①C… Ⅱ. ①赵… ②李… Ⅲ. ①C 语言—程序设计—高等学校—教材 Ⅳ. ①TP312.8

中国版本图书馆 CIP 数据核字(2021)第 238313 号

出版发行 南京大学出版社
社　　址 南京市汉口路 22 号　　邮　　编 210093

书　　名 C 语言程序设计——游戏案例驱动
主　　编 赵启升　李存华
责任编辑 苗庆松　　编辑热线 025-83592655

照　　排 南京开卷文化传媒有限公司
印　　刷 南京玉河印刷厂
开　　本 787×1092　1/16　印张 19　字数 488 千
版　　次 2021 年 12 月第 1 版　2023 年 12 月第 2 次印刷
ISBN 978-7-305-25167-2
定　　价 54.80 元

网　　址：http://www.njupco.com
官方微博：http://weibo.com/njupco
官方微信：njupress
销售咨询热线：025-83594756

前　言

C语言具有高效、灵活、可移植性高、应用领域广等特点，是高等院校计算机及相关专业的一门重要的学科基础课程，也是绝大多数参加国际工程认证工科专业的公共基础课程。

对于应用型高校来说，该课程的目的是培养学生的程序设计理念与计算思维、掌握程序设计的基本方法、解决复杂工程问题的能力，为后续课程的学习打下基础。但目前主流的教材，大多偏重语法规则介绍，实例偏数学算法，过于抽象导致趣味性不强，从而让学生失去了编程兴趣。

本书正是在编者所在专业参加国际工程认证背景下组织编写的，内容组织上以培养编程能力为核心，以程序设计思想和编程方法为基础，把计算思维综合实例、游戏项目开发实践穿插到C语言课程教学内容中，由浅入深培养学生编写综合性应用程序的能力。教材重点介绍了程序设计基础知识、程序设计基本结构、C语言基本程序要素、实用程序开发等方面知识，力求培养适应生产、服务第一线技能型、应用型人才。

本书每章内容由以下部分组成：

1、每章开始通过思维导图给出基本知识点，正文对本章涉及的知识点及语法进行介绍，知识理解则通过经典算法及例题实现；

2、语法介绍后，辅以算法设计为重点的综合实例，通过问题分析及流程图设计来培养学生的计算思维，为学生参加各类竞赛打下基础，通过代码分析积累编程技巧；

3、项目实训则通过2个游戏案例为主线来完成，将游戏项目开发实践分散到相应的章节，通过该游戏项目的实现，巩固本章语法知识，提升学生解决复杂问题的创新实践能力；

4、课后习题主要以近几年全国C语言程序设计二级考试试题为主，分为选择、程序阅读及编程三部分，力求提高读者的二级考试通过率。

本书由江苏海洋大学赵启升、李存华主编，编写组成员有江苏海洋大学张丽虹、王国金，南京理工大学泰州科技学院朱长水，常熟理工学院黄瑜岳，南京传媒学院薛雁丹，南京理工大学紫金学院陈琳琳、朱娴、郑磊等老师。同时江苏第二师范学院朱辉生教授担任主审并提供了很多宝贵意见。此外，本书在编写过程中，还得到了江苏省计算机学会应用型高校计算机学科建设专家委员会和江苏海洋大学计算机工程学院专家同行的大力支持，在此一并表示感谢。

由于编者水平有限，教材中难免存在差错、疏漏、不足之处，敬请同行专家及广大读者批评指正。

编 者

2021.8

目　录

第1章

初识C语言

本章思维导图如下图所示：

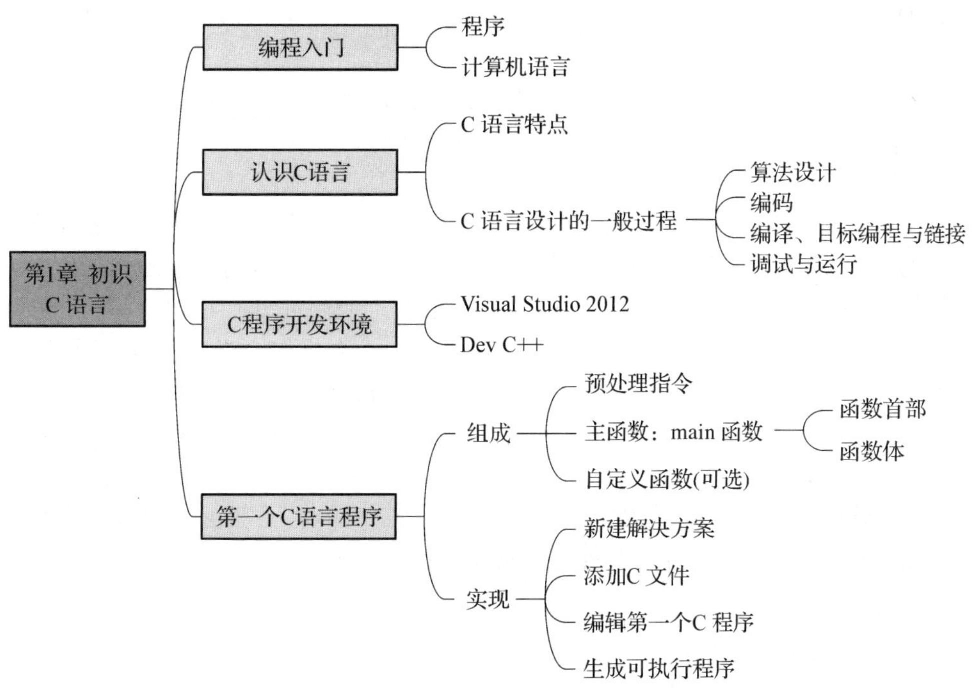

图 0　本章思维导图

1.1　编程入门

1.1.1　为什么要学习编程

2013 年，在由 Code.org 和 Computing in the Core 组织的计算机科学教育周(Computer Science Education Week)开幕式上，时任美国总统奥巴马建议："别再只是拿手机玩游戏了，试着去编程吧。”

生长在科技时代的大学生们，整天被智能手机、电脑、社交媒体、电脑游戏环绕，该如何引导他们正确对待科技产品？其实，只要让他们具有一定基础的编程知识，那么他们看待科技产品的眼光也就会不一样，也就不容易沉迷于电子产品。编程知识对刚进入大学校园的大学生而言百利而无一害。

学习编程不仅可以训练学生的逻辑思维能力，还可以提高学生的创造力。一旦开始学习编程，他们将不再只是电子媒体和科技的消费者，而有可能成为它们的创造者，他们也不再只会打游戏、玩手机，而是在想如何按照自己的想法，创造出自己的游戏，这是一种发挥创造力的高级途径。

编程可以提高大学生解决问题的能力。编程需要学会把复杂的问题分解成一个个容易完成的小任务，这是一种缜密的逻辑思维和计算机思维，是软件工程师处理问题的方法。这种方法可以广泛地运用在工作、生活中，提高处理事情的效率。

编程还可以磨炼意志力。作为一门系统性和综合性的学科，学习起来并不容易，在学习过程中，需要克服很多困难。在完成一个任务的过程中，可能会走一些弯路，犯一些错误，然而，正是通过这种百折不挠的精神，可以锻炼和提升学生毕业之后面对困难和挑战的意志力。

既然学习编程有这么多益处，就让我们开始学习编程吧！

1.1.2　什么是程序

计算机在人们的工作和生活中发挥了巨大的作用，可以帮助人们完成非常复杂的工作。那么，它是如何完成这些工作的呢？其实，计算机并不是天生就具备这些超强的能力，只不过是按照人们预先设置好的指令序列一步一步地完成自己的工作而已，每一条指令都可以使计算机执行特定的操作，完成相应的功能。当多条指令有机的组织在一起，就可以完成一个相应的任务。通常我们所讲的程序，就是由一组计算机能够识别和执行的指令的结合。

计算机本身并没有“智能”，之所以能够自动实现各种功能，是因为程序员使用计算机语言事先编写好程序，然后输入到计算机中执行。因此，从某种意义上来说计算机的一切都是由程序来控制的，计算机的本质就是执行程序的机器。简单地说，程序设计也就是编程，是让计算机按照程序员给出的指令去做些它能够胜任的工作，如解一个方程、绘制一幅图像、读写文件的数据等。

1.1.3　计算机语言

语言是一种交流、传递信息的媒介。人与人交流需要语言，工程师与计算机交流同样也需要解决语言问题。如果你直接对着计算机说中文，它是不能理解你所说的内容的，所以需要使用计算机能够理解的语言和它交流。计算机能够理解的语言，称为程序设计语言，它是人类跟机器打交道的桥梁，充当了人类的翻译官。

计算机语言的发展经历了多个发展：机器语言阶段、汇编语言阶段、高级语言阶段。

CPU是计算机的大脑，速度快但并不聪明，它只懂二进制的0和1组成序列的机器语言，每个序列对应一条具体的指令，是CPU唯一可以明白的语言。但是对于普通的用户或程序员来说，学习机器语言太痛苦。

很快，在机器语言基础上引入助记符的汇编语言出现了，它用一些容易理解和记忆的字母、单词来代替一个特定的指令，比如：用“ADD”代表数字逻辑上的加法，“MOV”代表数据传递等等，这样指令不再由枯燥的 0、1 组成，但计算机的硬件不认识字母符号，这时就需要一个专门的程序把这些字符转变成计算机能够识别的二进制数序列，这个过程称之为汇编。

由于机器语言和汇编语言晦涩难懂、移植性差，在计算机语言发展初期只有极少数的计算机专业人员会编写计算机程序，导致计算机语言难以推广。但是市场对编程需求很大，所以有了以 C、C++、Java、Python 等为代表的高级语言被创造出来。高级语言是一种独立于机器硬件系统的语言，是用人们更易理解的、接近自然语言和数学公式方式编写程序的语言。正是得益于更接近人们使用习惯的自然语言的出现，从而使得计算机编程开始得以大规模推广和应用。

1.2　认识 C 语言

1.2.1　C 语言的前世今生

在此之前或许你没有学习过 C 语言，但你肯定听说过她，因为 C 语言是计算机基础编程语言，大多数高级编程语言都是在 C 语言的基础上修改而来，随着 UNIX 的兴起而流行，故有 C 语言为编程语言之母一说。即使大家将来想要从事领域编程语言工作，带着扎实的 C 语言功底也会让你的学习事半功倍。

TIOBE(https://www.tiobe.com/)开发语言排行榜每月更新一次，依据的指数由基于全球范围内资深软件工程师和第三方供应商提供，其结果作为当前业内程序开发语言的流行使用程度的有效指标，反映某个编程语言的热门程度。图 1.1 为 TIOBE 官方最新发布的最受欢迎编程语言排行榜，而获得“2019 年度编程语言”的正是始终排在前列的老兵——C 语言。

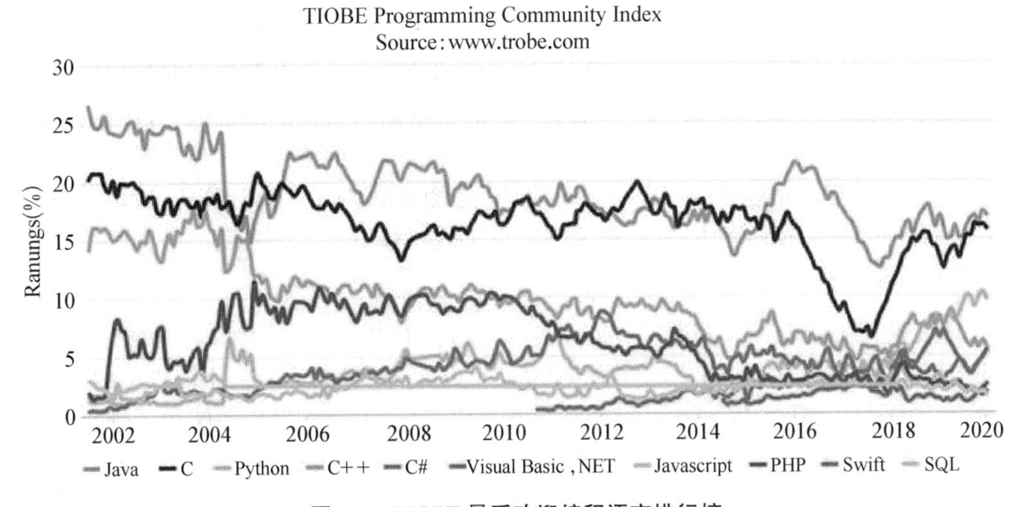

图 1.1　TIOBE 最受欢迎编程语言排行榜

1.2.2 C语言的优势

选择一门语言需要知道为什么选择它以及这门语言有什么优势，与其他高级语言相比，C语言具有效率高、灵活度高、硬件访问速度快、可移植性高、应用广等优势。

1. 效率高

高级语言编写的程序是无法被计算机直接识别、执行的，因此需要一种工具将其编写的程序“翻译”成计算机可以直接执行的二进制指令。我们说C语言效率高是针对其他第三代编程语言来讲的，C语言是编译型语言，源代码最终编译成机器语言，也就是可执行文件，至此CPU就可以直接执行它了。目前流行的另一类叫解释型语言，如Python、JavaScript等。解释型语言不直接编译成机器语言，而是将源代码转换成中间代码，然后发送给解释器，由解释器逐句翻译给CPU来执行，这样做的一个好处就是可以实现跨平台的功能，缺点就是效率相对要低一些，因为每执行一次都要翻译一次。举个容易理解的比方：编译型语言是做好一桌子菜再开吃，而解释型语言是上一个菜吃一个菜，很显然前面一个方式就餐的速度会快很多。

2. 灵活度高

说到灵活度，C语言不仅提供多种运算符，而且语法简单、约束少、书写格式自由，拥有丰富多变的结构和数据类型。由于最初是为了写UNIX操作系统而诞生的，操作系统的主要功能就是对计算机软、硬件进行统一管理，因而C语言在对计算机软、硬件操作方面，拥有与生俱来的优势。不仅可以方便地完成计算机底层的位运算操作，也可以直接操作计算机内存等硬件。C语言不但具备高级语言所具有的良好特性，又包含了许多低级语言的优势，这是其他高级语言所不具备的。这一点大家在学习到指针的时候将深有体会，指针是C语言的灵魂，对指针的掌握和运用能力，将决定你成为一个“大神”还是“虾米”。

3. 可移植性高

可移植性高是指源代码不需要做改动或只需稍加修改，就能在其他机器上编译后正确运行。它并不是指所写的程序不做修改就可以在任何计算机上运行，而是指当条件有变化时，程序无须做很多修改就可运行。使程序具备可移植的本质非常简单，如果做某些事情有一种既简单又标准的方法，就按这种方法做。C语言是面向过程的编程语言，用户只需要关注所被解决问题的本身，而不需要花费过多的精力去了解相关硬件，针对不同的硬件环境，在用C语言实现相同功能时的代码基本一致，这就意味着，对于一台计算机编写的C程序可以在另一台计算机上轻松运行，从而极大地减少了程序移植的工作强度。

4. 应用领域广

C语言是伴随着UNIX操作系统的兴起而流行的，其语义简明清晰，功能强大而不臃肿，简洁而又不过分简单，是工作、学习的必备“良友”。同时也是一个比较少见的应用领域极为广泛的语言，无论是Windows操作系统的API，还是Linux操作系统的API，或者是想给Python编写扩展模块，C语言形式的函数定义都几乎是唯一的选择。C语言就好像一个中间层或者是“胶水”，如果想把不同编程语言实现的功能模块混合使用，它是最佳的选择。C语言还可以编写服务器端软件，如当前流行的Apache和Nginx；在界面开发层面，C语言也颇有建树，如大名鼎鼎的GTK＋就是使用C语言开发出来的；由于C语言是一种“接近底层”的编程语言，因此自然也成了嵌入式系统开发的最佳选择。

1.2.3 程序设计的一般过程

在选定了功能强大的设计语言之后就可以开始程序设计了。程序设计是由程序员教会计算机去完成某一特定任务的过程，是软件构造活动中的重要组成部分。C程序设计就是以C程序设计语言为工具编写程序解决某一个特定问题的过程。按照软件功能的基本理论，所有的程序设计过程都应包括分析、设计、编码、调试与运行等不同阶段。

分析：对于接受的任务要进行认真分析，研究所给定的条件，分析最后应达到的目标，找出解决问题的规律，选择解题的方法。

设计：设想计算机如何一步一步地完成这个任务，即将解决问题的过程分解成程序提供的一个个基本功能及算法描述。

编码：将上一步中的算法用C语言描述出来。

编译、目标程序与链接：C语言写的程序必须被翻译成硬件认识的机器语言，这个过程称为编译。机器语言表示的程序称为目标程序。一个大的程序可能由很多部分组成，把这些部分的目标程序组合在一起称为链接。

调试与运行：编好的程序不一定能正确完成给定的任务，可能因为算法设计有问题，也可能有一些特殊的情况没有处理。纠正这些问题的过程称为调试，经过调试的程序基本上认为是一个正确的程序，通过执行程序得到结果的过程称为运行。

1.3 C程序开发环境

C语言作为最流行的计算机语言之一，自1973年在贝尔实验室诞生起就有众多商业公司、开源组织为其打造开发环境，例如：Visual C++ 6.0、DEV C++、Visual Studio系列等。但无论哪种开发工具，都无一例外支持C语言标准语法。因此，读者不必担心开发环境之间的差异影响到C语言学习。

1.3.1 编辑器、编译器与集成开发环境

编辑器、编译器、集成开发环境是初学者经常混淆的三个概念，本节将详细介绍这三者之间的区别与联系。

编辑器是用来编写代码的软件。一个好的编辑器可以帮助开发人员快速、方便地完成代码编写工作。现在市面上的编辑器有很多种，从功能简单的记事本到功能丰富的Notepad＋＋、Vim等，都可以用来编写C语言程序。

编译器是将源程序（如C语言源程序）编译生成可执行文件的软件。使用编辑器编写的C语言源程序只是一个文本文件，不能直接运行，必须被编译成可执行文件才能运行。常用的编译器如：Microsoft C++、GCC等。

集成开发环境（Itegated Development Environment，IDE）是用于提供程序开发环境的应用程序，一般集成了代码编写功能、分析功能、编译功能、调试功能等一体化的开发软件服务套。所有具备这一特性的软件或者软件套（组）都可以叫集成开发环境，如微软的Visual Studio系列、Dev C++等。

1.3.2 IDE的比较与选择

虽然单独使用编辑器和编译器也可以完成程序的编辑、编译、执行，但是强烈不建议读者这么做，大家的目标是学会C语言编程，不能因为开发环境给学习编程造成困扰。我们可以直接使用IDE去编写C语言程序，但IDE类型比较多，应如何选择？

为了与全国计算机等级考试相匹配，本书针对微软公司的Visual Studio 2012开发环境作介绍，当然更高的版本也可以。本书所有代码均在该环境下调试通过，这里建议读者选择和本书一致的IDE。而诸如蓝桥杯、ASM等程序设计类竞赛均采用Dev C++集成开发环境，Dev C++是一个Windows环境下C/C++的集成开发环境，它是一款自由软件，如果大家想早点为竞赛准备的话，可以选择Dev C++。而VS2012的安装过程，读者可以先到官网上下载，然后按照本章实训环节给出的安装指南进行安装，安装密钥可以向官网申请或查阅网络。

1.4 第一个C程序

说了这么多，你估计有些跃跃欲试了吧。好的开始是成功的一半，为了保持编程热情，我们从最简单的程序开始，该程序要实现的功能是在屏幕上输出一行字符串："This is my first C_program!"。VS2012集成开发环境功能强大，本节只介绍如何利用VS2012完成一个C语言的编辑、编译、运行等基本步骤，至于更复杂的编辑、调试功能我们将穿插在以后的内容中进行介绍。

1.4.1 新建一个解决方案

在这之前先了解一个概念：解决方案(Solution)与工程(Project)。VS2012采用解决方案的形式管理C语言的工程，解决方案是一个大型项目的整体的工作环境，工程则是一个解决方案下的一个子项目。在VS2012中，一个解决方案可以有一个或多个工程。下面是使用VS2012开发一个C语言程序的一般过程。

第一步：启动VS2012，在起始页面菜单栏中依次单击【文件】、【新建】、【项目】命令，或者直接点击【新建项目】快捷图标，如图1.2所示：

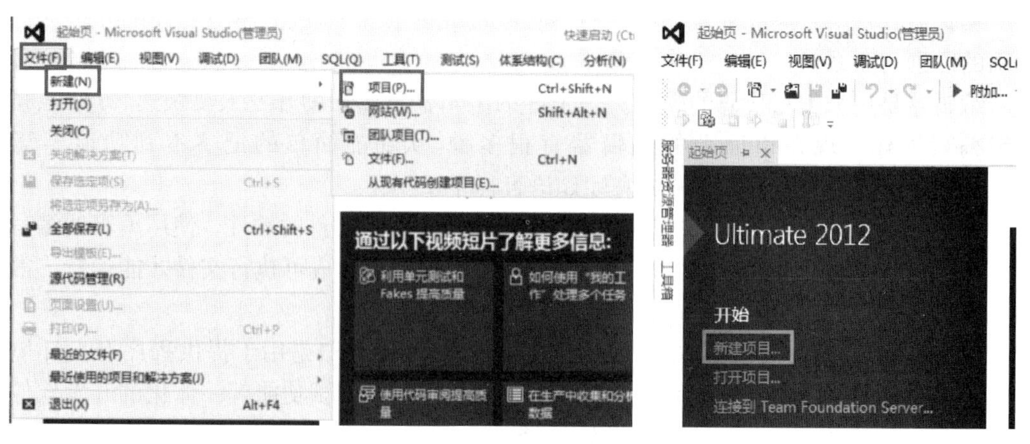

图1.2 新建方案、项目界面

第二步：在打开的"新建项目"对话框中依次选择【Visual C++】、【Win32 控制台应用程序】命令，在下方的【名称】文本框里填写方案名称，在【位置】文本框里填写方案文件夹要保存的位置，如图 1.3 所示，然后单击【确定】。

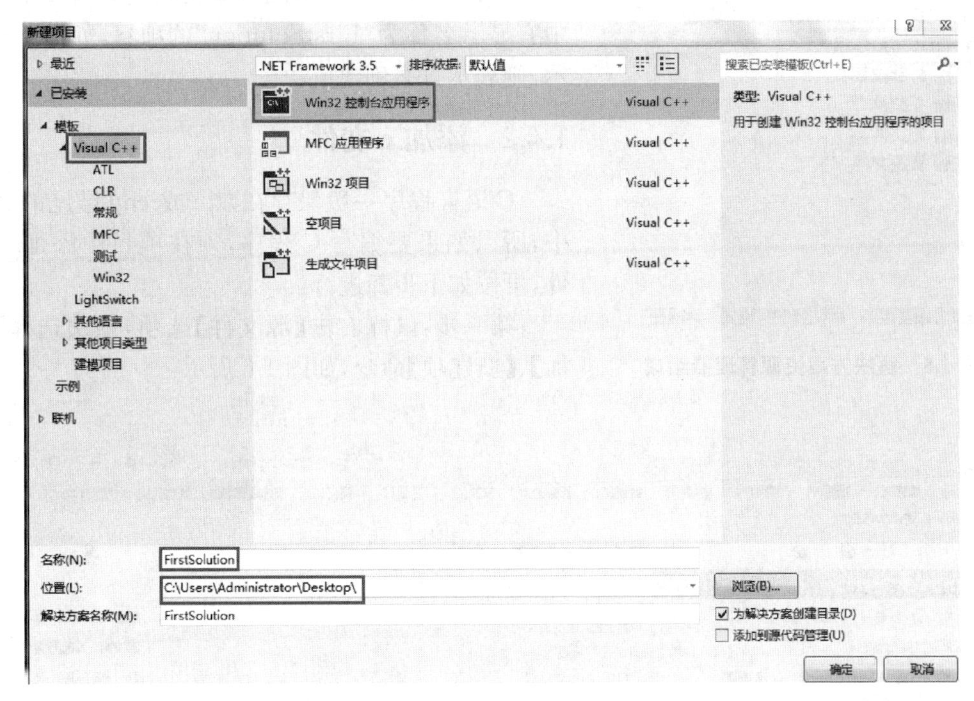

图 1.3 设置项目类型

第三步：连续点击 2 次【下一步】，进入如下图所示"Win32 应用程序向导"对话页面，按图 1.4 所示进行勾选，然后单击【完成】。

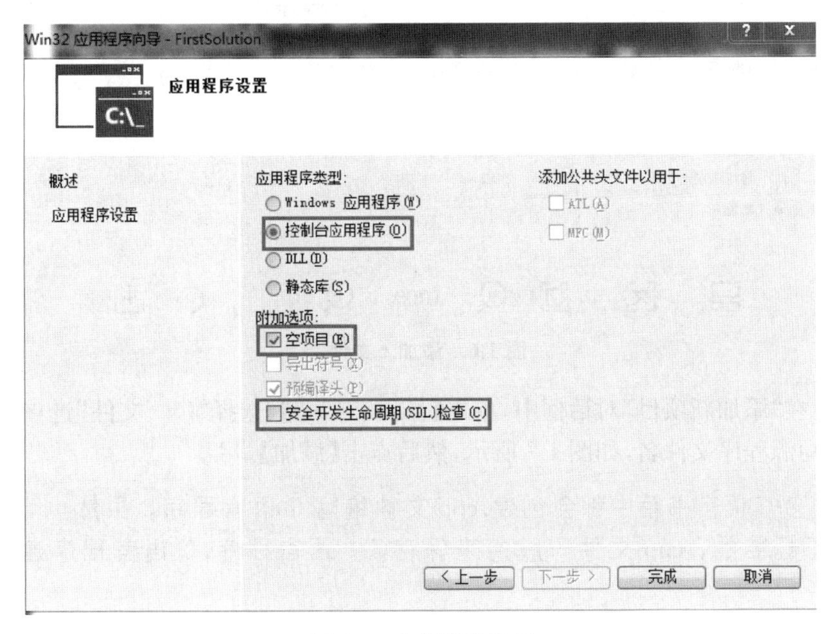

图 1.4 应用程序设置

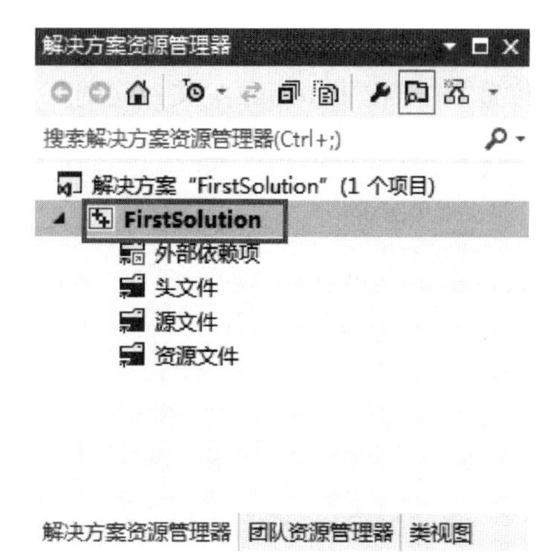

图 1.5 解决方案资源管理器组成

注意：一定要勾选【空项目】复选框，千万不要勾选【安全开发生命周期(SDL)检查】复选框。

第四步：如果在“解决方案资源管理器”对话框中有显示名称为“FirstSolution”的项目，如图 1.5 所示，则表示方案创建成功。

1.4.2 添加.c 文件

C 语言程序一般保存在以.c 或.cpp 结尾的文件中，所以如果要编写 C 程序，须在项目中添加.c 文件，可按如下步骤进行：

第一步：鼠标右击【源文件】选项，依次选择【添加】、【新建项】命令，如图 1.6 所示：

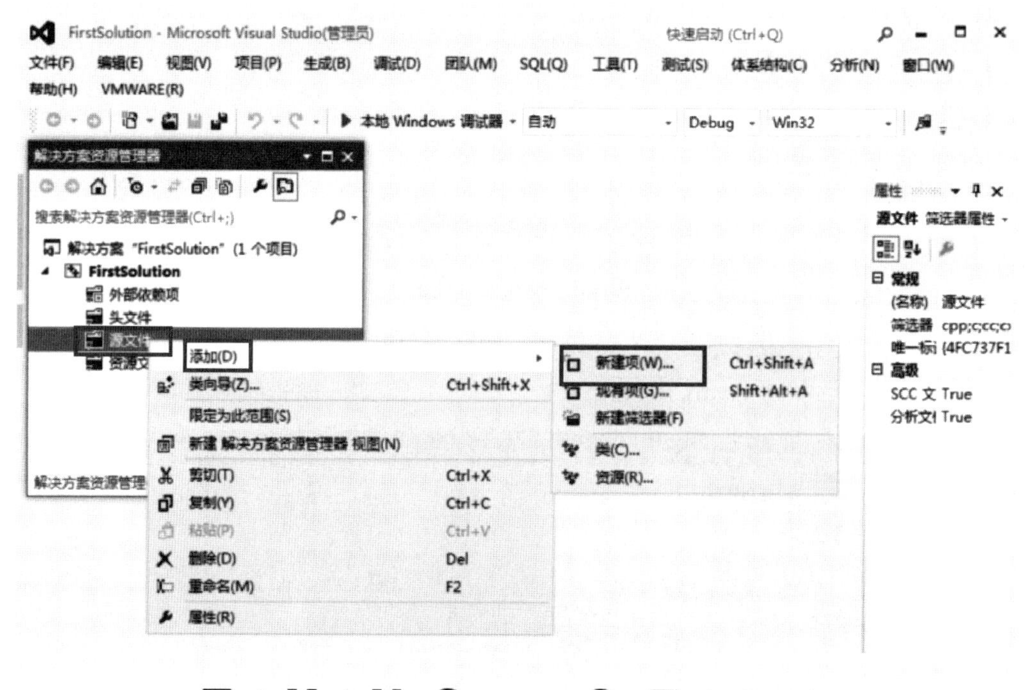

图 1.6 添加.c 文件

第二步：在“添加新项目”对话框中，单击【Visual C++】，选择“C++文件”选项，在【名称】文本框里填写源程序文件名，如图 1.7 所示，然后点击【添加】。

注意：很多 C 语言书籍中都会创建.cpp 文件编写 C 语言程序。虽然也可以编译运行，但这是不标准的，.cpp 文件一般用来保存C++语言程序，C 语言程序建议保存在.c 文件中。

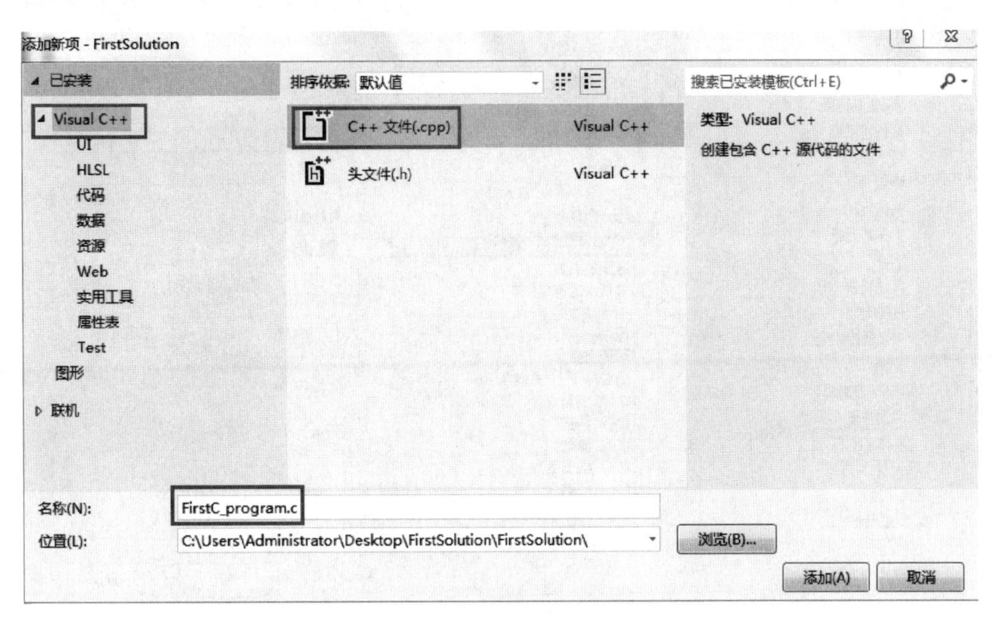

图 1.7　文件类型与名称

第三步：如果在【源文件】下生成了“FirstC_program.c”文件，则表示添加成功，如图 1.8 所示：

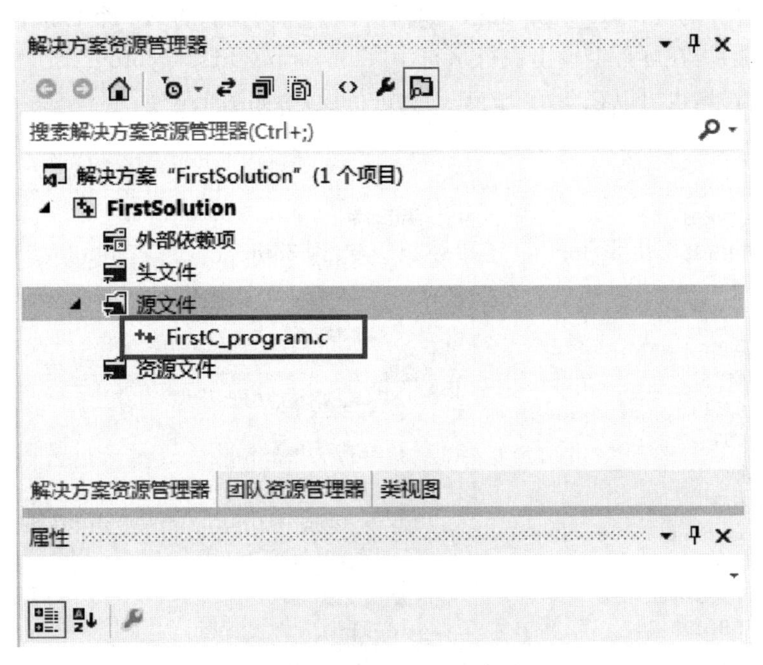

图 1.8　添加文件信息查看

第四步：鼠标左键双击上步中的“FirstC_program.c”，就可以在打开的编辑框中进行源程序的编辑。如果需要修改程序代码文字的字体、字号等，可以依次选择 IDE 环境菜单项中的【工具】、【选项】，选择“字体和颜色”等选项进行设置，如图 1.9 所示：

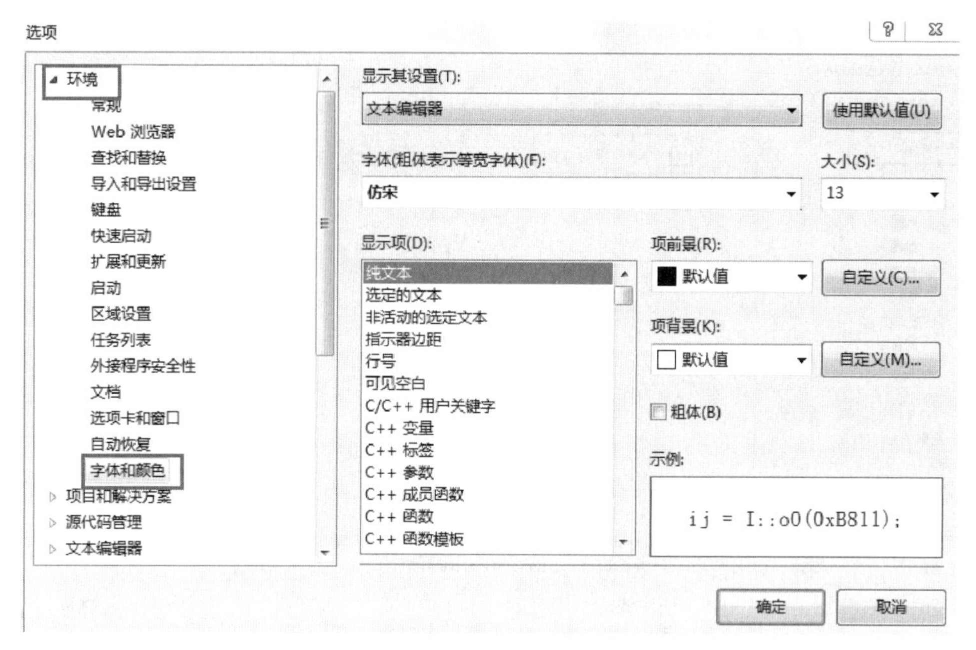

图 1.9 编辑器字体、颜色基本设置

1.4.3 编辑第一个 C 程序

在上一步打开的“FirstC_program.c”编辑窗口中编辑我们的第一个 C 语言程序，该程序需要实现的功能是：在屏幕上输出一行字符串“This is my first C_program!”。如果想在代码的前边显示行号，也可以在图 1.9 的基础上进行设置，如图 1.10 所示：

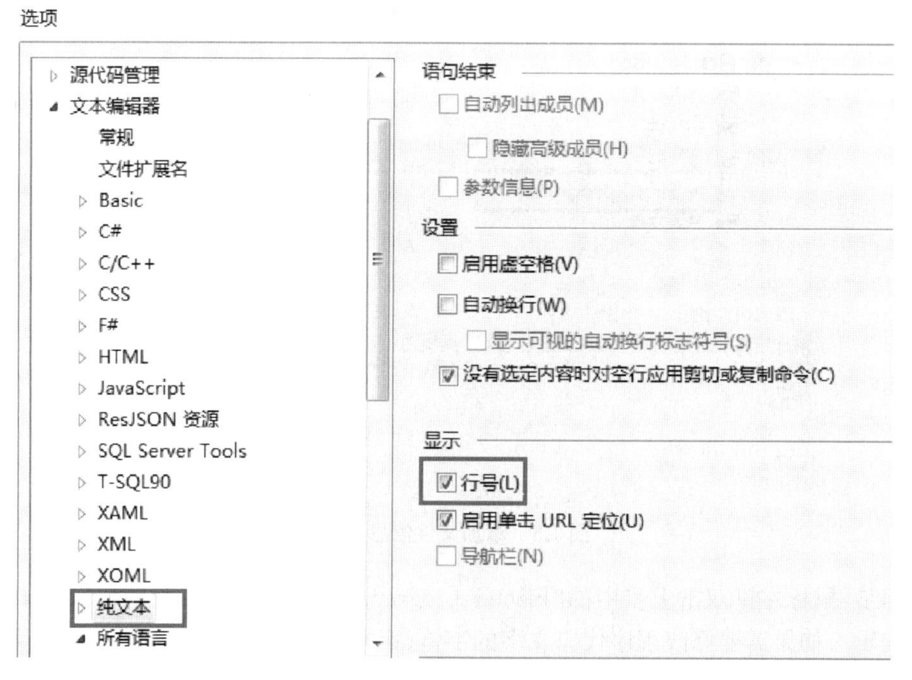

图 1.10 编辑器代码行号设置

第一个程序的代码如图 1.11 所示：

```
FirstC_program.c
(全局范围)                                    main()
1  #include <stdio.h>
2  int main()
3  {
4      printf("This is my first C_program! \n");
5      getchar();
6      return 0;
7  }
```

图 1.11 编辑第一个 C 程序

1.4.4 生成可执行程序

C 语言程序编辑好后，需要先进行编译，如果没有语法错误，然后生成.exe 格式的可执行文件才可以运行，VS2012 中 C 程序的编译分为以下步骤：

第一步：在 VS2012 对话框中按下 shift＋F5 组合键，弹出右图所示对话框，先勾选“不再显示此对话框”，然后点击【是】命令，如图 1.12 所示：

图 1.12 生成可执行程序

第二步：经过前一步骤后，我们可以在“输出”窗口中查看程序的编译结果，如果该程序没有语法错误，将在“输出”窗口中显示“成功 1 个，失败 0 个，最新 0 个，跳过 0 个”，同时在控制台中出现运行结果，如图 1.13 所示：

```
(全局范围)                                    main()
#include <stdio.h>
int main()
{
    printf("This is my first C_program! \n");
    getchar();
}   return 0;

输出
显示输出来源(S): 生成
1>------ 已启动生成: 项目: FirstSolution, 配置: Debug Win32 ------
1>  FirstC_program.c
1>  FirstSolution.vcxproj -> C:\Users\Administrator\Desktop\FirstSolution\Debug\FirstSolution.exe
========== 生成: 成功 1 个，失败 0 个，最新 0 个，跳过 0 个 ==========

C:\Windows\system32\cmd.exe
This is my first C_program!
请按任意键继续. . .
```

图 1.13 程序运行

第三步：我们书写的代码不可能永远不出语法错误，如果出现语法错误，将会在“输出”窗口中显示出来。如当我们把代码中的第 4 行最后边的“;”去掉，编译将无法通过，“输出”窗口中的提示将显示“成功 0 个，失败 1 个，最新 0 个，跳过 0 个”，如图 1.14 所示：

```
FirstC_program.c
(全局范围)                                   main()
1  #include <stdio.h>
2  int main()
3  {
4      printf("This is my first C_program! \n")
5      getchar();
6      return 0;
7  }

输出
显示输出来源(S): 生成
1>------ 已启动生成: 项目: FirstSolution, 配置: Debug Win32 ------
1>  FirstC_program.c
1>c:\users\administrator\desktop\firstsolution\firstsolution\firstc_program.c(5): error C2146: 语法错误: 缺少“;”(在标识符“getchar”的前面)
1>C:\Program Files\MSBuild\Microsoft.Cpp\v4.0\V110\Microsoft.CppCommon.targets(347,5): error MSB6006: “CL.exe”已退出，代码为 2。
========== 生成: 成功 0 个，失败 1 个，最新 0 个，跳过 0 个 ==========
```

图 1.14　编译信息查看

第四步：出现语法错误后，程序无法运行，我们可以用鼠标拖动“输出”窗口滚动条，找到相应的错误信息处，双击鼠标左键，会发现在代码区出现语法错误的代码前出现一个“铅笔头”图标，再根据“输出”窗口反显的提示信息：“1 > c:\Users\Administrator\Desktop\Firstsolution\Firstsolution\Firstc_program.c(5): error C2143: 语法错误 : 缺少“;”(在“return”的前面)”，重新修改代码，直至修改完所有错误，如图 1.15 所示：

```
FirstC_program.c
(全局范围)                                   main()
1  #include <stdio.h>
2  int main()
3  {
4      printf("This is my first C_program! \n");
5      getchar();
6      return 0;
7  }

输出
显示输出来源(S): 生成
1>  FirstSolution.vcxproj -> C:\Users\Administrator\Desktop\FirstSolution\Debug\FirstSolution.exe
========== 生成: 成功 1 个，失败 0 个，最新 0 个，跳过 0 个 ==========
```

图 1.15　语法错误的排查

注意：书写 VS2012 书写代码时会自动进行语法错误提醒，如果出现语法问题，往往会在相应错误附近有红色的波浪号出现。

1.4.5 查看编译结果

C 语言源程序和普通文本文件本质上没有区别，是不能直接运行的，需要经过编译生成.exe 可执行文件才能运行。我们打开新建的案例文件夹，里面有 FirstSolution.sln 等文件和 2 个子文件夹，如果打开 Debug 子文件夹会发现里面有个 FirstSolution.exe 文件，如果打开 FirstSolution 文件夹则发现里面有 FirstC_program.c 文件和 FirstSolution.vcxproj 文件。如图 1.16 所示：

图 1.16 方案文件组成

其中.sln 文件是方案文件，.vcxproj 是工程文件，一个解决方案中可以包含多个工程，使用 VS2012 重新打开FirstSolution.sln文件即可再次对项目进行编译，FirstC_program.c 文件为该工程的源程序文件，FirstSolution.exe 为编译之后生成的可执行的文件，双击该文件可以得到和前面一样的运行结果。

1.4.6 代码解析

前面我们在新建方案的应用程序向导时选择的是“控制台应用程序”而没有选择“Windows 应用程序”。Windows 应用程序拥有菜单，操作方便直观，用户与控制台程序都是通过命令行形式进行。这里我们主要学习 C 语言的一些基本语法，因此我们选择控制台程序。

前面我们通过第一个 C 程序介绍了如何使用 VS2012 开发环境，那么一个 C 程序又应该是什么样子的呢？俗话说，“麻雀虽小，五脏俱全”，下面我们对第一个 C 程序源代码进行解析，以便我们能够快速了解一个 C 程序的基本结构。

例 1 分析图 1.17 中所示的 C 程序。

```
1  #include <stdio.h>
2  int main()
3  {
4      printf("This is my first C_program! \n");
5      getchar();
6      return 0;
7  }
```

图 1.17 程序源代码

代码分析：

上述代码实现的功能是在控制台输出一行字符串“This is my first C_program!”。第 1

行，#include是C语言的预处理指令，用来引入< stdio.h >等系统头文件。stdio.h中包含了很多与输入输出相关的函数信息，如果在程序中调用printf函数，就必须引入该头文件。第2行，main是函数名称，表示“主函数”。一个C语言程序不论简单或复杂，都必须有一个程序执行入口，这个入口就是主函数main()，main函数前面的int表示主函数执行完毕，会返回int类型(整型)数据0。第3行，“{”是函数体开始的标志。第4行，printf是C语言库函数，“This is my first C_program!”是字符串，printf函数会将双引号中的字符串原样输出。第5行，getchar是C语言库函数，等待用户输入直到按下键盘上的回车键结束。在C程序中调用该函数，主要是为了避免在Windows下C程序运行一闪而过。第6行，return 0表示main函数执行到此处时结束，并返回整数0。第7行，“}”是函数体结束的标志。

一个C程序是由若干个函数组成的，每一个函数实现一个特定的功能，其中有且仅有一个main函数，可以有0个或多个用户自己编写的函数，当然程序中也可以直接使用IDE自带的库函数，如果使用库函数，必须先将定义库函数的那个头文件通过#include加载到源程序的开头处，以便后续代码中直接使用。

1.5 VS2012开发环境安装

1. 官网上下载安装包，链接为http://download.microsoft.com/download/B/0/F/B0F589ED-F1B7-478C-849A-02C8395D0995/VS2012_ULT_chs.iso，.exe安装文件直接双击打开，iso虚拟文件安装虚拟机后打开解压，找到.exe文件安装。

2. 打开安装包文件夹，双击.exe文件安装，如图1.18所示。

Concurrency Visualizer	2013/5/3 15:16	文件夹	
packages	2013/5/3 15:16	文件夹	
Remote Tools	2013/5/3 15:16	文件夹	
Standalone Profiler	2013/5/3 15:16	文件夹	
AdminDeployment.xml	2013/5/3 13:27	XML文档	4 KB
autorun.inf	2013/5/3 13:27	安装信息	1 KB
license.htm	2013/5/3 13:27	360 se HTML Do...	201 KB
vs_ultimate.exe	2013/5/3 15:16	应用程序	967 KB

图1.18 VS2012安装包内容

3. 选择安装路径，同意许可条款，如图1.19所示。

4. 功能全选，点击安装，如图1.20所示。

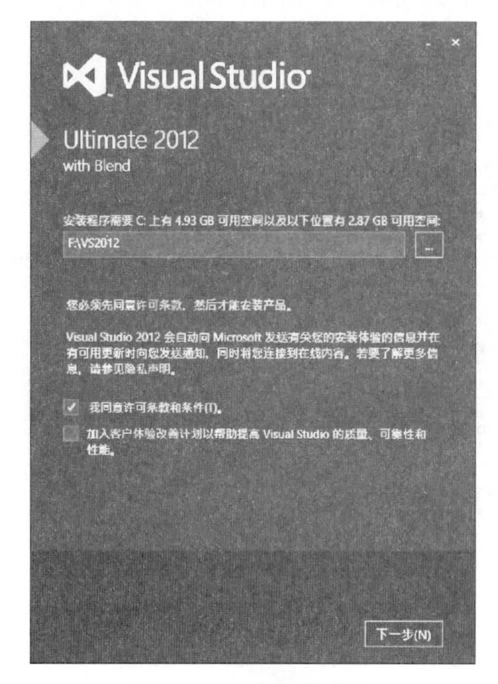

图 1.19 选择安装路径

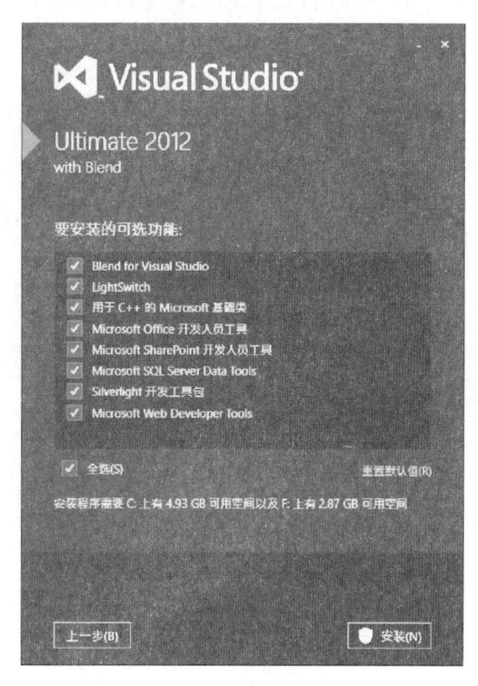

图 1.20 选择安装组件

5. 等待获取安装中，如图 1.21 所示。

6. 安装完成，如图 1.22 所示。

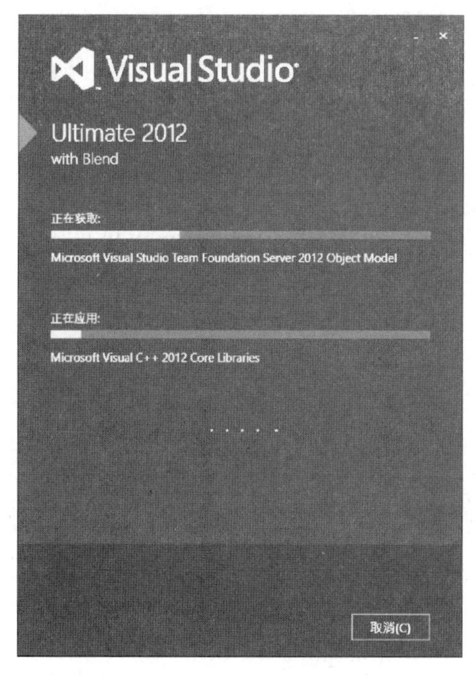

图 1.21 安装进度示意

图 1.22 安装过程结束

7. 成功安装后，打开软件，弹出注册界面，输入 VS2012 旗舰版密钥序列号，或者点击帮

助(help)→注册产品(Register Product)→输入序列号,如图1.23所示:

图1.23 使用许可验证

1.6 项目实训

在项目实训模块,本书以猜拳、飞机打靶两个游戏作为实训项目,来驱动和验证C程序设计一些基本的语法。猜拳游戏由玩家和电脑来玩"石头、剪刀、布"的游戏,飞机打靶游戏则包括飞机显示移动、发射武器、积分管理等基本功能。

1.6.1 猜拳游戏

1. 实训目的

我们将通过一个"猜拳游戏"简单的界面设计,进一步巩固C语言程序创建的步骤,认识一个C程序的基本结构,熟悉"printf"输出语句的使用。

2. 实训内容

本次游戏实例内容主要是实现猜拳游戏简单的界面。

分析:

界面内容主要包括:游戏名称、抬头提示、比赛示例。

3. 实训准备

硬件:PC机一台。

软件:Windows系统、VS2012开发环境。

在VS2012开发环境中,按照1.4节"第一个C语言程序"建立的步骤创建好项目finger-guessing,然后添加源文件finger-guessing.c,将项目保存在"游戏实例1"文件中。

4. 实训代码

依据实例内容分析,在"finger-guessing.c"源文件中编辑代码,同时在编辑过程中使用"Tab"键进行缩进将有助于程序的阅读。具体代码如下:

```
/*
    猜拳游戏简单界面设计
*/
#include<stdio.h>
int main()
{
//------------------初始界面-----------------------------------
    //"猜"字前有24空格,每个汉字间隔1空格
    printf("                        猜 拳 游 戏\n");
    //每组有10个"-",有4组,每个汉字间隔2空格
    printf("|----------用  户----------电  脑----------结  果----------|\n");
    //每组有10个空格,有4组,每个汉字间隔2空格
    printf("|          剪  刀          石  头          电脑胜          |\n");
//------------------------------------------------------------
    getchar();
    return 0;
}
```

5. 实训结果

按键盘上"F5"执行上述代码,得到运行结果如图1.24所示:

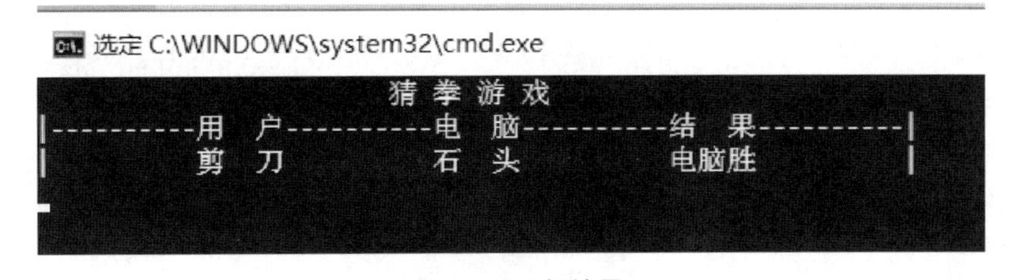

图1.24 运行结果

6. 实训总结

对于初学C语言的同学来说,必须要牢牢掌握一个C语言的建立步骤和基本结构,养成用"Tab"键缩进的良好习惯和注释习惯,将有助于更复杂程序的可读性。

7. 改进目标

在本次游戏实例中,"剪刀""石头"及"电脑胜"之间的对齐方式是通过空格完成的,输入

不方便，也不利于后期的再调整，是否有更方便的方法来实现？大家可以带着问题进入后续C语言的学习，相信一定能找到解决的办法。

1.6.2 飞机打靶游戏

设计飞机打靶游戏主菜单如图1.25所示，编写代码输出该菜单界面。

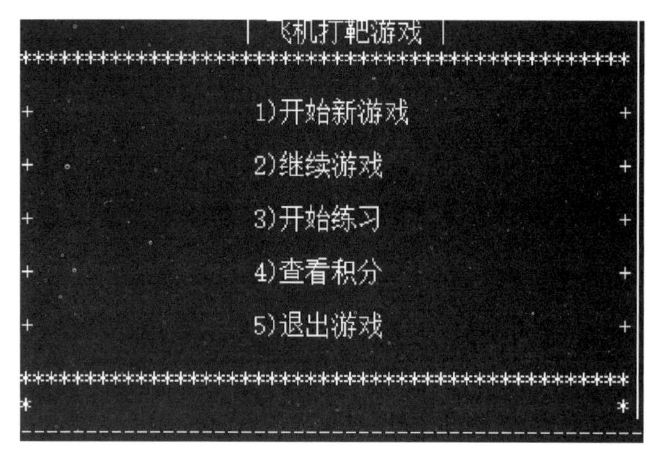

图1.25 飞机打靶游戏主菜单

参考代码如下：

```
#include <stdio.h>
int main()
{
    printf("                    | 飞机打靶游戏 |                    |\n");
    printf("************************************************ |\n");
    printf("                                                  |\n");
    printf("+                  1)开始新游戏                  + |\n");
    printf("                                                  |\n");
    printf("+                  2)继续游戏                    + |\n");
    printf("                                                  |\n");
    printf("+                  3)开始练习                    + |\n");
    printf("                                                  |\n");
    printf("+                  4)查看积分                    + |\n");
    printf("                                                  |\n");
    printf("+                  5)退出游戏                    + |\n");
    printf("                                                  |\n");
    printf("************************************************ |\n");
    printf("*                                                * |\n");
    printf("---------------------------------------------");
    return 0;
}
```

1.7 习 题

1. 计算机高级语言程序的运行方法有编译执行和解释执行两种，以下叙述中正确的是(　　)。

A. C语言程序仅可以编译执行

B. C语言程序仅可以解释执行

C. C语言程序既可以编译执行又可以解释执行

D. 以上说法都不对

2. 以下叙述中错误的是(　　)。

A. C程序经过编译、连接步骤之后才能形成一个真正可执行的二进制机器指令文件

B. 用C语言编写的程序称为源程序，它以ASCII代码形式存放在一个文本文件中

C. C语言中的每条可执行语句和非执行语句最终都将被转换成二进制的机器指令

D. C语言源程序经编译后生成后缀为.obj的目标程序

3. 下列叙述中错误的是(　　)。

A. C程序可以由多个程序文件组成

B. 一个C语言程序只能实现一种算法

C. C程序可以由一个或多个函数组成

D. 一个C函数可以单独作为一个C程序文件存在

4. C语言源程序名的后缀是(　　)。

A. .exe　　B. .obj　　C. .c　　D. .cpp

5. 以下叙述中正确的是(　　)。

A. 在C语言程序设计中，所有函数必须保存在一个源文件中

B. 在算法设计时，可以把复杂任务分解成一些简单的子任务

C. 只要包含了三种基本结构的算法就是结构化程序。

D. 结构化程序必须包含所有的三种基本结构，缺一不可

6. 以下叙述中正确的是(　　)。

A. 每个后缀为.c的C语言源程序都应该包含一个main函数

B. 在C语言程序中，main函数必须放在其他函数的最前面

C. 每个后缀为.c的C语言源程序都可以单独进行编译

D. 在C语言程序中，只有main函数才可单独进行编译

7. 计算机能直接执行的程序是(　　)。

A. 目标程序　　B. 可执行程序　　C. 汇编程序　　D. 源程序

8. 以下叙述中正确的是(　　)。

A. 可以在程序中由用户指定任意一个函数作为主函数，程序将从此开始执行

B. C语言程序将从源程序中第一个函数开始执行

C. main的各种大小写拼写形式都可以作为主函数名，如MAIN，Main等

D. C语言规定必须用main作为主函数名，程序将从此开始执行

9. 下列叙述中正确的是(　　)。

A. 在C程序中，main函数的位置是固定的

B. C 程序中所有函数之间都可以相互调用

C. 每个 C 程序文件中都必须要有一个 main 函数

D. 在 C 程序的函数中不能定义另一个函数

10. 以下叙述中正确的是(　　)。

A. C 程序中的每一行只能写一条语句

B. 简单 C 语句必须以分号结束

C. C 语言程序中的注释必须与语句写在同一行

D. C 语句必须在一行内写完

11. 以下选项中关于程序模块化的叙述错误的是(　　)。

A. 把程序分成若干相对独立、功能单一的模块,可便于重复使用这些模块

B. 可采用自底向上、逐步细化的设计方法把若干独立模块组装成所要求的程序

C. 把程序分成若干相对独立的模块,可便于编码和调试

D. 可采用自顶向下、逐步细化的设计方法把若干独立模块组装成所要求的程序

12. 我们所写的每条 C 语句,经过编译最终都将转换成二进制的机器指令,关于转换以下说法错误的是(　　)。

A. 一条 C 语句可能会被转换成多条机器指令

B. 一条 C 语句对应转换成一条机器指令

C. 一条 C 语句可能会被转换成零条机器指令

D. 某种类型和格式的 C 语句被转换成机器指令的条数是固定的

【微信扫码】

本章游戏实例 & 习题解答

第2章

输入输出

本章思维导图如下图所示：

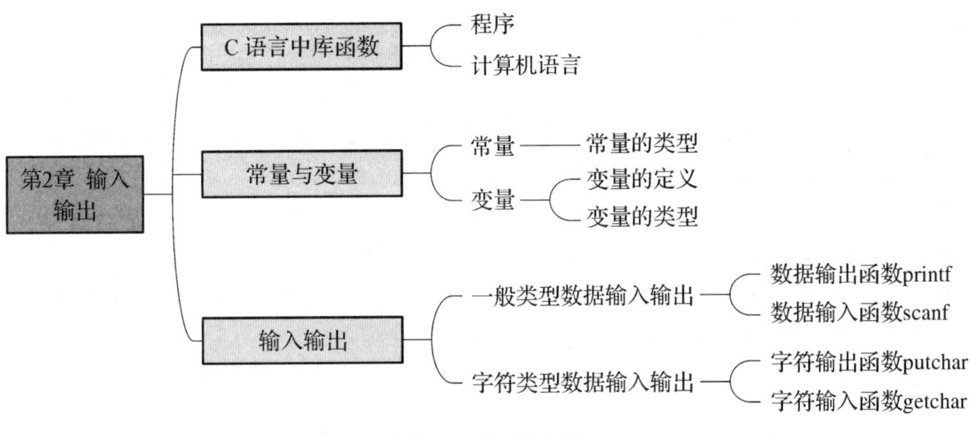

图0　本章思维导图

在第一章，我们已经学会运用输出语句输出字符串，一个C语言程序运行时只输出字符串是不行的，C程序的一个主要运用就是进行科学计算。程序通过接收用户数据进行计算，再把计算结果按照特定的格式输出，从而完成某个特定的功能。格式化输入、输出是一个完整程序必不可少的组成部分。很遗憾C语言指令集本身并没有提供输入、输出的语句，可输入、输出又是经常要用到的操作，怎么办呢？好在所有的编译器都提供了丰富的库函数。本章介绍C语言中一组常用的格式化输入、输出函数的使用。

2.1　C语言中的库函数

2.1.1　什么库函数

人体由心、肺、肝脏等器官组成，不同的器官有不同的功能。与之类似，函数就相当于程序中的器官，每个函数就是一个可以实现特定功能的模块，由若干条相关的指令来实现。该功能模块可以由编译器本身提供,也可以由项目开发人员自己去实现。如果该函数是由编译器提供的,我们称之为库函数,如果由开发人员实现,则称之为用户自定义函数。可以把库函数看成一个“黑盒子”,只要知道这个函数的功能,将数据送进去得到结果就可以了,至于函数内部功能是如何实现的,对于开发人员来说并不重要。当然对于一个程序员来说,最重要的任务就是根据要实现的任务去编写不同的自定义函数。

每一种编译器都会提供丰富的库函数,程序员可以直接拿来使用。一类库函数往往都在一个特定的头文件中来定义,如常用的输入输出函数都是在 stdio.h 这个头文件中定义,数学计算相关的函数是在 math.h 头文件中定义。要想使用这些库函数,就需要在程序的开头将定义这些函数的头文件先加载进来。

C 语言的库函数并不是 C 语言本身的一部分,它是编译程序根据一般用户的需要,编制并提供给用户使用的一组程序。各种 C 编译系统提供的系统函数库由各软件公司编制,包括 C 语言建议的全部标准函数,同时还根据用户的需要补充常用的函数,并对它们进行编译,成为目标文件(.obj 文件)。它们在程序连接阶段与由源程序经编译而得到的目标文件(.obj 文件)相连接,生成了一个可执行的目标程序(.exe 文件)。

2.1.2 函数的基本结构

C 语言中,不管是库函数,还是用户定义函数,基本结构都是一样的。一个函数一般由两个部分组成:一个是函数头,一个是函数体,这里我们先对函数的结构做个简单介绍,至于如何去定义函数,将在后面的章节中进行详解。

函数头是指函数定义的第一行,作为一个函数的代表,和我们每一个人都有一个名字一样,在设计一个函数时,首先要考虑的就是明确一个函数的首部。在一个函数定义中,函数头给出了该函数的返回类型、函数的名字、每个参数的次序和类型等函数原型信息,通过函数的名字去调用特定的函数来实现一个具体的功能。

函数体是函数定义的重要部分,由一对花括号括起来的若干条语句组成,这些语句完成了一个具体的功能。函数体内的前面是定义和说明部分,后面是语句部分,函数头与函数体放在一起组成了函数定义。函数中可以使用的语句种类有很多,如表达式语句、赋值语句、函数调用语句、复合语句、空语句及控制语句等,在本书后面的内容中将加以详细介绍。

2.1.3 stdio.h

stdio.h 是指标准输入输出函数头文件,它包含了 C 语言的输入输出函数原型定义。因此在使用 C 语言的标准输入、输出库函数时,需要先用文件包含预处理命令 ＃include 将标准输入输出头文件 stdio.h 包含进来。＃include 指令放在程序的开头,所以把 sudio.h 称为“头文件”。stdio.h 头文件包含标准输入、输出函数,但不要误认为它们是 C 语言的“输入输出语句”,之所以这样是为了使 C 语言编译系统更加精练,避免在编译时就处理与硬件有关的问题,让 C 语言的通用性、可移植性更好。

stdio.h 头文件中定义的函数,是以标准的输入输出设备为操作对象,主要可分为格式化输入输出函数 scanf/printf、字符输入输出函数 getchar/putchar、字符串输入输出 puts/gets、文件的输入输出函数 fscanf/fprintf 等。在 C 程序中用来实现输入输出就是通过这几组函数来实现的。本章主要介绍前两组函数的使用,在讲解格式化输入输出之前,我们先认识一下格式化输入输出的对象类型。

2.2 常量与变量

2.2.1 常量与变量

格式化输入输出的数据丰富多彩,可以是常量,也可以是变量。

C 程序执行过程中,其值不发生改变的量称为常量,其值可变的量称为变量。它们可与下一节介绍的数据类型结合起来分类。例如,可分为整型常量、整型变量、浮点常量、浮点变量、字符常量、字符变量、枚举常量、枚举变量。在程序中,直接常量是可以不经说明而直接引用的,而符号常量和变量则必须先定义后使用。

1. 常量

在程序执行过程中,其值不发生改变的量称为常量。常量可分为整型常量、实型常量、字符常量、字符串常量和符号常量。

(1) 整型常量

整型常量即为整型常数,可用十进制、八进制和十六进制 3 种形式表示。

① 十进制整型常量由 0～9 的数字和正、负号组成,没有前缀,不能以 0 开始,没有小数部分。如－123,0,456 等。八进制整型常量,以 0(数字 0)为前缀,其后由 0～7 的数字组成,没有小数部分。如 0123(等于十进制数的 83),047(等于十进制数的 39)。十六进制整型常量,以 0x 或 0X 为前缀,其后由 0～9 的数字、a～f 或 A～F 的字母组成,没有小数部分。如 0x123(等于十进制数的 291),0X7A(等于十进制数的 122)。

(2) 实型(浮点型)常量

实型常量由整数部分和小数部分组成,它只有如下两种表示方式:

① 十进制小数形式。它由数字和小数点组成。整数和小数部分可以省去一个,但不可两者都省,而且小数点不能省。如 1.234,.123,123.,0.0 等。

② 指数形式。如 123e4 或 123E4 都代表 123×10^4。其中 e 或 E 之前必须有数字,且 e 或 E 后面的指数必须为整数。

(3) 字符常量

用一对单引号括起来的一个字符,称为字符常量。如 'a'、'A'、'3'、'?' 等。它的实际含义是该字符在内存中的编码值,常用的是以 ASCII 编码来表示字符,如 'a' 的编码值是 97,'A' 的编码值是 65,'3' 的编码值是 51 而不是数值 3。

除了以上形式的字符常量外,C 还允许使用一种特殊形式的字符常量,即以反斜杠符(\)开头,后跟字符的字符序列,称之为转义字符常量,用它来表示控制及不可见的字符,它同样表示的是该转义字符的 ASCII 码值,如\n 表示换行,其 ASCII 码值为 10 等。

(4) 字符串常量

字符串常量是用一对双引号(" ")括起来的零个或多个字符的序列。

例如:

"This is a string","5401349","$10000.00"," ","","\a" 。

字符串常量在内存中存储时,系统自动在每个字符串常量的尾部加一个“字符串结束标志”，即字符 '\0'。因此，长度为 n 个字符的字符串常量，在内存中要占用 $n+1$ 个字节的空间。

（5）符号常量

定义一个符号来代表一个出现在程序中的常量，这种相应的符号称为符号常量。

例如，用 PI 代表圆周率 π，即 3.141 592 6。

在 C 语言中，定义符号常量的方法是用预编译处理命令 #define 来定义符号常量。如：

```
#define PI  3.1415926
#define NAME  "张三"
```

2. 变量

与常量不同，变量是指在程序运行过程中，其值可以被改变的量。一个变量应该有一个名字，在内存中占据一定的存储单元。变量定义必须放在变量使用之前，一般放在函数体的开头部分，要区分变量名和变量值是两个不同的概念。

（1）变量 3 要素

① 变量名。每个变量都必须有一个名字，即变量名，变量名可以使用标识符来标记。标识符是用来标识变量名、符号常量名、函数名、数组名等的有效字符序列。只能由字母、数字和下划线“_”组成，并且数字不能出现在标识符开头。

② 变量值。在程序运行过程中，变量值存储在内存中；不同类型的变量，占用的内存单元（字节）数不同。在程序中，可以直接通过变量名来引用变量的值，也可以通过变量的存储单元地址来访问。变量的类型不同，系统为此分配的存储空间的大小也不同。不同数据类型的变量在表示的数值范围、精度和所占据的空间大小上各有不同，不同的编译器也会有差异。

③ 变量的存储地址。既然变量存放在存储内存中，而内存单元是有地址的，其首地址就是该变量的存储地址。

（2）变量的定义

变量定义的格式如下：

```
数据类型 变量名 1,变量名 2, … ;
```

变量定义时，可以说明多个相同类型的变量，各个变量之间用“,”分隔。类型说明与变量名之间至少有一个空格间隔，最后一个变量名之后必须用“;”结尾。

例如：

```
int num, sum;
float score, aver;
char sex ;
```

可以在定义变量的同时，对变量进行初始化，也可以先定义后初始化。变量初始化的一般格式如下：

```
数据类型 变量名 1[ = 初值 1],变量名 2[ = 初值 2], … ;
```

例如：

```
float f1 = 1.23, f2, f3;
```

该语句定义了 f1，f2 和 f3 等 3 个实型变量，同时初始化了变量 f1。

或者：

```
float f1,f2,f3;
f1 = 1.24;
```

(3) 变量类型

C语言的基本数据类型包括整型、单精度型、双精度型、字符型，它们定义的关键字分别为int、float、double和char。

① 整型变量

根据表达范围可以分为6种整型变量：有符号基本整型([signed] int)、无符号基本整型(unsigned [int])、有符号短整型([signed] short [int])、无符号短整型(unsigned short [int])、有符号长整型([signed] long [int])、无符号长整型(unsigned long [int])等。

② 实型变量

根据表达范围可以分为单精度实数float、双精度实数double。实型变量是用有限的存储单元进行存储，因此提供的有效数字是有限的，在有效位以外的数字将变得没有意义，由此可能会产生一些误差。单精度实数只能保证6位有效数字，双精度实数只能保证15位有效数字，后面的数字无意义。

③ 字符变量

字符变量用来存放字符数据，同时只能存放一个字符。或者说，一个字符变量在内存中占一个字节，以字符的ASCII码对应的二进制形式存放字符。字符数据以ASCII码存储的形式与整数的存储形式类似，这使得字符型数据和整型数据之间可以通用(当作整型量)。可以将整型量赋值给字符变量，也可以将字符量赋值给整型变量。

需要注意的是，C语言本身没有专门的字符串变量，如果想将一个字符串存放在变量中，可以使用字符数组，即用一个字符数组来存放一个字符串，数组中每一个元素存放一个字符，也可以通过字符指针来指向一个字符串常量的首字符来实现。

(4) 变量类型

表2.1给出了基本数据类型、加上各修饰符后的数据类型所占的内存空间字节数及表示数值的范围。

表2.1 数据类型存储空间大小及表示数值范围

类型	说明	占用字节数	数值范围
int	整型	4	$-2^{31}\sim(2^{31}-1)$
unsigned [int]	无符号整型	4	$0\sim(2^{32}-1)$
signed int	有符号整型	4	$-2^{31}\sim(2^{31}-1)$
short [int]	短整型	2	$-2^{15}\sim(2^{15}-1)$
long [int]	长整型	8	$-2^{63}\sim(2^{63}-1)$
float	单精度型	4	$-3.4\times10^{38}\sim3.4\times10^{38}$
double	双精度型	8	$-1.7\times10^{308}\sim1.7\times10^{308}$
char	字符型	1	$-128\sim127$
unsigned char	无符号字符型	1	$0\sim255$
signed char	有符号字符型	1	$-128\sim127$

说明：

(1) 表中方括号内的部分是可以省略的，例如，signed short int 与 short 等价。

(2) 表中以 32 位计算机为例，列出各种数据类型占用内存空间字节数和所表示的数值范围，在不同的计算机或编译系统中，同一数据类型的取值范围可能不同，可以使用 sizeof 函数计算指定的数据类型占用内存空间的字节数。

(3) short 只能修饰 int，且 short int 可省略为 short。

(4) long 只能修饰 int 和 double，修饰为 long int 时，可省略为 long。

(5) unsigned 和 signed 只能修饰 char 和 int，一般情况下，char 和 int 默认为 signed 型。实型数 float 和 double 总是有符号的，不能用 unsigned 修饰。

2.3 printf( )、scanf( )函数

printf()函数和 scanf()函数是为了方便用户与程序进行友好的交互，它们是编译器提供的用于输出、输入的库函数。这些函数和其他库函数一样，并不是 C 语言定义的一部分。printf()是输出函数，scanf()是输入函数，但是它们的工作原理几乎相同。两个函数都使用格式字符串和参数列表。我们先介绍 printf()，再介绍 scanf()。

2.3.1 printf( )函数

使用 printf()函数，不仅可以打印字符串，还可以按程序员想要的输出样式输出相应的数据。但 printf()函数输出数据时要与待打印数据的类型相匹配。例如，打印整数时使用%d，打印字符时使用%c。这些符号指定了如何把数据转换成特定的形式进行输出。printf() 的语法格式为：

```
printf(格式控制[,输出表列])
```

如：

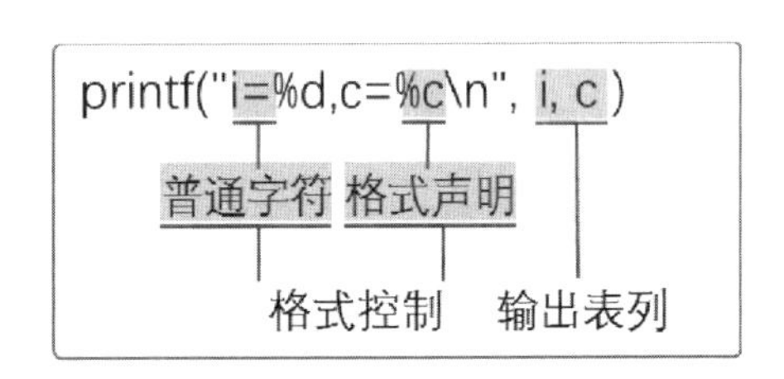

(1) “格式控制”是用双引号括起来的一个字符串，称为格式控制字符串，简称格式字符串。包括：

① 格式声明。由占位符“%”和格式字符组成，作用是在该位置上将输出的数据转换为指定的格式后输出。

② 普通字符串。即需要在屏幕上原样输出的字符串。

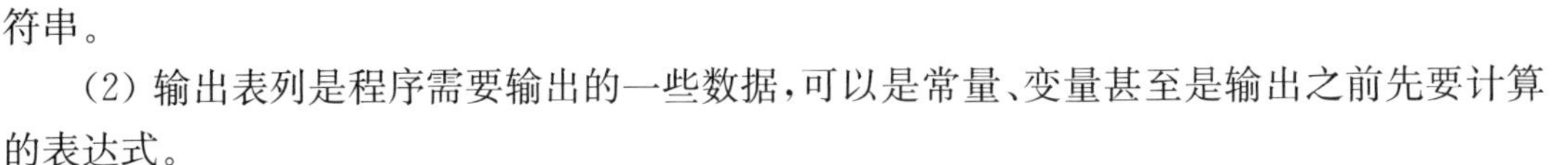

(2) 输出表列是程序需要输出的一些数据，可以是常量、变量甚至是输出之前先要计算的表达式。

(3) 格式声明

① printf 函数输出时，务必注意输出对象的类型应与上述格式说明匹配，否则将会出现错误。

② 常用的格式控制符中，%d 表示输出十进制整数，%o 表示输出八进制整数，%x 表示输出十六进制整数，%c 表示输出字符，%s 表示输出字符串，%f 表示输出单精度浮点数，%lf 表示输出双精度浮点数。

③ 一个格式声明以“%”开头，以格式字符之一为结束，中间可以插入附加格式字符(也

称修饰符)，如表示输出内容的对齐方式、占用的宽度、输出浮点数小数点后面的位数等。

例 2.1 编写程序，分别输出十进制数 5678 以及对应的八进制、十六进制数字。

本题的参考代码及运行结果如图 2.1 所示：

```
1  #include <stdio.h>
2  int main()
3  {
4      printf("%d,%8d,%o,%x,%8.2f\n",5678,5678,5678,5678,5678.1234);
5      return 0;
6  }
```

```
C:\WINDOWS\system32\cmd.exe
5678,     5678,13056,162e, 5678.12
请按任意键继续. . .
```

图 2.1 例题代码及运行结果

代码分析：

代码第 4 行，分别按照五种格式输出，%d 按整型格式，%8d 占 8 个字符宽度右对齐输出整数，%o 按八进制输出整数，%x 按十六进制输出整数，%8.2f 按小数点后两位输出单浮点数，占 8 个字符宽度。

例 2.2 编写程序，输出信息“长为 200、宽为 50 的长方形的面积为 10 000”。

本题代码及运行结果如图 2.2 所示：

```
1  #include <stdio.h>
2  int main()
3  {
4      printf("长为200、宽为50的长方形的面积为10000\n");
5      return 0;
6  }
```

```
C:\Windows\system32\cmd.exe
长为200、宽为50的长方形的面积为10000
请按任意键继续. . .
```

图 2.2 例题代码及运行结果

代码分析：

如果只输出短语或句子，即通常所说的字符串，就不需要任何转换说明，如代码第 4 行。那么需要输出一个长、宽可以变化的长方形的长、宽及面积，该怎么用呢？

例 2.3 编写程序输出长、宽的值变化的长方形面积信息。

本题参考代码及运行结果如图 2.3 所示：

```
1  #include <stdio.h>
2  int main()
3  {
4      int length=200,width=50,area;
5      area=length*width;
6      printf("%s:长为%d、宽为%d的长方形的面积为%d\n","输出列表为常量",200,50,200*50);
7      printf("%s:长为%d、宽为%d的长方形的面积为%d\n","输出列表为变量",length,width,area);
8      return 0;
9  }
```

```
C:\Windows\system32\cmd.exe
输出列表为常量:长为200、宽为50的长方形的面积为10000
输出列表为变量:长为200、宽为50的长方形的面积为10000
请按任意键继续. . .
```

图 2.3 例题代码及运行结果

代码说明：

输出列表可以是常量，也可以是变量。代码第 6 行输出的第一个数据就是一个字符串常量。因为长方形的长、宽、面积都是变化的，所以需要先定义表示长方形的长、宽、面积的变量。变量只有在赋予初始值之后才能参与计算，定义变量后虽然分配空间，但变量对应空间里的值是随机的。在本例中，输出的长方形的长、宽的值是在程序中第 4 行给出的，很显然比较死板，如果长方形的长、宽能在程序运行时通过键盘输入是最好的了，这可以通过后面要介绍的 scanf()函数来实现。如果长、宽是浮点型数值呢？

例 2.4 编写程序输出长、宽值为浮点型数值的长方形信息，面积保留小数点后 2 位。

本题参考代码及运行结果如下图 2.4 所示：

```
1  #include <stdio.h>
2  int main()
3  {
4      float length=200.55,width=50.25,area;
5      area=length*width;
6      printf("长为%7.2f、宽为%7.2f的长方形的面积为%9.2f\n",length,width,area);
7      return 0;
8  }
```

```
C:\Windows\system32\cmd.exe
长为 200.55、宽为  50.25的长方形的面积为 10077.64
请按任意键继续. . .
```

图 2.4 例题代码及运行结果

代码说明：

因为长、宽和面积均是浮点数，在输出时需要按照浮点数格式进行输出。在附加修饰符中，小数点前面的整数表示输出浮点数的宽度，小数点后面的整数表示输出浮点数的精度。第 6 行中，%7.2f 表示输出浮点数共占 7 个字符宽度，小数点后面有 2 位。如果没有附加修饰字符，输出的数值小数点后面为 6 位。

本例中还用到了 C 语言中另外 2 个运算符号，即第 5 行中的“=”和“*”运算符，但其并不是我们通常所说的“等于”，“=”表示赋值运算，该符号的功能是将“=”右边的表达式的值送给左边的变量，作为左边变量的值。“*”是算术运算符的一种，表示的功能是乘，注意在 C 语言中，乘法运算不是“×”。关于更多的运算符号，后文会陆续进行讲解。

2.3.2 scanf()函数

在上面的例题中，长方形的长、宽的值改变，是通过在程序中修改给变量所赋的值来实现的。很显然让用户在程序中改变变量值不现实，我们可以通过键盘来给相应的变量赋值。C 函数库中包含了多个输入函数，scanf()是最通用的一个。从键盘输入的都是文本，因为键盘只能生成文本字符：字母、数字和标点符号。如果要输入整数 2020，就要键入字符 '2'、'0'、'2'、'0'。如果要将其储存为数值而不是字符串，程序就必须把字符依次转换成数值，这就是 scanf()函数要做的。scanf()函数把输入的字符串转换成整数、浮点数、字符或字符串，而 printf()正好与它相反，把整数、浮点数、字符和字符串转换成显示在屏幕上的文本。

scanf()也使用格式字符串和参数列表，格式字符串用来表明字符输入流的目标数据类型。printf()函数输出列表使用变量、常量和表达式，而 scanf()函数的地址列表使用指向变量的指针。指针是C语言中的一个重要概念,也是最能体现C语言特点的地方,在这里我们先不去了解如何使用指针,只需记住以下两条简单的规则:

如果用 scanf ()读取基本变量类型的值,在变量名前加上一个 &;

如果用 scanf ()把字符串读入字符数组中,不要使用 &。

scanf ()的语法格式如下:

scanf(格式控制,地址表列)

```
scanf("a=%f,b=%f,c=%f", &a, &b, &c );
```

普通字符 格式声明

格式控制 地址表列

(1)“格式控制”是用双引号括起来的一个字符串,含义同 printf 函数。包括:

① 格式声明。以%开始,以一个格式字符结束,中间可以插入附加的字符。

② 普通字符。

(2) 地址表列是由若干个地址组成的表列,可以是变量的地址,或字符串的首地址。

① scanf 函数中的格式控制后面应当是变量地址,而不是变量名。应与上述格式说明匹配,否则将出现错误。

② 如果在格式控制字符串中除了格式声明以外还有其他字符,则在输入数据时在对应的位置上输入与这些字符相同的字符。

③ 在用“%c”格式声明输入字符时,空格字符和“转义字符”中的字符都作为有效字符输入。

④ 在输入数值数据时,如输入空格、回车、Tab 键或遇非法字符(不属于数值的字符),则认为该数据结束。

例 2.5 编写程序输出长、宽值变化的长方形信息。

本题参考代码及运行结果如图 2.5 所示:

```
1  #include <stdio.h>
2  int main()
3  {
4      int length_1,width_1,area_1;
5      double length_2,width_2,area_2;
6      printf("Input length_1,width_1:\n");
7      scanf("%d%d",&length_1,&width_1);
8      area_1=length_1*width_1;
9      printf("%s:长为%d、宽为%d的长方形的面积为%d\n","长、宽为int型情况: "
10         ,length_1,width_1,area_1);
11     printf("Input length_2,width_2:\n");
12     scanf("%lf%lf",&length_2,&width_2);
13     area_2=length_2*width_2;
14     printf("%s:长为%7.2lf、宽为%7.2lf的长方形的面积为%10.2lf\n",
15         "长、宽为double型情况: ",length_2,width_2,area_2);
16     return 0;
17 }
```

```
C:\Windows\system32\cmd.exe
Input length_1,width_1:
20 5
长、宽为int型情况: :长为20、宽为5的长方形的面积为100
Input length_2,width_2:
20.55 5.65
长、宽为double型情况: :长为  20.55、宽为   5.65的长方形的面积为     116.11
```

图 2.5 例题代码及运行结果

代码说明：

本例中，长方形长、宽值分别为int、double型2种情况实现值的键盘读入及输出。在本例第12行使用scanf()函数时，因为要初始化的变量为double型，格式修饰符为lf，在第14行的输出中，虽然输出列表也为double型，但使用的格式修饰符依旧是f。为了提升程序的友好性，在提示用户通过键盘输入数值前，可以通过printf()函数给出一个提示信息，如第6、11行，增加交互型是一个很好的编程习惯。

上例使用的scanf()函数格式控制部分，没有出现普通字符串，如果想使用普通字符串，在程序运行进行键盘读入时，输入格式必须与格式控制保持一致。

例2.6 编写程序输出长、宽值变化的长方形信息，其中输入的长和宽用顿号隔开。

本题参考代码及运行结果如图2.6所示：

```
1  #include <stdio.h>
2  int main()
3  {
4      int length,width,area;
5      printf("Input length,width:\n");
6      scanf("%d、%d",&length,&width);
7      area=length*width;
8      printf("长为%d,宽为%d的长方形面积为%d\n",length,width,area);
9      return 0;
10 }
```

```
C:\Windows\system32\cmd.exe
Input length,width:
300、20
长为300,宽为20的长方形面积为6000
```

图2.6 例题代码及运行结果

程序说明：

本例第6行使用scanf()给长、宽读入值时，因为在两个%d之间有个顿号"、"，所以程序运行从键盘输入数据时，在300和20之间也必须使用顿号，否则就要出错。

2.4 putchar()、getchar()函数

虽然整数、浮点数、字符以及字符串的读入和输出都可以通过scanf()和printf()函数来实现，但这2个函数格式相对比较复杂，初学者难以准确把握。在程序设计中对于字符的读入和输出，可以用专门实现字符输入输出字符的函数getchar()和putchar()来实现，这两个函数也定义在stdio.h中。由于只处理字符，所以它们比通用的scanf()和printf()函数更快、更简洁。而且不需要转换说明，因为它们只处理字符。

2.4.1 putchar()函数

putchar()函数实现从计算机向显示器输出一个字符，相应的函数语法格式如下：

```
putchar(c)
```

用putchar()函数既可以输出可显示字符，也可以输出控制字符和转义字符。

putchar(c)中的 c 可以是字符常量、整型常量、字符变量或整型变量(其值在字符的 ASCII 代码范围内)。

putchar()函数打印它的参数。例如，下面的语句把之前赋给 ch 的值作为字符打印出来：

```
putchar (ch) ;
```

该语句与下面的语句效果相同：

```
printf(" %c",ch) ;
```

2.4.2 getchar()函数

getchar()函数实现向计算机输入一个字符，相应的函数语法格式如下：

```
getchar()
```

当我们通过键盘输入一个字符串时，系统会将字符串以字符为单位保存在键盘缓冲区中。getchar()函数不带任何参数，它的功能就是读取键盘缓冲区输入队列的第一个有效字符，并作为函数返回值。例如，下面的语句读取下一个字符输入，并把该字符的值赋给变量 ch。

```
ch = getchar() ;
```

该语句与下面的语句效果相同：

```
scanf(" %c",&ch) ;
```

注意：在前面我们介绍的几个输入输出库函数中，printf()、scanf()、putchar()都是无返回值的函数，即在程序中调用这些函数，不会带回任何值。getchar()函数则不同，调用该函数，可以将键盘缓冲区里的第一个有效字符作为函数调用的结果，回传给调用者。因此，该函数调用往往出现在一个字符可以出现的地方，如表达式或作为另外一个函数的参数。以后当我们进行函数调用时，一般都是这样：调用无返回值函数，就是执行该函数的功能，调用有返回值函数，除了执行该函数的功能外，还要带回一个结果，回传给函数的调用者。

下面通过一个例子来介绍 getchar()、putchar()函数的使用。

例 2.7　编写程序，从键盘读入一个小写字母，在屏幕上输出该小写字母对应的大写字母。本题代码及运行结果如图 2.7 所示：

```
1  #include <stdio.h>
2  int main()
3  {
4      char ch;
5      printf("Input a Lowercase letters:");
6      ch=getchar()-32;
7      printf("Capital letter is:");
8      putchar(ch);
9      putchar(getchar()-32);
10     putchar('\n');
11     return 0;
12 }
```

```
C:\Windows\system32\cmd.exe
Input a Lowercase letters:m
Capital letter is:M
```

图 2.7　例题代码及运行结果

程序说明：

第6行的功能，调用getchar()函数，带回一个小写字母，因为小写字母ASCII值比对应大写字母的ASCII值大32，所以该行功能就是将读入的小写字母对应的大写字母送到字符变量ch中。第8行功能是通过putchar()函数，将变量ch的内容在屏幕输出。第9行功能相当于把第6、8两行的功能合并，先调用getchar()函数获得小写字母，通过getchar()－32转变成对应的大写字母，然后通过putchar()函数输出。第8行putchar()函数的参数是变量ch，第9行函数参数是表达式，第10行函数的参数是字符常量转义字符'\n'。

2.5 综合实例

问题描述：给定一个字符，用它构造一个底边长5个字符，高3个字符的等腰字符三角形。

问题分析：因为给定的是任意一个字符，所以需要定义一个字符型变量接收键盘读入的值。因为高三行，也就是需要输出三行字符串，可以通过多次调用printf函数来实现，当然在每一行中输出的有空格也有特定的符号，注意每行输出的空格字符及特定字符的个数。

参考代码及运行结果如图2.8所示：

```
1  #include <stdio.h>
2  int main()
3  {
4      char ch;
5      scanf("%c",&ch);
6      printf("  %c\n",ch);
7      printf(" %c%c%c\n",ch,ch,ch);
8      printf("%c%c%c%c%c",ch,ch,ch,ch,ch);
9      return 0;
10 }
11
12
```

```
C:\Program Files (x86)\Dev-Cpp\ConsolePauser.exe
*
  *
 ***
*****
```

图2.8 综合实例代码及运行结果

代码分析：

代码第4行定义一个字符变量，第5行通过键盘对字符变量初始化，第6～8行输出三行，每行分别输出空格字符及字符变量对应的字符。

2.6 项目实训

2.6.1 猜拳游戏

1. 实训目的

通过“猜拳游戏”简单的界面设计，进一步认识“printf”、“getchar”等函数在菜单设计中的使用。

2. 实训内容

本次游戏实例内容主要是实现猜拳游戏简单的界面。

分析：

针对第一章游戏实例中空格输入问题，可以通过“printf”语句中的“ * ”修饰符来改进。在“printf”语句中，“ * ”修饰符用来更灵活地控制域宽，使用“% * s”，表示域宽值由后面的实参决定，如 printf("% * s 猜 拳 游 戏\n",24,"")是把空字符("")放到在域宽为 24 的空间中右对齐，从第 25 位置输出“猜 拳 游 戏”字样。

为了方便空格个数的调整，可以将空格个数用宏定义语句(define)定义为符号常量的形式。

3. 实训准备

硬件：PC 机一台

软件：Windows 系统、VS2012 开发环境

将第一章“游戏实例 1”文件夹复制一份，并将复制后的文件夹重命名为“游戏实例 2”。进入“游戏实例 2”找到“finger-guessing”文件双击，打开项目文件。

4. 实训代码

依据实例内容分析，在“finger-guessing.c”源文件中修改相关代码。具体代码如下：

```
/*
猜拳游戏简单界面设计
*/
#include< stdio.h>
//-----------------宏定义----------------------------------
#define NUM 10
//---------------------------------------------------------
int main()
{
    //-----------------初始界面----------------------------------
    //"猜"字前有 24 空格,每个汉字间隔 1 空格
    printf("% *s猜 拳 游 戏\n",24,"");
    //每组有 10 个"-",有 4 组,每个汉字间隔 2 空格
    printf("|----------用  户----------电  脑----------结  果----------|\n");
    //每组有 10 个空格,有 4 组,每个汉字间隔 2 空格
    printf("|% *s%s% *s%s% *s%s% *s|\n",NUM,"","剪  刀",NUM,"","石  头",NUM,"","
电脑胜",NUM,"");
    getchar();
    return 0;
}
```

完整代码部分请参考程序清单中的“游戏实例 2”。

5. 实训结果

按键盘上“F5”执行上述代码，得到运行结果如图 2.9 所示：

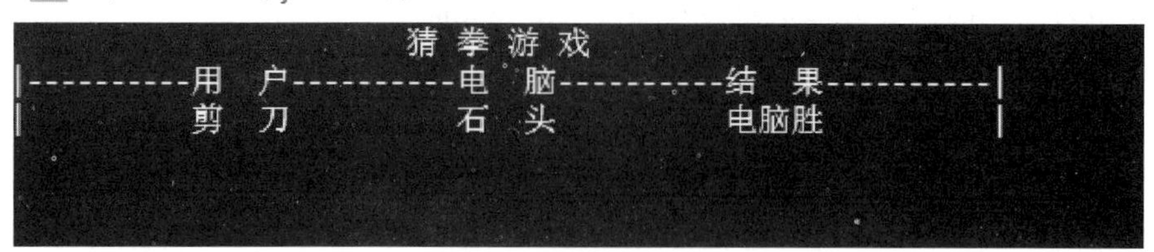

图 2.9　运行界面

6. 实训总结

通过“printf”语句中的“ * ”修饰符可以更灵活地控制域宽的输出，通过符号常量可以方便地调整值以及多次使用该值。

7. 实训目标

在本次游戏实例中，“剪刀”“石头”及“电脑胜”等信息都是在程序中固化的，导致游戏互动性效果非常差，那么能否通过键盘输入来实现出拳?

读者可以带着问题进入后续C语言的学习，相信大家一定能找到解决的办法。

2.6.2　飞机打靶游戏

在飞机打靶游戏中需要在控制台窗口中打印出各种信息，让玩家可以直观地了解到飞机游戏中各参数的变化。编写一个程序，实现在控制台中打印出如图2.10的效果。其中“得分”“剩余弹药”“命中率”均为变量。

图 2.10　游戏运行界面

参考代码如下：

```
#include <stdio.h>
int main()
{
    int score = 20, ammo = 60;
    float accu = 0.5;
    printf("
        |\n");
    printf("                                                    |\n");
    printf("                                                    |\n");
    printf("                                                    |\n");
    printf("                                                    |\n");
    printf("                                                    |\n");
    printf("                                                    |\n");
    printf("                                                    |\n");
    printf("                                                    |\n");
    printf("                                                    |\n");
    printf("                                                    |\n");
    printf("                                                    |\n");
```

```
    printf("                                               |\n");
    printf("                                               |\n");
    printf("                                               |\n");
    printf("                                               |\n");
    printf("                                               |\n");
    printf("                                               |\n");
    printf("                                               |\n");
    printf("                                               |\n");
    printf("                                               |\n");
    printf("                                               |\n");
    printf("                                               |\n");
    printf("                                               |\n");
    printf("                                               |\n");
    printf("------------------------------------------------\n");
    printf("得分:%03d | 剩余弹药:%03d | 命中率:%3.1f%% ",score,ammo,accu*100);
    return 0;
}
```

2.7 习 题

1. 对于一个正常运行的C程序,以下叙述中正确的是(　　)。
   A. 程序的执行总是从程序的第一个函数开始,在main函数结束
   B. 程序的执行总是从main函数开始,在程序的最后一个函数中结束
   C. 程序的执行总是从程序的第一个函数开始,在程序的最后一个函数中结束
   D. 程序的执行总是从main函数开始
2. 以下关于函数的叙述中正确的是(　　)。
   A. 每个函数都可以被其他函数调用(包括main函数)
   B. 每个函数都可以被单独编译
   C. 每个函数都可以单独运行
   D. 在一个函数内部可以定义另一个函数
3. 以下选项中关于C语言常量的叙述错误的是(　　)。
   A. 常量分为整型常量、实型常量、字符常量和字符串常量
   B. 经常被使用的变量可以定义成常量
   C. 常量可分为数值型常量和非数值型常量
   D. 所谓常量,是指在程序运行过程中,其值不能被改变的量
4. 以下选项中作为C语言合法常量的是(　　)。
   A. -80.　　B. -080　　C. -8e1.0　　D. -80.0e
5. 关于C语言的变量,以下叙述中错误的是(　　)。
   A. 所谓变量是指在程序运行过程中其值可以被改变的量
   B. 变量所占的存储单元地址可以随时改变
   C. 程序中用到的所有变量都必须先定义后才能使用

D. 由三条下划线构成的符号名是合法的变量名

6. 以下关于C语言数据类型使用的叙述中错误的是(　　)。

A. 若要保存带有多位小数的数据,可使用双精度类型

B. 若要处理如“人员信息”等含有不同类型的相关数据,应自定义结构体类型

C. 若只处理“真”和“假”两种逻辑值,应使用逻辑类型

D. 整数类型表示的自然数是准确无误差的

7. C语言中的标识符分为关键字、预定义标识符和用户标识符,以下叙述正确的是(　　)。

A. 关键字可用作用户标识符,但失去原有含义

B. 在标识符中大写字母和小写字母被认为是相同的字符

C. 用户标识符可以由字母和数字任意顺序组成

D. 预定义标识符可用作用户标识符,但失去原有含义

8. 以下选项中不属于字符常量的是(　　)。

A. 'C'　　B. "C"　　C.)'\xCC'　　D. '\072'

9. 以下选项中合法的实型常量是(　　)。

A. .914　　B. 3.13e−2.1　　C. 0　　D. 2.0 * 10

10. 以下叙述中正确的是(　　)。

A. scanf函数的格式控制字符串是为了输入数据用的,不会输出到屏幕上

B. 在使用scanf函数输入整数或实数时,输入数据之间只能用空格来分隔

C. 在printf函数中,各个输出项只能是变量

D. 使用printf函数无法输出百分号%

11. 有以下程序,程序的输出结果是(　　)。

```
int main()
{
    char c1 = 'A',c2 = 'Y';
    printf("%d,%d\n",c1,c2);
    return 0;
}
```

A. 输出格式不合法,输出出错信息　　B. 65,90

C. 65,89　　D. A,Y

12. 若变量已正确定义为int型,要通过语句scanf("%d,%d,%d",&a,&b,&c);给a赋值1、给b赋值2、给c赋值3,以下输入形式中错误的是(　　)。(注:□代表一个空格符)

A. □□□1,2,3　　B. 1,□□□2,□□□3

C. 1,2,3　　D. 1□2□3

13. 若有定义int a; float b; double c;,程序运行时输入:3 4 5,能把值3输入给变量a、4输入变量b、5输入给变量c的语句是(　　)。

A. scanf("%d%lf%lf", &a,&b,&c);　　B. scanf("%d%f%lf", &a,&b,&c);

C. scanf("%d%f%f", &a,&b,&c);　　D. scanf("%/If%lf%lf", &a,&b,&c);

14. 有以下程序

```
#include <stdio.h>
int main()
```

```
{
    int a1,a2;
    char c1,c2;
    scanf("%d%c%d%c",&a1,&c1,&a2,&c2);
    printf("%d,%c,%d,%c",a1,c1,a2,c2);
    return 0;
}
```

若想通过键盘输入，使得a1的值为12，a2的值为34，c1的值为字符a，c2的值为字符b，程序输出结果是：12，a，34，b，则正确的输入格式是（以下□代表空格，<CR>代表回车）（ ）。

A. 12□a□34□b<CR>　　B. 12，a34.b<CR>

C. 12a34b<CR>　　D. 120a34□b<CR>

15. 有以下程序

```
#include <stdio.h>
int main()
{
    char c1,c2,c3,c4,c5,c6;
    scanf("%c%c%c%c",&c1,&c2,&c3,&c4);
    c5=getchar();
    c6=getchar();
    putchar(c1);
    putchar(c2);
    printf("%c%c\n",c5,c6);
    return 0;
}
```

程序运行后，若从键盘输入（从第1列开始）123<CR>45678<CR>，则输出结果是（ ）。

A. 1256　　B. 1278　　C. 1245　　D. 1267

【微信扫码】
本章游戏实例 & 习题解答

第 3 章

顺序结构

本章思维导图如下图所示：

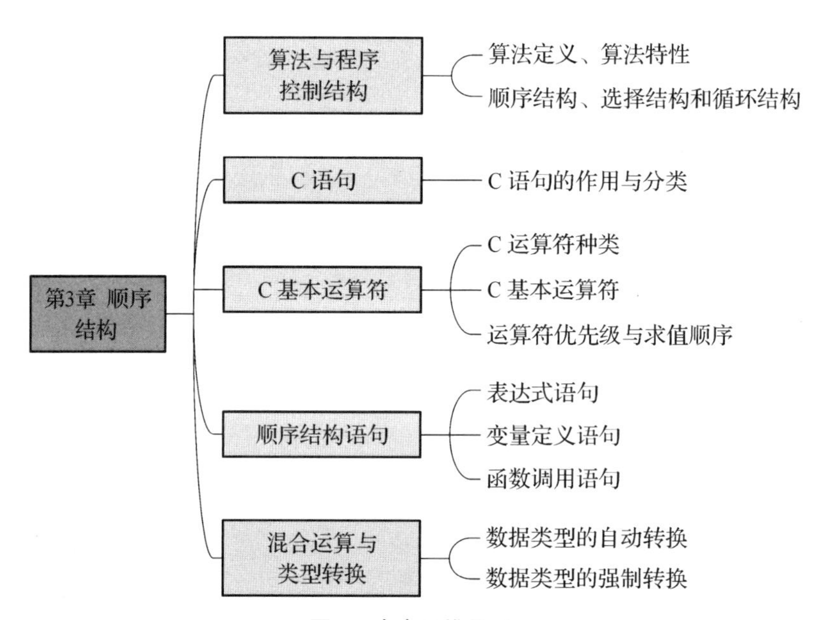

图 0　本章思维导图

程序是指令的集合，一个 C 程序由若干个函数组成，函数功能是由函数体内一系列的语句按照一定的控制顺序执行来实现的。函数体由若干条语句组成，和一段文章由若干个句子组成一样，组成函数的指令在执行时也是有一定顺序的。在程序设计语言中，一般都会提供顺序、选择、循环三种基本流程控制结构。指令的执行顺序，反映的是实现函数功能的步骤或方法。如果指令的执行是按照指令在程序中书写的先后次序来执行，就把这种结构称为顺序结构。本章主要介绍算法及算法描述、常见的流程控制结构，并重点介绍最简单的流程控制结构——顺序结构，以及可以顺序执行的语句。

3.1　算法与程序控制结构

3.1.1　算法

算法是指解题方案准确而完整的描述，是一系列解决问题的指令序列。算法代表着用系统的方法描述解决问题的策略机制，是软件开发的灵魂。

对于一个问题，如果可以通过一个计算机程序，在有限的存储空间内运行有限长的时间得到正确的结果，则称这个问题是算法可解的，算法是解决一个问题的灵魂。算法不等于程序，程序可以作为算法的一种描述，但通常还需考虑很多与方法和分析无关的细节问题，这是因为在编写程序时要受到计算机系统运行环境的限制。

1. 算法的特性

算法具有以下五个特性。

(1) 输入：待计算问题的任一实例，都需要以某种方式交给对应的算法，对所求解问题特定实例的这种描述统称为输入。

(2) 输出：经计算和处理之后得到的信息，即针对输入问题实例的答案，称作输出。

(3) 确定性：算法应可描述为由若干语义明确的基本操作组成的指令序列。

(4) 可行性：每一基本操作在对应的计算模型中均可兑现。

(5) 有穷性：任意算法都应在执行有限次基本操作之后终止并给出输出。

2. 算法的表示形式

算法可使用多种描述语言来描述，例如，自然语言、流程图、伪代码等。

(1) 自然语言

通常是指一种自然地随文化演化的语言，是人类交流和思维的主要工具，例如，汉语、英语、日语。自然语言是人脑与人脑的交际工具，人脑与电脑的交际通过自然语言交际容易产生歧义性，主要表现为：表达式的层次结构不够清晰，个体化认知模式体现不够明确，量词管辖的范围不太确切，句子成分的语序不固定，语形和语义不对应等。

(2) 流程图

流程图是用一些统一规定的标准图形符号描述程序运行的具体步骤。用图形表示算法，直观形象、易于理解，所以一般都是用流程图来表示算法。美国国家标准化协会规定的图形符号主要包括处理框、判断框、起止框、连接点、流程线、注释框等，如图3.1所示。

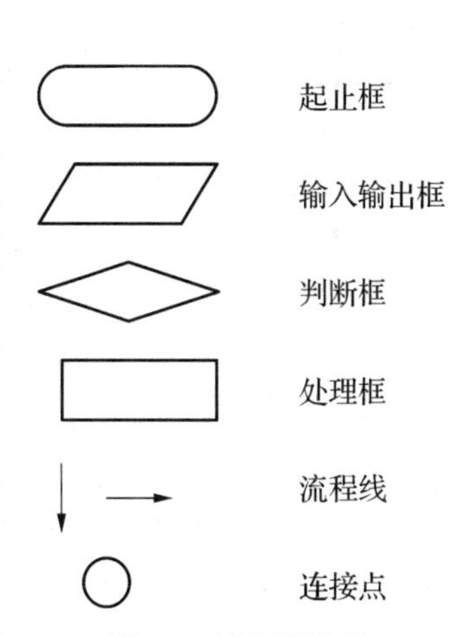

图3.1　流程图符号

① 起止框(圆弧形框)，表示流程开始或结束。处理框(矩形框)，表示一般的处理功能。

② 输入输出框(平行四边形框)，在平行四边形内写明输入或输出的内容。

③ 判断框(菱形框)，表示对一个给定的条件进行判断，根据给定的条件是否成立决定如何执行其后的操作。它有一个

入口，两个出口。

④ 连接点（圆圈），用于将画在不同地方的流程线连接起来，避免流程线的交叉或过长，使流程图清晰。

⑤ 流程线（指向线），表示流程的路径和方向。

(3) 伪代码

伪代码是用介于自然语言和计算机语言之间的文字和符号来描述算法的一种形式。使用伪代码的目的是使被描述的算法可以容易地以任何一种编程语言实现，因此，伪代码必须结构清晰、代码简单、可读性好，并且类似自然语言。当然，一个算法也可以直接用某一种编程语言来描述。

3.1.2 三种基本流程结构

程序是一个语句序列，执行程序就是按特定的次序执行程序中的语句。程序中执行点的变迁称为控制流程，当执行到程序中的某一条语句时，也说控制转到了该语句。由于复杂问题的解法可能涉及复杂的执行次序，因此编程语言必须提供表达复杂控制流程的手段，称为编程语言的控制结构，或程序控制结构。

理论和实践证明，无论多复杂的算法均可通过顺序、选择、循环三种基本控制结构构造出来，每种结构仅有一个入口和出口。顺序结构程序是指按语句出现的先后顺序执行的程序结构，是结构化程序中最简单的结构。编程语言并不提供专门的控制流语句来表达顺序控制结构，而是用程序语句的自然排列顺序来表达。选择结构又称为分支结构，当程序执行到控制分支的语句时，首先判断条件，根据条件表达式的值选择相应的语句执行。循环结构可以实现有规律的重复计算处理，当程序执行到循环控制语句时，根据循环判断条件对一组语句重复执行多次。

3.1.3 基本流程结构的流程图表示

程序的三种基本控制结构为顺序结构、选择结构和循环结构。使用这三种控制结构就能够编写解决任何问题的程序，下面我们就来看一下这三种基本结构。

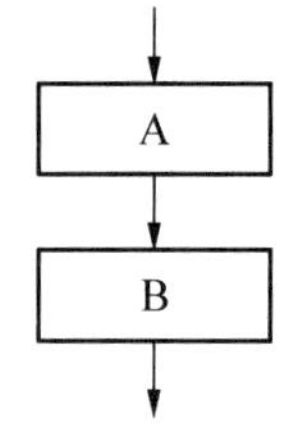

图 3.2 顺序结构

1. 顺序结构

这是最简单的结构，其特点是每一条语句按顺序执行，且只执行一遍，不重复执行，没有语句不执行。如图 3.2 所示是一个顺序结构，其中 A 和 B 两个框是顺序执行的。

2. 选择结构

选择结构也称为分支结构，其特点是每一条执行了的语句都只执行一遍，不重复执行，但有的语句不执行。一个选择结构必定有个判断框，如图 3.3 所示。执行流程根据判断条件的成立与否，选择执行其中的一路分支。图 3.3 中左边所示的是特殊的选择结构，即一路为空的选择结构。这种选择结构中，当条件成立时执行 A 操作，然后脱离选择结构，如果条件不成立，则直接离开选择结构。图 3.3 中右边所示的是一个包括两个分支的选择结构，如果条件成立执行 A 分支，否则执行 B 分支。

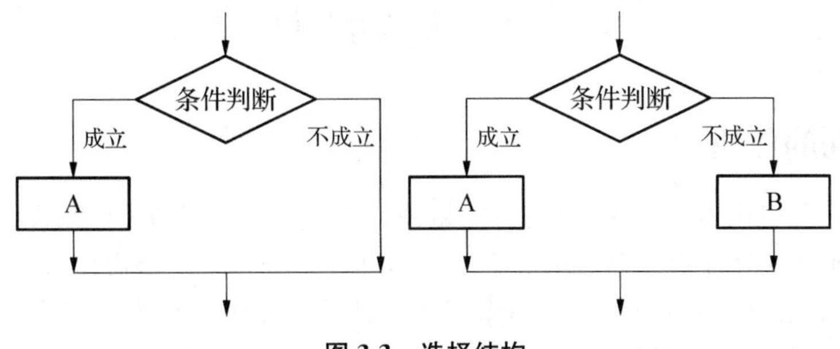

图 3.3 选择结构

3. 循环结构

这种结构也称为重复结构，其特点是，循环体在条件满足的情况下可反复执行。如图 3.4 所示，虚线框内是一个循环结构。循环结构有以下两种形式：

(1) 当型循环

当型循环用一句话解释就是指当条件成立时，重复执行 A 操作。其执行流程如下：首先判断条件是否成立，若成立，则执行 A 操作，然后再判断条件是否成立，若成立，再执行 A 操作，如此反复进行，直至某次判断条件不再成立，则不再执行 A 操作而离开循环结构，如图 3.4 左图所示。

(2) 直到型循环

直到型循环的含义也可以用一句话解释：重复执行 A 操作，直至条件不成立。其执行流程详细解释如下：先执行 A 操作，然后判断条件是否成立，如果条件成立继续执行 A 操作，再判断条件是否成立，如此反复进行直到条件不成立，结束循环，如图 3.4 右图所示。

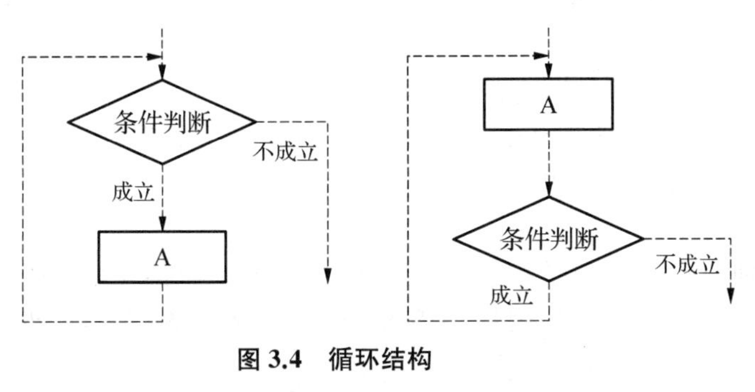

图 3.4 循环结构

for 循环是 C 语言中使用场合最多的一种循环结构，它既可以用在循环次数确定的场合，也可以用于循环次数不确定的场合，当循环、直到型循环都可以转化成 for 循环来解决。该类循环的执行过程是：先初始化，然后判断条件是否成立，如果条件成立，则执行循环体，循环体执行完后再判断条件，如果条件成立，继续执行循环体，如果条件不成立，则退出循环，继续执行该循环结构后面的一条语句，如图 3.5 所示。

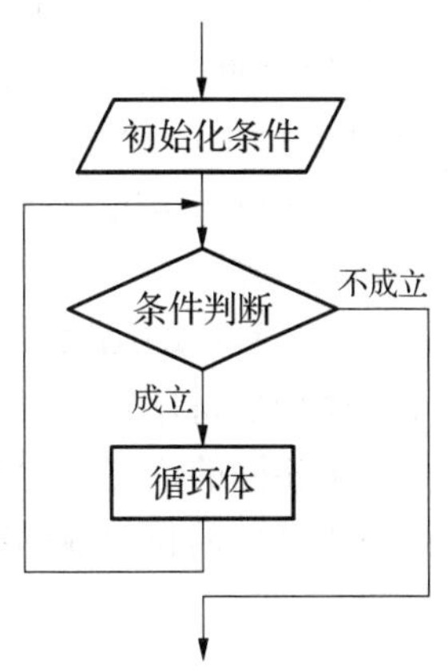

图 3.5 for 循环结构

3.2 C语句

3.2.1 C语句的作用

一个C程序可以由若干个源程序文件(编译时以文件模块为单位)组成,一个源文件可以由若干个函数和预处理指令以及全局变量声明部分组成。一个函数包含声明部分和执行部分,执行部分是由语句组成的,语句的作用是向计算机系统发出操作指令,要求执行相应的操作。一个C语句经过编译后产生若干条机器指令。声明部分不是语句,它不产生机器指令,只是对有关数据的声明。

3.2.2 C语句的分类

C语句分为以下5类。

(1) 控制语句。控制语句用于完成一定的控制功能。C语言只有9种控制语句,它们的形式是:

① if()...else... (条件语句)
② for()... (循环语句)
③ while()... (循环语句)
④ do...while() (循环语句)
⑤ continue (结束本次循环语句)
⑥ break (中止执行 switch 或循环语句)
⑦ switch (多分支选择语句)
⑧ return (从函数返回语句)
⑨ goto (转向语句,在结构化程序中基本不用 goto 语句)

上面9种语句表示形式中的()表示括号中是一个"判别条件","..."表示内嵌的语句。例如上面的"if ()...else..."的具体语句可以写成:

```
if(x > y) z = x; else z = y;
```

其中,x>y是一个"判别条件","z=x;"和"z=y;"是C语句,这两个语句是内嵌在if()...else...语句中的。这个if()...else...语句的作用是:先判别条件"x>y"是否成立,如果x>y成立,就执行内嵌语句"z=x;",否则就执行内嵌语句"z=y;"。

(2) 函数调用语句。函数调用语句由一个函数调用加一个分号构成,例如:

```
putchar();
```

在一个程序的编写过程中,随着代码量的增加,如果把所有语句都写到main函数中,一方面程序会显得比较乱,另外一方面,当同一个功能需要在不同地方执行时,我们就得再重复写一遍相同的语句。此时,如果把一些零碎的功能单独写成一个函数,在需要它们时只需进行一些简单的函数调用,这样既有助于程序结构的清晰条理,又可以避免大块的代码重复。

(3) 表达式语句

表达式能构成语句是C语言的一个特色,其中表达式语句由一个表达式加一个分号构成。最典型的是由赋值表达式构成一个赋值语句,任何表达式都可以加上分号而成为语句。

其实“函数调用语句”也属于表达式语句,因为函数调用也属于表达式的一种,只是便于理解和使用,我们把“函数调用语句”和表达式语句分开来说明,由于C程序中大多数语句是表达式语句(包括函数调用语句),所以有人把C语言称为“表达式语言”。

(4) 空语句

下面是一个空语句:

```
;
```

空语句只有一个分号,它什么也不做,一般用来保持语句在语法上的完整。在程序设计中,如果某个功能部分代码暂时不写,可以用空语句先代替,后面实现时再去编写。

(5)复合语句。可以用{}把一些语句和声明括起来成为复合语句(又称语句块)。复合语句通常作为一个整体出现,在语法上相当于一条语句,要么都执行,要么都不执行。常用在if语句或循环中,此时程序需要连续执行一组语句。

下面是一个复合语句:

```
{
    float pi = 3. 14159, r = 2.5,area;
    area = pi * r * r;
    printf("圆的面积为 % f",area);
}
```

3.3 C基本运算符

3.3.1 C运算符种类

几乎每一个程序都需要进行运算,对数据进行加工处理,否则程序没有意义。要进行运算,就需规定可以使用的运算符。C语言支持的运算符非常丰富,除了控制语句和输入输出以外,几乎所有的基本操作都作为运算符处理,例如将赋值符“=”作为赋值运算符、方括号作为下标运算符等。

C语言提供了以下运算符:

(1) 算术运算符(+,-,*,/,%,++,--)

(2) 关系运算符(>,<,==,>=,<=,!=)

(3) 逻辑运算符(!,&&,||)

(4) 位运算符(<<,>>,~,&)

(5) 赋值运算符(=及其扩展赋值运算符)

(6) 条件运算符(?:)

(7) 逗号运算符(,)

(8) 指针运算符(*和&)

(9) 求字节数运算符(sizeof)

(10) 强制类型转换运算符((类型))

(11) 成员运算符(.,->)
(12) 下标运算符([])
(13) 其他(如函数调用运算符())

3.3.2 C基本运算符

C语言提供了丰富的运算符号,运算符丰富也是C语言的一个重要特点。本节我们先介绍一组常见的运算符号。

1. 赋值运算符:=

在C语言中,=并不意味着"相等",而是一个赋值运算符。下面的赋值表达式语句:

```
year = 2020;
```

把值2020赋给变量year。也就是说,=号左侧是一个变量名,右侧是赋给该变量的值。符号=被称为赋值运算符。另外,上面的语句不读作"year等于2020",而应读作"把值2020赋给变量year",赋值行为从右往左进行。

也许变量名和变量值的区别看上去微乎其微,但是,考虑下面这条常用的语句:

```
i = i + 1;
```

对数学而言,这完全行不通。如果给一个有限的数加上1,它不可能"等于"原来的数。但是,在计算机赋值表达式语句中,这很合理。该语句的意思是,找出变量i的值,把该值加1,然后把新值赋值变量i。

2. 加、减法运算符:+ -

加法运算符用于加法运算,使其两侧的值相加。例如:

```
printf("%d",4 + 20);
```

打印的是24,而不是表达式4+20

相加的值(运算对象)可以是变量,也可以是常量。因此,执行下面的语句:

```
income = salary + bribes;
```

计算机会查看加法运算符右侧的两个变量,把它们相加,然后把和赋给变量income。

减法运算符用于减法运算,使其左侧的数减去右侧的数。例如,下面的语句把200.00赋给takehome:

```
takehome = 224.00 - 24.00;
```

+和-运算符都被称为二目运算符(binary operator),即这些运算符需要两个运算对象才能完成操作。

3. 正负号运算符:+ -

+和-都是一目运算符,负号还可用于标明或改变一个值的代数符号。例如,执行下面的语句后,smokey的值为12。

```
rocky = -12;
smokey = -rocky;
```

4. 乘、除法运算符:* /

*表示乘法。下面的语句用2.54乘以inch,并将结果赋给num。

```
num = 2.54 * inch;
```

C语言没有平方函数，如果要做平方计算，可以使用乘法来计算平方。如：

```
area = 3.14 * r * r;
```

C语言使用符号/来表示除法。/左侧的值是被除数，右侧的值是除数。例如，下面four的值是4.0：

```
four = 12.0 /3.0;
```

整数除法和浮点数除法不同。浮点数除法的结果是浮点数，而整数除法的结果是整数，整数是没有小数部分的数。在C语言中，整数除法结果的小数部分被丢弃，这一过程被称为截断。

3.3.3 优先级与求值顺序

1. 优先级

考虑下面的代码：

```
butter = 25.0 + 60.0 * n /SCALE;
```

这条语句中有加法、乘法和除法运算，这些运算按照不同执行次序来运算，结果肯定是有差异的，显然执行各种操作的顺序很重要。C语言对此有明确的规定，通过运算符优先级来解决操作顺序的问题。正如普通的算术运算那样，乘法和除法的优先级比加法和减法高，C语言中每个运算符都有自己的优先级，优先级高的先执行，低的后执行。如果两个运算符的优先级相同怎么办？对大多数运算符而言，这种情况都是按从左到右的顺序进行，赋值运算符除外。

如何才让加法运算在乘之前运算呢？和数学中一样，可以使用一对圆括号将需要提前运算的部分括起来，也可以把圆括号看成是一个强行改变运算顺序的运算符。如：

```
butter = (25.0 + 60.0 * n) /SCALE;
```

最先执行圆括号中的部分，圆括号内部按正常的规则执行。该例中，先执行乘法运算，再执行加法运算。执行完圆括号内的表达式后，用运算结果除以SCALE。

2. 求值顺序

运算符优先级为表达式中的求值顺序提供重要的依据，但是并没有规定所有的顺序。

考虑下面的语句：

```
y = 6 *12 +5 * 20;
```

当运算符共享一个运算对象时，优先级决定了求值顺序。例如上面的语句中，12是*和+运算符的运算对象。根据运算符的优先级，乘法的优先级比加法高，所以先进行乘法运算。类似地，先对5进行乘法运算而不是加法运算。简而言之，先进行两个乘法运算6*12和5*20，再进行加法运算。但是，优先级并未规定到底先进行哪一个乘法。C语言把主动权留给语言的实现者，根据不同的硬件来决定先计算前者还是后者。可能在某种硬件上采用某种方案效率更高，而在另一种硬件上采用另一种方案效率更高。无论采用哪种方案，表达式都会简化为72+100，所以这并不影响最终的结果。

例3.1 分析下面这段代码及运行结果。

```
#include <stdio.h>
int main()
{
```

```
    int top, score;
    top = score = - (2 + 5) * 6 + (4 + 3 * (2 + 3));
    printf("top = %d, score = %d\n", top, score);
    return 0;
}
```

代码说明：

圆括号的优先级最高，代码第 5 行表达式－(2 ＋ 5) * 6 中，先计算(2 ＋ 5)的值得到 7。然后把一目运算符负号应用在 7 上得到－7。表达式变成：

top = score = - 42 + (4 + 3 * 5)

接下来，因为圆括号中的 * 比＋优先级高，所以表达式变成：

top = score = - 42 + (4 + 15)

然后变成：

top = score = - 23

所以程序的运行结果为：top = - 23, score = - 23

3.3.4 其他运算符

C 语言有大约 40 个运算符，有些运算符比其他运算符常用得多。3.3.2 讨论的是最常用的，这里再介绍几个比较有用的运算符，其他相关运算会穿插在后续章节中进行介绍。

1. 空间大小运算符 sizeof

sizeof 运算符以字节为单位返回运算对象的大小（在 C 语言中，1 字节定义为 char 类型占用的空间大小。过去，1 字节通常是 8 位，但是一些字符集可能使用更大的字节）。运算对象可以是具体的数据对象（如变量名）或类型。如果运算对象是类型（如 float），则必须用圆括号将其括起来。

例 3.2 分析下图 3.6 所示代码及运行结果。

```
1  #include <stdio.h>
2  int main()
3  {
4      int n=0;
5      int intsize;
6      intsize=sizeof(int);
7      printf("n=%d,n has %d bytes;all ints have %d bytes.\n",
8          n,sizeof(int),intsize);
9      return 0;
10 }
```

```
C:\Program Files (x86)\Dev-Cpp\ConsolePauser.exe
n=0,n has 4 bytes;all ints have 4 bytes.
```

图 3.6 例题代码及运行结果

程序说明：

第 6 行先用 sizeof()求出 int 类型的长度，并保存在 intsize 变量中，第 7～8 行实际上是一条语句分两行来写，在输出列表中，sizeof(n)是求整型变量 n 所占存储空间的长度。

2. 求模运算符 %

运算符%读作求模,该运算符给出其左侧整数除以右侧整数的余数。例如,13%5 得 3,因为 13 比 5 的两倍多 3。%只能用于整数,不能用于浮点数。%非常有用,常用于控制程序流,如判断一个 m 是奇数还是偶数 if(m%2==0) printf("偶数")。

负数求模如何进行? C99 标准中%运算使用“趋零截断”来决定如何进行负数的整数除法。如果第一个运算对象是负数,那么求模的结果为负数;如果第 1 个运算对象是正数,那么求模的结果也是正数。

3. 自增++ 自减++

自运算只能对变量运算,分为自增(++)、自减(--)两种,运算符的作用是使变量的值加 1 或减 1,该例如:++i、--i (在使用 i 之前 ,先使 i 的值加(减)1)。i++、i-- (在使用 i 之后,使 i 的值加(减)1)。++i 和 i++的不同之处在于:++i 是先执行 i=i+1,再使用 i 的值;而 i++是先使用 i 的值,再执行 i=i+1。如果 i 的原值等于 3,请分析下面的赋值语句:

(1) j=++i;(i 的值先变成 4,再赋给 j,j 的值为 4)

(2) j=i++;(先将 i 的值 3 赋给 j,j 的值为 3,然后 i 变为 4)

在 j=++i; 中,因为++在 i 的前面,可以认为是先做++,然后再做赋值。在 j=i++; 中,因为++在 i 的后面,可以认为是先做赋值,然后再做++。把两个操作合并在一个表达式中,降低了代码的可读性,让代码难以理解。

自增(减)运算符常用于循环语句中,使循环变量自动加 1;也用于指针变量,使指针指向下一个地址,这些将在以后的章节中介绍。

递增运算符和递减运算符都有很高的结合优先级,只有圆括号的优先级比它们高。注意,如果一次使用太多的自运算,遵循以下规则,可以避免不必要的麻烦。

(1) 如果一个变量出现在一个函数的多个参数中,不要对该变量使用递增或递减运算符;

(2)如果一个变量多次出现在一个表达式中,不要对该变量使用递增或递减运算符。

4. 位运算符

C 语言提供了 6 个用于位操作的运算符,分为布尔位运算符和移位运算符。这些运算符只适用于有符号或无符号的 char、short、int 和 long 类型,这些运算符中除了~取反运算符是一元运算符外,其余均为二元运算符。C 语言位运算符如表 3.1 所示。

表 3.1 C 语言位运算符

运算符		含义	示例	运算规则
布尔位运算符	&	按位与	a&b	如果 a 和 b 都为 1,则得到 1;如果 a 或 b 任何一个为 0,或都为 0,则得到 0
	|	按位或	a|b	如果 a 或 b 为 1,或都为 1,则得到 1;如果 a 和 b 都为 0,则得到 0
	^	按位异或	a^b	如果 a 或 b 的值不同,则得到 1;如果两个值相同,则得到 0
	~	按位取反	~a	如果 a 为 0,则得到 1,如果 a 是 1,则得到 0

续 表

<table>
<tr><th colspan="2">运算符</th><th>含义</th><th>示例</th><th>运算规则</th></tr>
<tr><td rowspan="2">移位运算符</td><td><<</td><td>按位左移</td><td>a<<b</td><td>a 的每个位向左移动 b 个位，超出部分舍弃，右侧新空出的自动补 0，效果是 a 乘上 2 的 b 次方</td></tr>
<tr><td>>></td><td>按位右移</td><td>a>>b</td><td>a 的每个位向右移动 b 个位，右侧超出部分舍弃，若 a 是整数，左侧新空出的部分自动补 0，若 a 是负数，左侧新空出的位具体补 0 还是 1 要看所使用的计算机系统，效果一般是 a 除以 2 的 b 次方</td></tr>
</table>

布尔位运算效果示例如表 3.2 所示。

表 3.2　布尔位运算效果示例

<table>
<tr><th>表达式(或声明)</th><th>二进制结果</th><th>对应十进制结果</th></tr>
<tr><td>short int a=6;</td><td>00000000 00000110</td><td>6</td></tr>
<tr><td>short int b=11;</td><td>00000000 00001011</td><td>11</td></tr>
<tr><td>a&b</td><td>00000000 00000010</td><td>2</td></tr>
<tr><td>a|b</td><td>00000000 00001111</td><td>15</td></tr>
<tr><td>a^b</td><td>00000000 00001101</td><td>13</td></tr>
<tr><td>~a</td><td>11111111 11111001</td><td>−7</td></tr>
</table>

布尔移位运算示例如表 3.3 所示，注意负数在计算机中是以二进制补码形式存储的。

表 3.3　布尔移位运算示例

<table>
<tr><th>表达式(或声明)</th><th>二进制结果</th><th>对应十进制结果</th></tr>
<tr><td>short int a=128;</td><td>00000000 10000000</td><td>128</td></tr>
<tr><td>short int b=−128;</td><td>11111111 10000000</td><td>−128</td></tr>
<tr><td>short int c=65535</td><td>11111111 11111111</td><td>65535</td></tr>
<tr><td>a<<4</td><td>00001000 00000000</td><td>2048</td></tr>
<tr><td>a>>4</td><td>00000000 00001000</td><td>8</td></tr>
<tr><td>b>>4</td><td>11111111 11111000</td><td>−8</td></tr>
<tr><td>c<<1</td><td>11111111 11111110</td><td>−2</td></tr>
</table>

位运算在实际应用中主要是在需要直接操控二进制时使用，主要目的是节约内存，使程序速度更快。一般来说，在物联网嵌入式编程、网络通信编程等面向较底层的系统开发时用得比较多。比如"按位与"运算用于将二进制数中特定位清零或取出指定位，"按位或"运算常用来将操作数的某些位设置为 1，其他位不变。下面看一些位运算的应用示例，如表 3.4 所示。

表 3.4　位运算应用示例

<table>
<tr><th>应用</th><th>普通代码</th><th>改为位运算的代码</th><th>效率提升</th></tr>
<tr><td>一个数乘上 2 的倍数的计算</td><td>x=x * 64;</td><td>x=x << 6;(备注:64 即 2 的 6 次方)</td><td>300%</td></tr>
<tr><td>一个数除上 2 的倍数的计算</td><td>x=x/64;</td><td>x=x >> 6;</td><td>350%</td></tr>
<tr><td>交换两个数值</td><td>t=a;
a=b;
b=t;</td><td>a=a^b;
b=a^b;
a=a^b;</td><td>20%</td></tr>
<tr><td>正负号切换</td><td>i=-i;</td><td>i=~i+1;</td><td>300%</td></tr>
<tr><td>取余数</td><td>x=131%4;</td><td>x=131&(4-1);</td><td>600%</td></tr>
<tr><td>判断是否是偶数</td><td>(i%2)==0;</td><td>(i&1)==0;</td><td>600%</td></tr>
<tr><td colspan="2">从一个 RGB 色彩值分离出红绿蓝三个分量值</td><td colspan="2">unsigned bitColor = 0xff00cc;
unsigned r= bitColor >> 16;
unsigned g= bitColor >> 8 & 0xFF;
unsigned b= bitColor & 0xFF;</td></tr>
<tr><td colspan="2">利用按位与运算清零特定位:将数值 9 的二进制位中的第 1 位和第 3 位设置为 0</td><td colspan="2">操作数 short x=9;
//9 的二进制:00000000 00001001
设计掩码为 unsinged short s=5;
//5 的二进制:00000000 00000101
则 x&s 的结果为 1(00000000 00000001)</td></tr>
<tr><td colspan="2">利用按位与运算取某数中指定位:取出数值 51 的二进制位中第 1,3,5 位</td><td colspan="2">操作数 short x=51;
//51 的二进制:00000000 00110011
设计掩码位 unsinged short s=21;
//21 的二进制:00000000 00010101
则 x&s 的结果为 17(00000000 00010001)</td></tr>
<tr><td colspan="2">利用按位或运算将某数的某些位设置为 1:假设要将数值 19 的二进制位中第 2、4、6 位设置为 1</td><td colspan="2">操作数 short x=19;
//19 的二进制:00000000 00010011
设计掩码位 unsinged short s=42;
//42 的二进制:00000000 00101010
则 x|s 的结果为 59(00000000 00111011)</td></tr>
</table>

位运算符也可以和赋值运算结合成位运算赋值运算符,如表 3.5 所示。

表 3.5　位赋值运算符及其含义

<table>
<tr><th>运算符</th><th>名称</th><th>示例</th><th>等价于</th></tr>
<tr><td>&=</td><td>位与赋值</td><td>a&=b</td><td>a=a&b</td></tr>
<tr><td>|=</td><td>位或赋值</td><td>a|=b</td><td>a=a|b</td></tr>
<tr><td>^=</td><td>位异或赋值</td><td>a^=b</td><td>a=a^b</td></tr>
<tr><td>>>=</td><td>右移位赋值</td><td>a >>=b</td><td>a=a >> b</td></tr>
<tr><td><<=</td><td>左移位赋值</td><td>a <<=b</td><td>a=a << b</td></tr>
</table>

5. 条件运算符 ?:

有一个操作数的运算符称为单目运算符，有两个操作数的运算符称为双目运算符，C 语言中还有唯一一个三目运算符“?:”。

条件运算符形成的表达式语句格式为：

```
exp1?exp2:exp3;
```

其中 exp1 是条件表达式，如果结果为真，返回 exp2 的值；如果为假，返回 exp3 的值。例如：

```
max = a>b?a:b;
```

该表达式的功能是求 a、b 的大者，保存在 max 中，如果 a>b，则大者为 a，否则为 b。

6. 逗号运算符

C 语言中，一般用逗号运算符来初始化多个值，逗号运算符也可以单独使用，如对多个变量进行初始化时需要写很多行代码：

```
int i,j,k;
i = 1;
j = 2;
k = 3;
```

有了逗号运算符，就可以将它们组合在一行，成为逗号表达式语句。逗号是 C 语言中优先级别最低的运算符，由逗号形成的几个子表达式，按照从左到右的顺序，依次执行。在 C 语言中，看到逗号不一定是逗号运算符号，在有些地方，逗号仅仅被用作分隔符。

例 3.3 阅读下图 3.7 这段代码，分析逗号的作用。

```
1  #include <stdio.h>
2  int main()
3  {
4      int a,b,c;
5      a=(b=3,(c=b+4)+5);
6      printf("a=%d,b=%d,c=%d\n",a,b,c);
7      return 0;
8  }
```

```
C:\Program Files (x86)\Dev-Cpp\Consol
a=12,b=3,c=7
```

图 3.7 例题代码及运行结果

代码分析：

上述代码第 4、6 行中的逗号是分隔符，第 5 行中的代码 a=(b=3,(c=b+4)+5)中的逗号是运算符。这个表达式首先是个赋值表达式，赋值号右边是个逗号表达式，先计算逗号前面的 b=3，得到 b=3，再计算逗号后面的(c=b+4)+5，并把(c=b+4)+5 作为整个逗号表达式(b=3,(c=b+4)+5)的结果赋值给 a。在计算(c=b+4)+5 时，先计算 c=b+4 得到 c=7，再将 7+5 作为(b=3,(c=b+4)+5)的结果赋值给 a，所以 a=12。

3.4 顺序结构语句

C 程序是由一系列语句构成的，这些语句总体上是按照书写的顺序，从前往后一条一条来执行的，当然具体到某一条语句如何执行，由语句类型决定。3.2 节介绍的语句中，函数调用语句、变量定义语句、表达式语句、复合语句及空语句都可以视为顺序结构语句。

3.4.1　表达式语句

(1) 表达式

表达式语句是使用最为广泛的一种顺序语句。由运算符和运算对象组成，运算对象是运算符操作的对象。最简单的表达式是一个单独的运算对象，以此为基础可以建立复杂的表达式。下面是一些表达式：

```
-6
4+21
a* (b + c/d) /20
q = 5*2
q > 3
(year%400 = =0||year%4 = =0 && year%100! =0)
```

运算对象可以是常量、变量或二者的组合。一些表达式由子表达式组成，例如，c/d 是上面例子中 a*(b + c/d)/20 的子表达式。

每个表达式都有一个确定值，要获得这个值，必须根据运算符优先级规定的顺序来进行计算。

(2) 表达式语句

表达式语句是 C 程序中函数的重要组成部分，一条表达式语句相当于一条完整的计算机指令。在 C 程序中，除预处理之外的语句都以分号结尾。因此，legs = 4 只是一个表达式，将它末尾添加一个分号则变成一条语句。

```
legs = 4 ;
```

最简单的语句是空语句：

```
;      //空语句
```

C 语言把末尾加上一个分号的表达式都看作是一条语句(即表达式语句)。因此，像下面这种写法虽然也正确，但该语句并没有实际意义。

```
8 ;
3 +4;
```

目前为止，我们已经见过多种语句，如表达式语句、函数调用语句、变量定义及赋值语句等。这些语句在函数中出现的时候，都是按照书写的先后顺序从前往后来执行，习惯上也称之为顺序结构语句。当然一条或多条顺序语句可以形成复合语句块，出现在分支或循环控制结构中，作为分支或循环控制语句的组成部分。

3.4.2　变量定义语句

定义变量的格式非常简单，如下所示：

数据类型　变量名；

首先要强调的一点是最后的分号千万不要丢，变量的定义是一个语句，语句都是以分号结尾的。定义语句定义了特定类型的变量，并为其分配内存位置。定义语句不是表达式语句，也就是说，如果删除声明后面的分号，剩下的部分不是一个表达式，也没有值。

```
int port    /* 不是表达式,没有值 * /
```

赋值表达式语句在程序中常用法是为变量分配一个值。赋值表达式语句的结构是:一个变量名,后面是一个赋值运算符,再跟着一个表达式,最后以分号结尾。程序编码过程中,一般将变量定义语句放在程序或函数的开始部分。变量定义完成之后将一个数字放到一个变量中,这个动作叫"赋值","给变量赋值"就是将一个值传给一个变量。那怎么赋值呢?则通过赋值运算符=,赋值的格式是:

```
变量名 = 要赋的值;
```

它的意思是将=右边的数字赋给左边的变量。比如:

```
i = 3;
```

这就表示将3赋给了变量i,此时i等于3。

这里需要注意的是,这里的=跟数学中的"等于号"不一样。刚开始学习C语言的时候,在这一点上大家很难从数学的思维中转变。在C语言中=表示赋值,即将右边的值赋给左边的变量,而不是左边的变量等于右边的值。

3.4.3 函数调用语句

不管是库函数还是自定义函数,在定义好之后都可以直接调用,这样不仅提高了代码的重用性,也让代码变得更简洁。

函数调用语句是指将一个函数调用作为一条语句或者作为表达式的一部分形成的表达式语句。函数调用结果有两种可能,如果函数返回一个结果给函数的调用者,则称该函数为有返回值函数,如前面介绍过的getchar()函数。谁调用它,该函数就把从键盘缓冲区里读到的字符带给谁。因此对于有返回值函数的调用,可以出现在表达式中,也可以作为另外一个函数调用的参数来使用。相应的,如果函数没有返回值,称为无返回值函数,这种函数调用只是执行该函数实现的功能而不返回任何结果,自然这类函数是不能出现在表达式中的,如前面介绍过的putchar()函数等。前面在讲到常量或常量表达式形成语句没有任何意义,在进行函数调用时也会遇到同样的问题。对于一个有返回值的函数,如果只是通过函数调用形成语句也同样没有意义。对于自定义的函数,也有有返回值、无返回值之分,具体函数该怎么去定义,要根据问题去设计。

3.5 表达式混合运算与类型转换

在一个表达式的运算过程中,各种运算是可以混合使用的。运算过程中,当某个二目运算符两边的操作数类型不同但属于类型相容时,系统先将精度低的操作数变换到与另一个操作数精度相同,然后再进行运算。转换的方法有两种,即自动转换和强制转换。自动转换是隐式的,强制类型转换是显式的。在编程时,在需要类型转换时用上强制类型转换运算符,是一种良好的编程习惯。

3.5.1 数据类型的自动转换

自动转换发生在不同数据类型的量进行混合运算时,由编译系统自动完成。且遵循以下规则:

(1) 若参与运算量的类型不同,则先转换成同一类型,然后进行运算。

(2) 转换按数据长度增加的方向进行,保证精度不降低。如 int 型和 long 型运算时,先把 int 型转换成 long 型再运算。

(3) 所有的浮点运算都是以双精度进行的,即使只有 float 单精度量运算的表达式,也要先转换成 double 型,再做运算。

(4) char 型和 short 型参与运算时,必须先转换成 int 型。

(5) 在赋值运算中,赋值号两边量的数据类型不同时,赋值号右边量的数据类型将转换成左边变量的类型。如果右边量的类型长度比左边长,将出现精度丢失。

例 3.4 分析下面的代码编译结果。

```
#include <stdio.h>
int main()
{
    char a = 'A';
    int b = 2, f = 5;
    float c = 1.2, d = 6.8;
    double e = 1.25;
    printf("%d\n", (a + b * c - d /e) % f);
    return 0;
}
```

本程序在编译时会出现错误提示:[Error] invalid operands of types 'double' and 'int' to binary 'operator%',为什么呢?

程序要输出(a+b * c−d/e)%f 表达式的值,它是一个存在不同类型运算的 C 表达式,那么这个表达式是否正确,是否可以得到正确的运算结果呢? 表达式(a+b * c− d/e)%f 的运算及数据类型转换的顺序如下:

计算 b * c,b 和 c 由原来的 int 和 float 型均转换为 double 型,其运算结果为 double 类型值 2.4;

计算 a+b * c,a 由 char 型转换为 double 类型值 65.0,再与 b * c 的结果相加,运算结果为 double 类型值 67.4;

计算 d/e,d 由 float 型转换为 double 型与 e 运算,结果为 double 类型值 5.44;

再计算(a+b * c− d/e),该表达式的两个运算对象均为 double 型,所以结果为 double 类型值 61.96;

最后将(a+b * c− d/e)的结果与 int 类型的变量 f 进行运算。

但求余%运算只能在两个整型量之间进行,而 a+b * c− d/e 的结果是 double 型,所以出现编译错误,存在 double 类型的非法使用。

3.5.2 数据类型的强制转换

强制类型转换是把变量从一种类型转换为另一种数据类型,分为显式强制类型转换、隐式类型转换两种。例如,如果想存储一个 long 类型的值到一个简单的整型中,就需要把 long 类型强制转换为 int 类型,这可以使用强制类型转换显式地把数据从一种类型转换为另一种类型,强制类型转换格式如下所示:

(类型)(表达式)

下面的代码使用强制类型转换运算符把一个整数变量除以另一个整数变量,得到一个浮点数:

```
#include < stdio.h >
int main()
{
    int sum = 17, count = 5;
    double mean;
    mean = (double) sum /count;
    printf("Value of mean : % f\n", mean);
    return 0;
}
```

当上面的代码被编译和执行时,它会产生下列结果:

```
Value of mean : 3.400000
```

这里要注意的是强制类型转换运算符的优先级大于除法,因此 sum 的值先被转换为 double 型,然后除以 count,得到一个类型为 double 的值。

隐式类型转换由两种形式完成:一种运用赋值运算符来完成,另一种是在函数有返回值时,总是将 return 后面的表达式值强制转换为函数的类型(当两者类型不一致时)。

例 3.5 编写一个程序输入一个实数,使得该数保留小数点后两位,对第 3 位进行四舍五入运算。

本题参考代码及运行结果如下图 3.8 所示:

```
1  #include <stdio.h>
2  int main()
3  {
4      double d;
5      scanf("%lf",&d);
6      d=d*100;
7      d=d+0.5;
8      d=(int)d;
9      d=d/100;
10     printf("%g",d);
11     return 0;
12 }
```

```
C:\Progr
1.2345
1.23
```

图 3.8 例题代码及运行结果

代码分析:

本题思路是读入实数 d,先放大 100 然后通过加 0.5 后取整,再缩小 100 倍,即为所求的结果。程序中第 5 行功能是为 double 变量 d 读入一个值,第 6~9 行按照四舍五入求得结果并保留小数点后 2 位,第 8 行强制类型转换为整型值,第 10 行输出去除小数点后无效 0 的结果。

3.6　综合实例

问题描述：编写程序求一个一元二次方程的根，假设该方程有2个不等的实根。

问题分析：这个问题是个典型的顺序结构问题，按照一般的数学求解过程，首先需要知道系数，确定方程，然后计算delt，再分别求解2个根。这里先不考虑delt等于零、小于零以及二次项系数为零的情况。在计算根的过程中，求delt的平方根通过sqrt()这个库函数来实现，且该函数在math.h这个头文件中定义。

参考代码及运行结果如下图3.9所示：

```
1  #include <stdio.h>
2  #include <math.h>
3  int main()
4  {
5      int a,b,c;
6      double delt,root1,root2;
7      scanf("%d%d%d",&a,&b,&c);
8      delt=b*b-4*a*c;
9      root1=(-b+sqrt(delt))/(2*a);
10     root2=(-b-sqrt(delt))/(2*a);
11     printf("root1=%.2f,root2=%.2f",root1,root2);
12     return 0;
13 }
14
```

```
C:\Program Files (x86)\Dev-Cpp\ConsolePauser.exe
2 7 4
root1=-0.72,root2=-2.78
```

图3.9　综合实例代码及运行结果

代码分析：

求delt的平方根是通过sqrt()这个库函数来实现的，该函数在math.h这个头文件中定义，所以程序开始的第2行，需要把该头文件先加载进来。sqrt()函数原型是用来求一个double型数据的平方根，并把平方根作为函数的值返回，是个有返回值的函数。所以代码的第9、10行在求根时，将sqrt(delt)函数调用作为表达式的一部分。还有一点要特别强调，当在进行/运算时，如果分子、分母是表达式的，注意一定要用一对圆括号将分子、分母括起来，避免不必要的逻辑错误出现。

3.7　项目实训

3.7.1　猜拳游戏

1. 实训目的

通过“猜拳游戏”简单的界面设计，熟练掌握顺序结构控制结构的书写，变量的定义和使用，以及“scanf”输入语句的使用。

2. 实训内容

本次游戏实例内容主要是实现完善“猜拳游戏”的界面设计，并改善程序的互动性。

分析：

针对第二章游戏实例中互动性差的问题，可以通过两个“scanf”语句中来进行改进，第一个“scanf”模拟完成玩家拳值的输入，第二个“scanf”语句模拟电脑拳值的输入，因此需要定义两个变量来接收对应的拳值。为了增加界面友好性，添加拳值(0、退出；1、石头；2、剪刀；3、布)提示说明。“结 果”下方数据暂时用“?”输出表示。

3. 实训准备

硬件：PC机一台

软件：Windows系统、VS2012开发环境

将第二章“游戏实例2”文件夹复制一份，并将复制后的文件夹重命名为“游戏实例3”。进入“游戏实例3”找到“finger-guessing”文件双击，打开项目文件。

4. 实训代码

依据实例内容分析，在“finger-guessing.c”源文件中修改相关代码。具体代码如下：

```
    /*
猜拳游戏简单界面设计
*/
#include <stdio.h>
//-----------------宏定义---------------------------------
#define NUM 10
//-----------------------------------------------------
int main()
{


    int computerVal,playerVal;
//-----------------玩家信息-------------------------------
    printf("玩家信息:\n");
    printf("    姓 名:匿名\n");


//-----------------------------------------------------
//-----------------初始界面-------------------------------
    //"猜"字前有24空格,每个汉字间隔1空格
    printf("%*s猜 拳 游 戏\n",24,"");
    //每组有10个"-",有4组,每个汉字间隔2空格
    printf("|----------用  户----------电  脑----------结  果----------|\n");
    //-----------------------------------------------------
    //------------------输入拳值----------------------------
    printf("玩家出拳:");
    scanf("%d",&playerVal);
    printf("请帮电脑出拳:");
    scanf("%d",&computerVal);
    //-----------------------------------------------------
    //------------------输出结果----------------------------
```

```
        printf("|%*s%d%*s%d%*s?%*s|\n",NUM + 2,"",computerVal,NUM + 5,"",playerVal,
NUM + 5,"",NUM + 3,"");
        //------------------------------------------------------
        getchar();
        return 0;
    }
```

完整代码部分请参考程序清单中的“游戏实例 3”。

5. 实训结果

按键盘上“F5”执行上述代码，在“玩家出拳:”下输入 1—3 随便的一个数字，然后回车，再在“请帮电脑出拳:”后输入 1—3 随便的一个数字，然后回车，得到运行结果如图 3.10 所示：

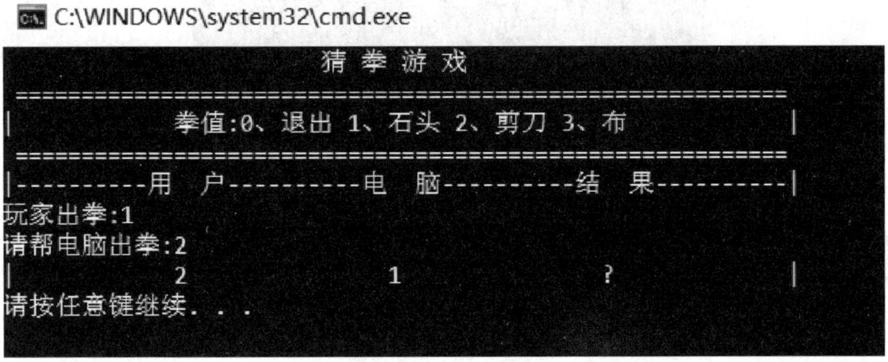

```
C:\WINDOWS\system32\cmd.exe
                     猜 拳 游 戏
==========================================================
|           拳值:0、退出 1、石头 2、剪刀 3、布           |
==========================================================
|----------用  户----------电  脑----------结  果----------|
玩家出拳:1
请帮电脑出拳:2
|            2             1              ?              |
请按任意键继续. . .
```

图 3.10 运行结果

6. 实训总结

对于初学 C 语言的同学来说，顺序结构作为最基本的控制结构，必须要非常熟练掌握。“scanf”是最常用的输入语句，必须牢牢掌握其用法。对于变量的定义，合理选用数据类型，尤其变量命名要养成“见其名知其义”的良好习惯，将有助于更复杂程序的可读性，同时程序界面设计要对用户具有一定的友好性。

7. 改进目标

在本次游戏实例中，“剪刀”“石头”“布”都变成了对应的值输出，非常不友好，能否将对应的数值再变成文字提示输出？那么能否通过键盘输入来实现出拳？“结 果”下方的数据用了“?”表示，那么能否依据输入的拳值，让程序判断胜负并输出？

读者可以带着问题进入后续 C 语言的学习，相信大家一定能找到解决的办法。

3.7.2 飞机打靶游戏

1. 飞机打靶游戏中，需要对玩家数据如命中率等进行实时的更新，请编写代码计算命中率并显示输出。效果如图 3.11 所示：

图 3.11 玩家信息显示

参考代码如下：

```
#include <stdio.h>
int main()
{
    int score = 34, ammo = 60;
      //score 代表得分,子弹击中靶子一次得一分,ammo 代表剩余弹药,原总数为 100;
    float accu; //accu 表示命中率
    printf("                                                    |\n");
    printf("                                                    |\n");
    printf("                                                    |\n");
    printf("                                                    |\n");
    printf("                                                    |\n");
    printf("                                                    |\n");
    printf("                                                    |\n");
    printf("                                                    |\n");
    printf("                                                    |\n");
    printf("                                                    |\n");
    printf("                                                    |\n");
    printf("                                                    |\n");
    printf("                                                    |\n");
    printf("                                                    |\n");
    printf("                                                    |\n");
    printf("                                                    |\n");
    printf("                                                    |\n");
```

```
    printf("                                                    |\n");
    printf("                                                    |\n");
    printf("                                                    |\n");
    printf("                                                    |\n");
    printf("                                                    |\n");
    printf("                                                    |\n");
    printf("                                                    |\n");
    printf("                                                    |\n");
    printf("------------------------------------------------\n");
    if(ammo<100)
        accu = (score * 1.0) / (100 - ammo);
    printf("得分: %03d | 剩余弹药: %03d | 命中率: %3.1f%% ",score,ammo,accu*100);
    return 0;
}
```

2. 打靶游戏中,需要对键盘的输入进行相应的功能实现,请补充残缺的代码,使得键入不同字符时程序进行不同的操作。

参考代码如下:

```
#include <stdio.h>
#include <windows.h>
#include <conio.h>
int main()
{
    char opt;
    while(1)
    {
        if(kbhit())
        {
            opt = getch();
            if(opt == 'W'||opt == 'w')
                {
                    printf("光标向上移动");
                    system ("pause");
                }
             else if(opt == 'S'||opt == 's')
                {
                    printf("光标向下移动");
                    system ("pause");
                }
             else if(opt == ' ')
                {
                    printf("确认选择");
                    system ("pause");
                }
```

```
        }
        system("cls");
    }
    return 0;
}
```

3. 在游戏中需要对一些变量进行初始化，试编写一个程序，使得定义的7个整型变量的值在0～49之间，并在屏幕上打印出来。

参考代码如下：

```
#include <stdio.h>
#include <stdlib.h>
int main()
{
    int a,b,c,d,e,f,g;
    a = rand() % 50;
    b = rand() % 50;
    c = rand() % 50;
    d = rand() % 50;
    e = rand() % 50;
    f = rand() % 50;
    g = rand() % 50;
    printf("%d %d %d %d %d %d %d",a,b,c,d,e,f,g);
    return 0;
}
```

3.8 习 题

1. 以下叙述中错误的是（　　）。

A. 结构化程序由顺序、分支、循环三种基本结构组成
B. C语言是一种结构化程序设计语言
C. 使用三种基本结构构成的程序只能解决简单问题
D. 结构化程序设计提倡模块化的设计方法

2. 以下叙述中错误的是（　　）。

A. 算法正确的程序最终一定会结束
B. 算法正确的程序可以有零个输入
C. 算法正确的程序可以有零个输出
D. 算法正确的程序对于相同的输入一定有相同的结果

3. 以下不能用于描述算法的是（　　）。

A. 程序语句　　B. E-R图
C. 伪代码和流程图　　D. 文字叙述

4. C语言程序中，运算对象必须是整型数的运算符是（　　）。

A. /　　B. %　　C. &&　　D. *

5. 若有以下程序,则程序的输出结果是(　　)。

```
#include < stdio.h >
int main()
{
    char c1,c2;
    c1 = 'C' + '8' - '3';
    c2 = '9' - '0';
    printf("%c%d\n",c1,c2);
    return 0;
}
```

A. H9　　B. H'9'

C. F'9'　　D. 表达式不合法输出无定值

6. 若 x 和 y 代表整型数,以下表达式中不能正确表示数学关系|x−y|<10 的是(　　)。

A. abs(x−y)<10　　B. x−y> −10&x−y<10

C. !(x−y)<−10||!(y−x)>10　　D. (x−y)*(x−y)<100

7. 若有定义语句:int x=12,y=8,z;,在其后执行语句 z=0.9+x/y;,则 z 的值为(　　)。

A. 1.9　　B. 1　　C. 2　　D. 2.4

8. 有以下定义:

```
int a;
long  b;
double x,y;
```

则以下选项中正确的表达式是(　　)。

A. a%(int)(x−y)　　B. a=x<>y　　C. (a*y)%b　　D. y=x+y=x

9. 若有定义语句:int x=10;,则表达式 x−=x+x 的值为(　　)。

A. −20　　B. 0　　C. −10　　D. 10

10. 以下叙述中正确的是(　　)。

A. 在赋值表达式中,赋值号的右边可以是变量,也可以是任意表达式

B. a 是实型变量,a=10 在 C 语言中是允许的,因此可以说实型变量中可以存放整型数

C. 若有 int a=4,b=9;,执行了 a=b 后,a 的值已由原值改变为 b 的值,b 的值变为 0

D. 若有 int a=4,b=9;,执行了 a=b;b=a;之后,a 的值为 9,b 的值为 4

11. 以下叙述中正确的是(　　)。

A. 赋值语句是一种执行语句,必须放在函数的可执行部分

B. scanf 和 printf 是 C 语言提供的输入和输出语句

C. 由 printf 输出的数据都隐含左对齐

D. 由 printf 输出的数据的实际精度是由格式控制中的域宽和小数的域宽来完全决定的

12. 设有定义:int x=2;,

以下表达式中,值不为 6 的是(　　)。

A. 2*x, x+=2　　B. x++,2*x　　C. x*=(1+x)　　D. x*=x+1

13. 数字字符 0 的 ASCII 值为 48,若有以下程序,程序运行后的输出结果是(　　)。

```
int main()
```

```
{
    char a = '1', b = '2';
    printf("%c,", b++);
    printf("%d\n", b - a);
    return 0;
}
```

A. 3,2　　B. 50,2　　C. 2, 2　　D. 2,50

14. 以下关于C语言的叙述中正确的是(　　)。

A. C语言中的变量可以在使用之前的任何位置进行定义

B. 在C语言算术表达式的书写中,运算符两侧的运算数类型必须一致

C. C语言的数值常量中夹带空格不影响常量值的正确表示

D. C语言中的注释不可以夹在变量名或关键字的中间

15. 以下选项中不属于C语言程序运算符的是(　　)。

A. sizeof　　B. ()　　C. <>　　D. &&

16. 设有下列程序代码段:

```
char c1 = 5, c2 = 8, c3;
c3 = c1^c2<<2;
```

变量c3在内存中存放的对应二进制值是(　　)。

A. 00110110　　B. 00100011　　C. 00100101　　D. 00011000

17. 设有定义语句:char c1=92,c2=92;,则以下表达式值为0的是(　　)。

A. c1^c2　　B. c1&c2　　C. ~c2　　D. c1|c2

18. 程序设计

(1) 输入三个学生的成绩(整型),求这三个学生的总成绩和平均成绩。

(2) 将a、b中的两个两位正整数合并形成一个新的整数放在c中。合并的方式是:将a中的十位和个位数依次放在变量c的十位和千位上,b中的十位和个位数依次放在变量c的个位和百位上。例如,当a=45,b=12时,c=5241。

(3) 保留一个实数的两位小数,从第三位实现四舍五入。例如输入12.3785,处理后输出12.38。需要注意的是不允许直接采用输出控制以"%m.nd"的形式来得到输出结果。

(4) 输入一个字符型的数字,并转换成相应的整数输出。如读入字符'8',转换成整数8输出。

【微信扫码】
本章游戏实例 & 习题解答

第4章

分支结构

本章思维导图如下图所示：

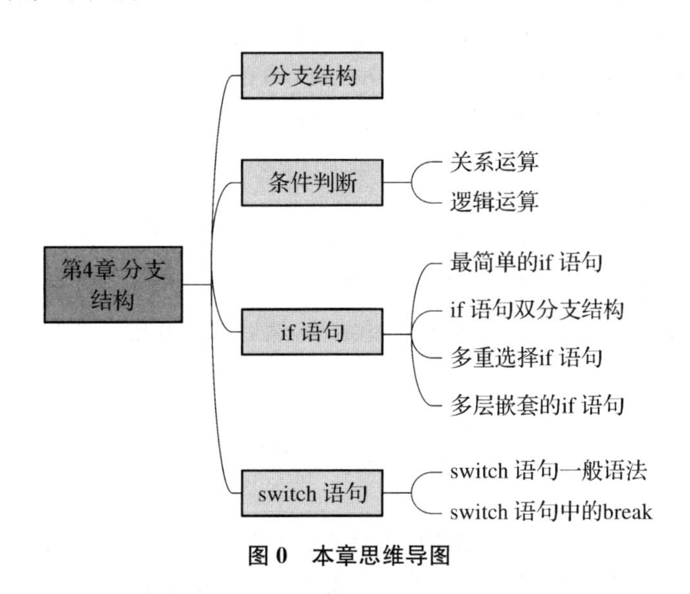

图0　本章思维导图

上一章，学习了C语言中顺序控制结构及在顺序结构中可以出现的语句。在顺序结构中，各语句是按书写顺序，依次执行每一条语句，是无条件的，这是最简单的程序结构。但在解决实际问题中，往往需要根据某个条件是否满足来决定执行何种指定的操作任务，或者从给定的两种或多种操作中选择其一执行，这就是选择结构要解决的问题。本章将介绍分支结构（如 if 和 switch 结构），让程序根据测试条件执行相应的行为。还将介绍可以作为条件出现的关系表达式、逻辑表达式以及形成之类表达式的运算符，使用这两类运算符能在分支语句中测试更多条件。本章还将介绍跳转语句，它将程序流转换到程序的其他部分。学完本章，大家就可以解决一些更复杂的实际问题了。

4.1 分支结构

在现实生活中,需要进行判断和选择的情况是很多的。如:从连云港出发上高速公路,到一个岔路口,有两个出口,一个是去南京方向,另一个是青岛方向。驾车者到此处必须进行判断,根据自己的目的地,从二者中选择一条路径。

再比如:

玩游戏时,需要根据 HP 值多少决定是否回城;

打篮球时,需要根据双方队员位置决定是投篮还是传球;

过马路时,需要根据红绿灯来决定是向前走还是原地等待;

上学时,需要根据距离远近以及天气情况决定是步行、地铁还是共享单车。

事实上写程序时,也经常需要计算机具备根据现场情况(运行时情况)执行不同语句的能力:

比如在登录网站、游戏时,需要根据密码是否正确决定是否登录成功;

刷脸时,需要根据脸是不是本人判断门是保持关闭还是开启;

如果 $b^2-4ac\geq0$,可以求出方程 $ax^2+bx+c=0$ 的实根。

在 C 语言中,上面种种问题都是通过条件分支语句实现的。要处理以上问题,关键在于进行"条件判断"。

C 语言有两种选择语句:

(1) if 语句,用来实现两个分支的选择结构;

(2) switch 语句,用来实现多分支的选择结构。

本章先介绍使用 if 语句实现双分支选择结构,然后在此基础上介绍怎样使用 switch 语句实现多分支选择结构。

4.2 条件判断

分支结构或后面要介绍的循环结构,都会涉及条件判断,根据判断结果决定执行哪个分支或者是否循环。C 语言中,可以作为条件出现的表达式主要有算术表达式、关系表达式和逻辑表达式。算术运算及算术表达式上一章已经介绍,本节介绍后面两类。

4.2.1 关系运算

所谓"关系运算",实际上是"比较运算",将两个值进行比较,判断比较的结果是否符合给定的条件。例如,a > b 中的>表示一个大于关系运算,如 a=5,b=3,则 a > b 运算中">"的结果为"真",即条件成立;若 a=2,b=3,则该关系运算">"的结果为"假",即条件不成立。

1. 关系运算符

C 语言提供以下 6 种关系运算符:

<(小于),<=(小于或等于),>(大于),>=(大于或等于),==(等于),! =(不等于)

注意:C 语言中,"等于"关系运算符是双等号==,而不是单等号=。

2. 优先级

(1) 在关系运算符中,前 4 个优先级相同,后两个相同,且前 4 个高于后两个。例如,>优先于==,而>与<的优先级相同。

(2) 关系运算符的优先级低于算术运算符,但高于赋值运算符,即

算术运算符　　关系运算符　　赋值运算符
→
高　　　　　　　　　　　　低

3. 关系表达式

用关系运算符将两个子表达式(可以是算术表达式、关系表达式、逻辑表达式、赋值表式或字符表达式等)连接起来的式子,称为关系表达式,由关系表达式形成的语句称为关系表达式语句。

例如,下面的关系表达式都是合法的:

```
n > 4
a * a + b * b <= c * c
(a > b) == (b < c)
```

4. 关系表达式的值

关系表达式的值为逻辑值,结果分别为 true(用整数 1 表示)和 false(用整数 0 表示)。

例如,假设 a=3,b=4,c=5,则各种关系表达式的值如下:

(1) a>b 的值为 false(0)。

(2) (a>b)! =c 的值为 true (1)。因为 a>b 的值为 0,而 5 不等于 0,所以该关系表达式成立,即为 true(1)。

(3) a<b<c 的值为 1。因为 a<b 的值为 true (1),而 1 小于 5 成立,所以该关系表达式成立,即为 true(1)。

(4)(a<b)+c 的值为 6,因为 a<b 的值为 true (1),1+5=6。

4.2.2 逻辑运算

当需要同时对多个条件进行判断时,需要使用逻辑运算,用逻辑运算符将关系表达式或逻辑量连接起来的式子就是逻辑表达式。

1. 逻辑运算符

C 语言提供以下 3 种逻辑运算符:

&&(逻辑与),||(逻辑或),!(逻辑非)

其中,&& 和||是双目运算符,要求有两个运算对象;而"!"是单目运算符,只要有一个运算对象即可。例如,下面的表达式都是逻辑表达式:

```
n>=0|| n<=100
! (n==0)
```

逻辑运算符的运算规则如下:

(1) && 当且仅当两个运算对象的值都为 true 时,运算结果为 true,否则为 false。

(2) || 当且仅当两个运算对象的值都为 false 时,运算结果为 false,否则为 true。

(3) ! 当运算对象的值为 true 时,运算结果为 false;当运算对象的值为 false 时,运算

结果为 true。

2. 逻辑运算符优先级

(1) 在 3 个逻辑运算符中，逻辑非！的优先级最高，逻辑与 && 次之，逻辑或||最低，即

！(逻辑非)　&&(逻辑与)　||(逻辑或)

高 → 低

(3) 各类运算符优先关系

！(逻辑非)　算术运算符　关系运算符　&&(逻辑与)　||(逻辑或)　赋值运算符

高 → 低

3. 逻辑表达式

逻辑表达式是指用逻辑运算符将一个或多个表达式连接起来，进行逻辑运算的式子。在 C 中，用逻辑表达式表示多个条件的组合。

例如，(n >= 1 && n <= 100 && n%2 == 0)就是判断一个整数是否是 1～100 之间的偶数的逻辑表达式。

C 语言中 true 可用整数 1 表示，false 可用 0 表示，但在判断一个整型数据的逻辑值时，却以 0 和非 0 为根据，如果为 0，则判定为 false；如果为非 0，则判定为 true。

4. 说明

(1) 逻辑运算符两侧的操作数，除可以是 0 和非 0 的整数外，也可以是其他任何类型的数据，如实型、字符型等。

(2) 在计算逻辑表达式时，采用以下优化计算方法。

① 对于逻辑与运算，如果第一个操作数被判定为 false，由于第二个操作数不论是 true 还是 false，都不会对其结果产生影响，所以系统不再判定或求解第二个操作数。

② 对于逻辑或运算，如果第一个操作数被判定为 true，同样的，第二个操作数不论是 true 还是 false 都不会对其结果产生影响，所以系统不再判定或求解第二个操作数。

4.3 if 语句

if 语句被称为分支语句或选择语句，因为它相当于一个交叉点，程序要在一个或两条分支中选择一条执行，if 语句有以下四种常用的存在形式。

4.3.1 最简单的 if 语句

其语法格式是：

```
if(表达式) 语句
```

过程可表示为如图 4.1 所示。

该语句表示对表达式求值并进行判断，值为真(非 0)，则执行语句；否则，跳过分支结构。

通常，表达式是关系表达式，也可以是算术表达式或逻辑表达式，如果是算术表达式，只要结果不为 0，就表示真，否则为假。

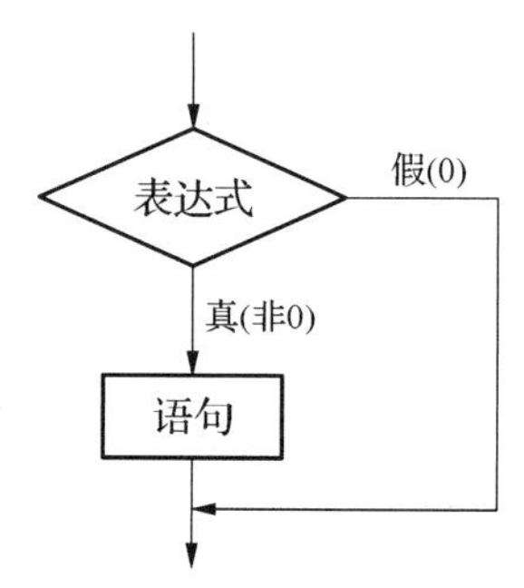

图 4.1 单分支 if 流程图

语句部分可以是一条简单语句，如本例所示，或者是一条用花括号括起来的复合语句(或块)。对于初学者，建议把语句部分用一对{}括起来，当然如果语句部分只有一条语句的话，可以不用大括号。

例 4.1 编写程序，从键盘读入一个整数，如果是偶数，打印 Yes!

本题的参考代码及运行结果如图 4.2 所示：

```
1  #include <stdio.h>
2  int main()
3  {
4      int num;
5      printf("Input a num:");
6      scanf("%d",&num);
7      if(num%2==0)printf("Yes!\n");
8      return 0;
9  }
10
```

```
C:\WINDOWS\system32\cm
Input a num:26
Yes!
请按任意键继续. . .
```

图 4.2 例题代码及运行结果

代码分析：

一个能被 2 整除的数是偶数，所以判断一个数是不是偶数，可以让这个整数对 2 求模，看运算的结果是不是 0，如果成立，即结果为 0，则表示是偶数。第 7 行 if 语句中的 num%2==0，即对 num 与 2 模运算结果等于 0 进行判断。在这里用到了一个==运算符号，它是关系运算符号中的一个，表示“等于”。

细心的读者可能会想到，上例中如果 num 是偶数，输出“YES!”，如果不是偶数，需要输出“NO!”，怎么办呢？这时就需要用到 if…else…语句的一般格式，即 if 语句的二分支情况。

4.3.2 if 语句双分支结构

简单形式的 if 语句可以让程序选择执行一条语句，或者跳过这条语句。C 语言还提供了 if...else 形式，可以在两条语句之间作选择。

if else 语句的双分支形式是：

```
if(表达式)
    语句 1;
else
    语句 2;
```

其执行过程如图 4.3 所示。

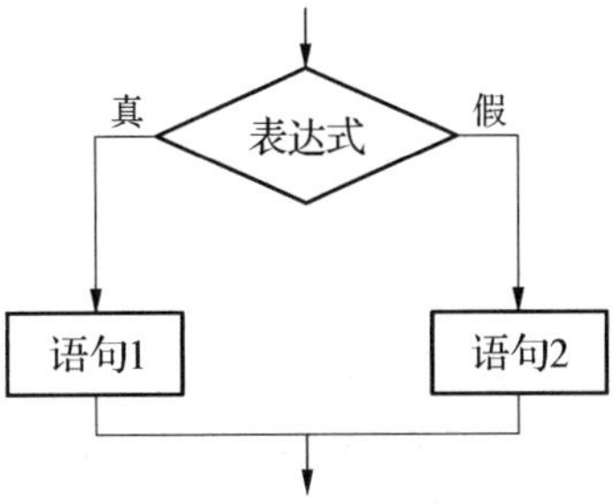

图 4.3 双分支 if 流程图

如果表达式为真(非 0)，则执行语句 1，如果表达式为假或 0，则执行 else 后面的语句 2。语句 1 和语句 2 可以是一条任意类型的简单语句或复合语句。

几点说明：

(1) 在 else 前面应有一个分号，整个语句结束处有一个分号。

```
if (x>y) printf("%d\n",x);
else printf("%d\n",y);
```

这是由于分号是C程序中不可缺少的部分，这个分号为if语句中的内嵌语句所要求。如果无此分号，则出现语法错误。但应注意，不要误认为上面是两个语句(if语句和else语句)，它们都属于同一个if语句。else子句不能作为语句单独使用，它必须是if语句的一部分，与if配对使用。

(2) 在if和else后面可以只含一个操作语句，也可以有多个操作语句，如果有多个操作语句，需要用一对{}将几个语句括起来成为一个复合语句。

例如：

```
if (a+b>c && a+c>b && b+c>a)
{
      s=0.5* (a+b+c) ;
      area=sqrt((s-a)*(s-b)*(s-c));
      printf("%f\n",area) ;
}
else
      printf("不能构成一个三角形\n");
```

其中，在花括号}后面不需要再加分号。因为{}内是一个完整的复合语句，无须另加分号。

C语言书写比较灵活，并不要求一定要缩进，但必要的缩进可以让程序根据测试条件的求值来判断执行哪部分语句变得一目了然，这是良好的习惯。

例 4.2 编写程序，从键盘读入一个整数，如果是偶数，打印"Yes!"，否则打印"No!"

本题参考代码及运行结果如图4.4所示：

```
1   #include <stdio.h>
2   int main()
3   {
4       int num;
5       printf("Input a num:");
6       scanf("%d",&num);
7       if(num%2==0)printf("Yes!\n");
8       else printf("No!\n");
9       return 0;
10  }
11
```

```
C:\WINDOWS\system32\c
Input a num:25
No!
请按任意键继续. . .
```

图 4.4 例题代码及运行结果

代码分析：

代码中的第7～8行是一条if语句，两次printf()函数调用均被视为if语句的一部分。如果要在if和else之间执行多条语句，必须用花括号把这些语句括起来成为一个块。下面的代码结构违反了C语法，因为在if和else之间只允许有一条语句(简单语句或复合语句)。如下图4.5所示：

编译器把printf()语句视为if语句的一部分，而把num ++看作一条单独的语句，它不是if语句的一部分。然后，编译器发现后面的else部分并没有所属的if，编译时会出现错误提示。正确的代码应该如下图4.6所示：

```
1   #include <stdio.h>
2   int main()
3   {
4       int num;
5       printf("Input a num:");
6       scanf("%d",&num);
7       if(num%2==0)
8           printf("Yes!\n");
9       num++;
10      else printf("No!\n");
11      return 0;
12  }
13
```

图4.5　错误代码

```
1   #include <stdio.h>
2   int main()
3   {
4       int num;
5       printf("Input a num:");
6       scanf("%d",&num);
7       if(num%2==0)
8       {
9           printf("Yes!\n");
10          num++;
11      }
12      else printf("No!\n");
13      return 0;
14  }
```

图4.6　正确代码

注意：前面提到C程序并不要求一定要缩进，但缩进会让程序逻辑结构更加清晰。到后面随着书写的代码功能越来越复杂，语句嵌套的层次越来越深，会出现代码缩进不清晰的情况。不同的编译器可以使用不同的方法进行调整。

4.3.3　多重选择if语句

现实生活中我们经常有多种选择，在C语言中可以用多分支if扩展结构来实现这种情况。它的本质就是使用if...else...语句的多重嵌套，也就是当在条件为假的分支中嵌套if...else...语句的时候，就形成了如下的if...else if...else...结构，用来实现多个分支的判断。多分支if语句的一般格式如下：

```
if(表达式1)  语句1;
else  if(表达式2)  语句2;
else  if(表达式3)  语句3;
…
else  if(表达式m)  语句m;
else 语句n;
```

其语义是：先计算“表达式1”的值，如果为真执行“语句1”；否则，计算“表达式2”的值，如果为真，执行“语句2”；…，否则，计算“表达式 m”的值，如果为真，执行“语句 m”；否则，执行“语句 n”。如图4.7所示。

几点说明：

在使用if语句时，为了使源程序具有良好的结构和可读性，应采用以下良好的源程序书写方式。

(1) if 行和 else 行左对齐。

(2) 如果 if 和 else 子句所属的语句(组)另起一行开始,则应向右缩进形成阶梯状;语句组内的顺序程序段应左对齐。

(3) 如果语句很简短,且跟在 if 行或 else 行的后面,就不存在缩进问题。

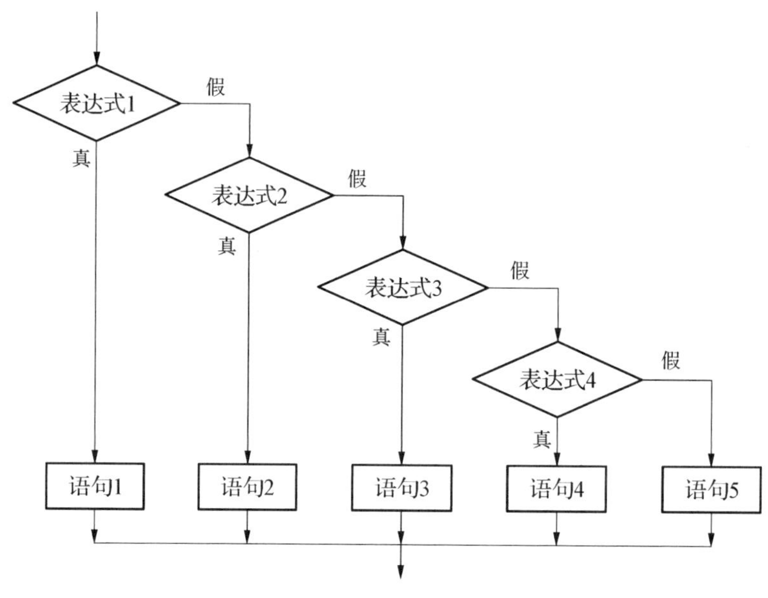

图 4.7 多分支 if 结构

例 4.3 编写一个收款程序,计算购买某物品的总金额,该物品的单价为 5 元/千克,购买 5 千克以上打 9 折,购买 10 千克以上打 8 折,购买 20 千克以上打 7 折,购买 50 千克以上打 6 折,购买 100 千克以上打 5 折。

本题参考代码及运行结果如图 4.8 所示:

```
1  #include <stdio.h>
2  int main()
3  {
4      float cost,price=5,weight;
5      printf("Input weight:");
6      scanf("%f",&weight);
7      if(weight<5) cost=price*weight;
8      else if(weight<10) cost=price*weight*0.9;
9      else if(weight<20) cost=price*weight*0.8;
10     else if(weight<50) cost=price*weight*0.7;
11     else if(weight<100) cost=price*weight*0.6;
12     else cost=price*weight*0.5;
13     printf("总金额=%g\n",cost);
14     return 0;
15 }
```

```
C:\Windows\system32\c
Input weight:7
总金额=31.5
请按任意键继续. . .
```

图 4.8 例题代码及运行结果

代码分析：

代码中第 4 行，定义的变量 cost，price，weight 分别表示总金额、单价及商品重量，第 7～12 行，分别处理商品重量在 6 个不同区间时的总金额，第 13 行总金额打印，使用 g 格式控制符。本例中商品价格被定义成变量，也可以通过其他处理方式，把单价定义为符号常量。代码及运行结果如图 4.9 所示：

```
1  #include <stdio.h>
2  #define price 5
3  int main()
4  {
5      float cost,weight;
6      printf("Input weight:");
7      scanf("%f",&weight);
8      if(weight<5) cost=price*weight;
9      else if(weight<10) cost=price*weight*0.9;
10     else if(weight<20) cost=price*weight*0.8;
11     else if(weight<50) cost=price*weight*0.7;
12     else if(weight<100) cost=price*weight*0.6;
13     else cost=price*weight*0.5;
14     printf("总金额=%g\n",cost);
15     return 0;
16 }
```

```
C:\Windows\system32\c
Input weight:7
总金额=31.5
请按任意键继续. . .
```

图 4.9 例题代码及运行结果

4.3.4 多层嵌套的 if 语句

前面介绍的多重选择 if 语句，是从一系列选项中选择一个执行。有时，选择一个特定选项后又引出其他选择，这种情况可以使用另一种嵌套形式的 if 语句。即在之前介绍的 if...else...中的语句 1 或者语句 2 中又出现了 if...else...语句。

语法格式如下：

```
if (表达式 1)
{
    [if(表达式 2) 语句 1
    else 语句 2]
}
else
{
    [if(表达式 3) 语句 3
    else 语句 4]
}
```

其语义是：

先计算“表达式 1”的值，如果为真执行分支：

```
if(表达式 2) 语句 1
```

else 语句 2

否则执行分支：

if(表达式 3) 语句 3

else 语句 4

不论执行哪个分支，都有可能要继续进行下一个 if...else...语句的条件判断，当然在嵌套的 if...else...语句中还可以再继续嵌套。

几点说明：

(1) C 语言书写格式比较自由，if 语句嵌套时，即使不严格按照缩进格式，只要没有语法错误，一样可以运行。但对于读者的阅读可能会造成麻烦。else 子句与 if 匹配时，是与在它上面、距它最近且尚未匹配的 if 配对。

(2) 对于初学者，为了避免 else 与 if 的匹配理解上出现混乱，每个分支体都可以用一对{}括起来，这样会更加清晰。

(3) 如果分支体里只有一条语句，可以不用{}，如果分支体是由多条语句组成的，那必须使用{}括起来。

例 4.4 编写程序，给定一个年份，判断该年份是不是闰年，是闰年的打印“Yes!”，不是的打印“No!”。

本题参考代码及运行结果如图 4.10 所示：

```
1  #include <stdio.h>
2  int main()
3  {
4      int year,flag;
5      printf("Input year:");
6      scanf("%d",&year);
7      if(year%4!=0)
8      {
9          flag=0;
10     }
11     else
12     {
13         if(year%100!=0)
14         {
15             flag=1;
16         }
17         else
18         {
19             if(flag%400==0) flag=1;
20             else flag=0;
21         }
22     }
23     if(flag==1) printf("Yes!\n");
24     else printf("No!\n");
25     return 0;
26 }
```

```
C:\Windows\system32\cmd.
Input year:2004
Yes!
请按任意键继续. . .
```

图 4.10 例题代码及运行结果

代码分析：

代码中采用了 if 语句嵌套 if 语句的形式来实现。代码第 4 行，定义了 2 个变量，year 用来接收年份,flag 用来保存对 year 是否是闰年的判断结果。如果 flag 的值为 1 表示是闰年,如果为 0,则表示不是闰年。第 7 行的 if 语句用来判断能否被 4 整除,第 12～22 为第 7 行 if 语句的 else 分支部分,处理不能被 4 整除的情况。在本段嵌套一个 if 语句,对能被 4 整除前提下继续进行判断,第 13～16 表示能被 4 整除但不能被 100 整除,flag 值为 1,第 19～20 行,通过再次对第 13 行 if 语句的 else 分支部分再次嵌套一个 if...else...语句,实现对 year 能否被 400 整除的判断,第 19 行表示能被 400 整除,flag 为 1,第 20 行表示能被 100 整除,但不能被 400 整除,flag 为 0。第 23～24 行是通过 if...else...语句对 flag 的结果进行判断,第 23 行表示是闰年的分支,第 24 行表示不是闰年的分支情况。

注意:第 23～24 行对 flag 进行判断时,是通过 flag 的值与 1 进行比较来实现的,当然我们也可以直接通过判断 flag 的真假来实现,即 flag 取值为 1 的时候为真,取值为 0 时结果为假。

```
if(flag) printf("Yes!\n");
else printf("No!\n");
```

上述代码中,我们是在 if 语句的 else 分支体中嵌入另一个 if 语句的,当然大家也可以根据条件设置不同,分别在 if 后面的分支体进行嵌套,或在 if、else 后面分别进行嵌套,从而使得整个 if...else...语句结构更加均衡。

例 4.5　编写程序,求解一元二次方程的根,有实根输出实根,否则输出虚根。

本题参考代码及运行结果如图 4.11 所示:

```
1  #include <stdio.h>
2  #include <math.h>
3  int main()
4  {
5      int a,b,c;
6      double root1,root2,delt,real,imag;
7      printf("Input a,b,c:");
8      scanf("%d%d%d",&a,&b,&c);
9      delt=b*b-4*a*c;
10     if(delt>=0)
11     {
12         if(delt>0)
13         {
14             root1=(-b+sqrt(delt))/(2*a);
15             root2=(-b-sqrt(delt))/(2*a);
16             printf("ROOT1=%5.1f,ROOT2=%5.1f\n",root1,root2);
17         }
18         else printf("ROOT1=ROOT2=%5.1f\n",-1.0*b/(2*a));
19     }
20     else
21     {
22         real=-b*1.0/(2*a);
23         imag=-sqrt(-delt)/(2*a);
24         printf("ROOT1=%5.1f+%5.1fi,ROOT2=%5.1f-%5.1fi\n",real,fabs(imag),real,fabs(imag));
25     }
26     return 0;
27 }
```

```
C:\Windows\system32\cmd.exe
Input a,b,c:4 1 5
ROOT1= -0.1+  1.1i,ROOT2= -0.1-  1.1i
请按任意键继续. . .
```

图 4.11　例题代码及运行结果

代码分析:

在本程序代码中,因为要涉及求平方根及求绝对值运算,可以分别用库函数 sqrt()及 fab()来实现。这两个函数在头文件 math.h 中定义,所以在程序第 2 行,我们先把该头文件加载进来。第 5 行定义一元二次方程的三个系数,第 6 行定义 5 个 double 型变量,root1、root2 代表两个实根,real、imag 分别代表两个虚根的实部和虚部,因为 sqrt()及 fab()所带参数均为 double 类型,所以把 delt 定义为 double 型。第 10 行开始的 if…else 语句用来处理求根。其中 if 后面第 11～19 行的分支体处理有实根的情况,else 后面第 21～25 行用来处理有虚根的情况。处理有实根情况时,又通过第 12 行的嵌套 if 语句来分别处理有两个不等实根、两个相等实根的情况。在 18 行、22 行中,使用除法,因为 a、b 均为整数,使用除法结果也为整数,为了保留小数部分,通过使用 1.0 来乘实现。

注意:在进行除法运算时,如果分子、分母为表达式,为了避免运算顺序出错,建议在分子、分母部分分别用一对()括起来。本程序代码调用的 sqrt()、fab()函数,均为有返回值的函数,因此这两个函数的调用结果可以出现在表达式中,如 14～15 行,也可以出现在另外一个函数的参数位置。如第 24 行中,fabs(imag)就出现在 printf()函数调用中,作为 printf()的参数出现。

4.4 switch 语句

在上一节,我们通过使用条件运算符和 if else 语句很容易编写二选一的程序。也可以通过 if…else if 语句或在 if…else 语句中嵌套 if 语句,实现对一个条件有多种取值情况的判断。但这样的方式显得比较烦琐,在 C 语言中还提供了另外一个分支结构即 switch 结构,用来实现对一个条件有多个不同取值情况的处理。

4.4.1 switch 语句一般语法

C 语言还提供了用于多分支选择的 switch 语句,其一般形式为:

```
switch(表达式)
{
    case 常量表达式 1:  语句 1;
    case 常量表达式 2:  语句 2;
    …
    case 常量表达式 n:  语句 n;
    default:  语句 n+1;
}
```

其语义是:执行 switch 语句时,先计算 switch 后面的"表达式"的值,然后将它与各 case 标号比较,如果与某一个 case 标号中的常量相同,流程就转到此 case 标号后面的语句。如果没有与 switch 表达式相匹配的 case 常量,流程转去执行 default 标号后面的语句。

几点说明:

(1) 括号内的"表达式",应该是值为整数类型(包括字符型)的变量或变量表达式。

(2) 花括号内是一个复合语句,内包含多个以关键字 case 开头的语句行和最多一个以

default 开头的行。case 后面跟一个常量(或常量表达式),它们和 default 都是起标号作用,用来标志一个位置。

(3) default 标号一般在最后,也可以没有 default 标号,如果没有与 switch 表达式相匹配的 case 常量,则执行该子句。

(4) 各个 case 标号出现次序不影响执行结果。

(5) 每一个 case 常量必须互不相同,否则就会出现互相矛盾的现象。

(6) 在 case 子句中虽然包含了一个以上执行语句,但可以不必用花括号括起来,当然加上花括号也可以。

(7) 多个 case 标号可以共用一组执行语句。

(8) 一般来说,每个 case 标号后面需要有一条 break 语句,执行到 break 语句将退出该 switch 语句,否则会继续往下执行,直到遇到 break 语句为止或完成整个 switch 语句的执行。

4.4.2 switch 语句中的 break

在执行 switch 语句时,根据 switch 表达式的值找到匹配的入口标号,在执行完一个 case 标号后面的语句后,就从此标号开始执行下去,不再进行判断。一般情况下,在执行一个 case 子句后,应当用 break 语句使流程跳出 switch 结构。

C 语言中用于终止的语句有 break 和 continue,break 语句可用于循环和 switch 语句中,但是 continue 只能用于循环中。

例 4.6 编写程序,根据输入的成绩等级输出分数范围。

本题参考代码及运行结果如图 4.12 所示:

```
1  #include <stdio.h>
2  int main()
3  {
4      char grade;
5      printf("Input grade:");
6      grade=getchar();
7      switch(grade)
8      {
9      case 'A':
10     case 'a':printf("90~100!\n");
11         break;
12     case 'B':
13     case 'b':printf("80~89\n");
14         break;
15     case 'C':
16     case 'c':printf("70~79\n");
17         break;
18     case 'D':
19     case 'd':printf("60~69\n");
20         break;
21     case 'E':
22     case 'e':printf("No pass!\n");
23         break;
24     default:printf("Input error!\n");
25     }
26     return 0;
27 }
```

```
C:\Windows\system32\c
Input grade:B
80~89
请按任意键继续. . .
```

图 4.12　例题代码及运行结果

代码分析：

代码中第4行定义一个字符型变量，第6行通过getchar()函数给该变量赋值，第7行将该变量值作为switch语句分支选择的依据。第9～11行、12～14行、15～17行、18～20行、21～23行分别表示输入等级为优秀、良好、中等、及格和不及格的处理情况。第24行为默认即上面各种情况都不是的情况下如何处理。在第9、12、15、18、21行的分支体中，均是空分支，没有遇到break语句，则程序执行时后会从该入口继续往下执行。即使输入的是B，所给出的运行结果与输入b是一样的效果，均输出80～89。

如果在分支体中都没有break，当程序运行时我们输入B，将会是如下结果，如图4.13所示。

```
1  #include <stdio.h>
2  int main()
3  {
4      char grade;
5      printf("Input grade:");
6      grade=getchar();
7      switch(grade)
8      {
9      case 'A':
10     case 'a':printf("90~100!\n");
11     case 'B':
12     case 'b':printf("80~89\n");
13     case 'C':
14     case 'c':printf("70~79\n");
15     case 'D':
16     case 'd':printf("60~69\n");
17     case 'E':
18     case 'e':printf("No pass!\n");
19     default:printf("Input error!\n");
20     }
21     return 0;
22 }
```

```
C:\Windows\system32\c
Input grade:B
80~89
70~79
60~69
No pass!
Input error!
请按任意键继续. . .
```

图4.13　例题代码及运行结果

例4.7　编写程序模拟实现一个简单计算器。

本题代码及运行结果如图4.14所示：

```
1  #include <stdio.h>
2  int main()
3  {
4      float s1,s2,y;
5      char ch;
6      printf("请输入运算符 + - * /:\n");
7      ch=getchar();
8      printf("请按%%f %%f输入两个数:\n");
9      scanf("%f%f",&s1,&s2);
10     switch(ch)
11     {
12         case '+':y=s1+s2; break;
13         case '-':y=s1-s2; break;
14         case '*':y=s1*s2; break;
15         case '/':if(s2==0) printf("除数不能为0!");
16                  else y=s1/s2; break;;
17         default: printf("运算符输入错误 !\n");
18     }
19     printf("y=%.2f\n",y);
20     return 0;
21 }
```

```
C:\Program Files (x86)\Dev-Cpp\ConsolePauser.exe
请输入运算符 + - * /:
*
请按%f %f输入两个数:
5 7
y=35.00
```

图4.14　例题代码及运行结果

代码分析：

代码第 7 行通过 getchar()函数读入一个运算符，第 9 行读入参与运算的两个运算数，第 10～18 行的 switch 结构，根据不同运算符进行不同的运算，其中第 15 行表示，如果是除法运算，需要判断分母是否为零。

4.5　综合实例

问题描述：编写程序，读入一个日期(年、月、日)，判断该日是该年的第多少天。

问题分析：先定义三个变量接收日期(年、月、日)，在这一年中的天数是月份变量前面各月天数之和再加上日数，考虑到年份有闰年、平年之分，所以如果读入的月份是在 3 月及之后，必须要考虑闰年问题。闰年判断通过 if 语句来实现，月份天数判断可以通过 switch 语句来完成。

该问题的流程图如图 4.15 所示：

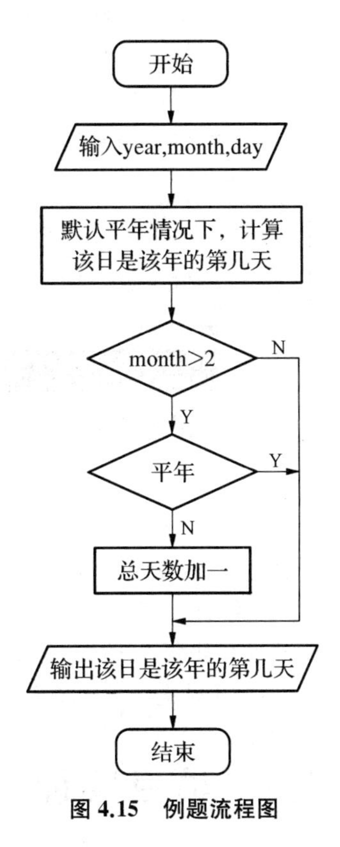

图 4.15　例题流程图

代码及运行结果如图 4.16 所示：

```c
#include <stdio.h>
int main()
{
    int year, month, day, total=0, flag=1;
    printf("Input year、month、day:");
    scanf("%d%d%d", &year, &month, &day);
    switch(month)
    {
    case 1:total=day;break;
    case 2:total=31+day;break;
    case 3:total=31+28+day;break;
    case 4:total=31+28+31+day;break;
    case 5:total=31+28+31+30+day;break;
    case 6:total=31+28+31+30+31+day;break;
    case 7:total=31+28+31+30+31+30+day;break;
    case 8:total=31+28+31+30+31+30+31+day;break;
    case 9:total=31+28+31+30+31+30+31+31+day;break;
    case 10:total=31+28+31+30+31+30+31+31+30+day;break;
    case 11:total=31+28+31+30+31+30+31+31+30+31+day;break;
    case 12:total=31+28+31+30+31+30+31+31+30+31+30+day;break;
    default:printf("Input error!\n");
        flag=0;
    }
    if(flag&&(year%400==0||year%4==0&&year%100!=0)&&month>2)
    {
        total=total+1;
        printf("%d年%d月%d日是该年的第%d天！\n", year, month, day, total);
    }
    else printf("%d年%d月%d日是该年的第%d天！\n", year, month, day, total);
    return 0;
}
```

```
C:\Windows\system32\cmd.exe
Input year、month、day:2020 10 1
2020年10月1日是该年的第275天！
```

图 4.16　例题代码及运行结果

代码分析：

本程序代码第 4 行，定义几个整型变量，分别表示年、月、日及第多少天，flag 变量用来标记读入的日期是否正确，1 表示正确，0 表示错误，初始化值为 1。代码中第 7～20 行用来判断给定的日期是该年的第多少天，这里先假设 2 月为 28 天，当然如果当年是闰年，3 月及以后月份日期表示的总天数，需要加上 1，这在代码第 24～28 行进行处理。代码第 24 行的条件表达式，表示输入日期正确、月份为 2 月之后同时是闰年的情况，第 29 行表示是平年的情况。

4.6　项目实训

4.6.1　猜拳游戏

1. 实训目的

通过“猜拳游戏”简单的界面设计，熟练掌握单分支、多分支控制结构的书写规则，写出合理的判断表达式。

2. 实训内容

本次游戏实例内容主要是实现将拳值变回对应的文字并能由程序判断胜负。

分析：

针对第三章游戏实例中“剪刀”“石头”“布”都变成了对应的拳值输出这个不友好的问题，可以用“if”判断语句将其变回对应文字输出。“结 果”下方数据的“?”也可以使用“if”语句进行判断胜负后再输出。

3. 实训准备

硬件：PC机一台

软件：Windows系统、VS2012开发环境

将第三章“游戏实例3”文件夹复制一份，并将复制后的文件夹重命名为“游戏实例4”。进入“游戏实例4”找到“finger-guessing”文件双击，打开项目文件。

4. 实训代码

依据实例内容分析，在“finger-guessing.c”源文件中修改相关代码。未做修改的代码不再贴出来，可以参见“游戏实例3”中的代码。具体修改的代码如下所示：

```
/*
    猜拳游戏判断胜负
*/
#include<stdio.h>
//-----------------宏定义---------------------------------
#define NUM 10
#define NUM2 4
//-------------------------------------------------------
int main()
{
    int computerVal,playerVal;
    int i;
//-----------------玩家信息--------------------------------
    printf("%*s玩家信息\n",24,"");
    printf(" ");
    for(i=0;i<58;i++) //重复58"="
        printf("=");
    printf("\n");
    printf("|%*s姓 名:匿   名%*s|\n",5,"",40,"");
    printf(" ");
    for(i=0;i<58;i++) //重复58"="
        printf("=");
    printf("\n");
//-------------------------------------------------------
//-----------------初始界面--------------------------------
    //"猜"字前有24空格,每个汉字间隔1空格
```

```
printf("%*s猜 拳 游 戏\n",24,"");
printf(" ");
for(i=0;i<58;i++) //重复58"="
      printf("=");
printf("\n");
//每组有10个"-",有4组,每个汉字间隔2空格
printf("|%*s拳值:0、退出 1、石头 2、剪刀 3、布%*s|\n",NUM+2,"",NUM+2,"");
printf(" ");
for(i=0;i<58;i++)
      printf("=");
printf("\n");
printf("|----------用  户----------电  脑----------结  果----------|\n");
//--------------------------------------------------------
//-----------------输入拳值-------------------------------
printf("玩家出拳:");
scanf("%d",&playerVal);
printf("请帮电脑出拳:");
scanf("%d",&computerVal);
//--------------------------------------------------------
//-----------------显示出的拳-----------------------------
if (playerVal == 1){
      //"石"前有10个空格,"石头"中间2个空格,"V"前有4个空格
      printf("|%*s石  头%*sVS",NUM,"",NUM2,"");
}
if (playerVal == 2)
{
      //"剪"前有10个空格,"剪刀"中间2个空格,"V"前有4个空格
      printf("|%*s剪  刀%*sVS",NUM,"",NUM2,"");
}
if (playerVal == 3)
{
      //"布"前有12个空格,"V"前有6个空格
      printf("|%*s布%*sVS",NUM+2,"",NUM2+2,"");
}
if (computerVal == 1)
{
      //"石头"前有10个空格,中间有2个空格
      printf("%*s石  头",NUM2,"");
}
if (computerVal == 2)
{
      //"剪刀"前有10个空格,中间有2个空格
      printf("%*s剪  刀",NUM2,"");
```

```
        }
        if (computerVal == 3)
        {
            //"布"前有 2 个空格,"布"后有 10 个空格
            printf("%*s布",NUM2+2,"");
        }
        //------------------------------------------------------------
        //------------------判断并显示结果---------------------------
        //玩家获胜
        if ((playerVal == 1 && computerVal == 2)||(playerVal == 2 && computerVal == 3)||
(playerVal == 3 && computerVal == 1))
        {
            //"玩家胜"前后各有 10 个空格
            printf("%*s玩家胜%*s|\n",NUM,"",NUM,"");
        }
        //平局
        else if ((playerVal == computerVal))
        {
            //"平局"前后各有 10 个空格,中间有 2 个空格
            printf("%*s平  局%*s|\n",NUM,"",NUM,"");
        }
        //电脑获胜
        else
        {
            //"电脑胜"前后各有 10 个空格
            printf("%*s电脑胜%*s|\n",NUM,"",NUM,"");
        }
        //------------------------------------------------------------
        getchar();
        return 0;
    }
```

5. 实训结果

按键盘上"F5"执行上述代码,在"玩家出拳:"下输入 1～3 随便的一个数字,然后回车,再在"请帮电脑出拳:"后输入 1～3 随便的一个数字,然后回车,得到运行结果如图 4.17 所示:

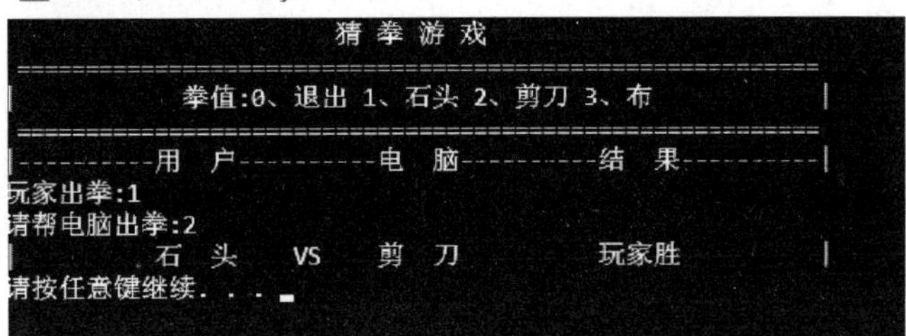

图 4.17　运行界面

6. 实训总结

对于初学C语言的同学来说，判断结构是最基本的控制结构，必须要非常熟练单分支、多分支语句的语法规则，并且写出合理的判断表达式，唯有通过多写代码，方能熟能生巧。

7. 改进目标

在本次游戏实例程序中，可以将“if”语句改造为“switch”语句，请同学们参考书本先自行完成，后续代码中也有相关改造。

在程序中输出的58个“=”，是通过手工输入的，非常不方便，而且容易输错，那么有没有办法让程序循环输出58个“=”呢？在程序中，每次运行只能判断一次，程序就结束了，那么能否让程序一直运行呢？“scanf”语句总是需要按回车确认后才能输入值，那么能否键盘按下一个键松开后就把值输入给计算机呢？

同学们可以带着问题进入后续C语言的学习，相信大家一定能找到解决的办法。

4.6.2 飞机打靶游戏

打靶游戏中，需要对键盘的输入进行相应的功能实现。要求如下：

1. 当输入的字符为A或a时在屏幕打印“开始新游戏”，当输入的字符为B或b时在屏幕打印“继续游戏”，当输入的字符为C或c时在屏幕打印“开始练习”，当输入的字符为D或d时在屏幕打印“查看记录”，当输入的字符为E或e时在屏幕打印“退出游戏”，当输入其他字符时在屏幕打印“无效输入”，试采用switch语句。

2. 当输入的字符为W或w时在屏幕打印“飞机向上移动”，当输入的字符为S或s时在屏幕打印“飞机向下移动”，当输入的字符为A或a时在屏幕打印“飞机向左移动”，当输入的字符为D或d时在屏幕打印“飞机向右移动”，当输入的字符为P或p时在屏幕打印“游戏存档”，当输入的字符为O或o时在屏幕打印“退回至主菜单”。

参考代码如下：

```
#include <stdio.h>
#include <stdlib.h>
#include <conio.h>
int main()
{
    char opt;
    opt = getch();
    switch(opt)
    {
        case 'a':
        case 'A':
            {
                printf("开始新游戏\n");
                break;
            }
        case 'b':
```

```
        case 'B':
            {
                printf("继续游戏\n");
                break;
            }
        case 'c':
        case 'C':
            {
                printf("开始练习\n");
                break;
            }
        case 'd':
        case 'D':
        {
                printf("查看积分\n");
                break;
        }
        case 'e':
        case 'E':
            {
                printf("退出游戏\n");
                break;
            }
        default:
            {
                printf("无效输入!\n");
            }
    }
    return 0;
}
```

4.7 习 题

1. 以下叙述中正确的是(　　)。

A. 关于运算符两边的运算对象可以是C语言中任意合法的表达式

B. 在C语言中,逻辑真值和假值分别对应1和0

C. 对于浮点变量x和y,表达式x == y是非法的,会出编译错误

D. 分支结构是根据算术表达式的结果来判断流程走向的

2. 若有定义:int x,y;,并已正确给变量赋值,则以下选项中与表达式:(x-y)?(x++):(y++)中的条件表达式(x-y)等价的是(　　)。

A. (x-y<0)　　B. (x-y>0)

C. (x-y<0||x-y>0)　　D. (x-y==0)

3. 以下关于逻辑运算符两侧运算对象的叙述中正确的是（　　）。

A. 只能是整数 0 和非 0 整数　　B. 可以是结构体类型的数据

C. 可以是任意合法的表达式　　D. 只能是整数 0 或 1

4. 与数学表达式 x≥y≥z 对应的 C 语言表达式是（　　）。

A. `(x>=y>=z)`　　B. `(x>=y)&&(y>=z)`

C. `(x>=y)!(y>=z)`　　D. `(x>=y)||(y>=z)`

5. 以下叙述中正确的是（　　）。

A. 由 && 构成的逻辑表达式与由||构成的逻辑表达式都有“短路”现象

B. C 语言的关系表达式 0<x<10 完全等价于(0<x)&&(x<10)

C. 逻辑“非”（即运算符!）的运算级别是最低的

D. 逻辑“或”（即运算符||）的运算级别比算术运算要高

6. 下列条件语句中，输出结果与其他语句不同的是（　　）。

A. `if(a==0) printf("%d\n",x); else printf("%d\n",y);`

B. `if(a==0) printf("%d\n",y); else printf("%d\n",x);`

C. `if(a!=0) printf("%d\n",x); else printf("%d\n",y);`

D. `if(a) printf("%d\n",x); else printf("%d\n",y);`

7. 在嵌套使用 if 语句时，C 语言规定 else 总是（　　）。

A. 和之前与其具有相同缩进位置的 if 配对

B. 和之前与其最近的 if 配对

C. 和之前与其最近的且不带 else 的 if 配对

D. 和之前的第一个 if 配对

8. 以下四个表达式用作 if 语句的控制表达式时，有一个选项与其他三个选项含义不同，这个选项是（　　）。

A. k%2　　B. k%2==1　　C. (k%2)!=0　　D. !k%2==1

9. 有以下程序

```
int main()
{
    int a=0,b=0,c=0,d=0;
    if(a=1) b=1;
    c=2;
    else d=3;
    printf("%d,%d,%d,%d\n",a,b,c);
    return 0;
}
```

程序输出（　　）。

A. 0,0,0,3　　B. 1,1,2,0　　C. 编译有错　　D. 0,1,2,0

10. 下列叙述中正确的是（　　）。

A. 在 switch 语句中必须使用 default

B. break 语句必须与 switch 语句中的 case 配对使用

C. 在 switch 语句中，不一定使用 break 语句

D. break 语句只能用于 switch 语句

11. 有以下程序段,程序的输出结果是( )。

```
int a,b,c;
a = 10; b = 50; c = 30;
if(a > b) a = b, b = c;c = a;
printf("a = %d b = %d c = %d\n", a,b,c);
```

A. a=10 b=50 c=30　　B. a=10 b=30 c=10

C. a=10 b=50 c=10　　D. a=50 b=30 c=S0

12. 有以下程序

```
#include < stdio.h >
int main()
{
    int x;
    scanf(" %d",&x);
    if(x <= 3) ;
    else if(x! = 10) printf(" %d\n",x);
    return 0;
}
```

程序运行时,输入的值在哪个范围才会有输出结果( )。

A. 不等于 10 的整数　　B. 大于 3 或等于 10 的整数

C. 小于 3 的整数　　D. 大于 3 且不等 10 的整数

13. 若有以下程序

```
#include < stdio.h >
int main()
{
    int a = 1,b = 2,c = 3,d = 4, r = 0;
    if(a! = 1);
    else r = 1;
    if(b = = 2) r + = 2;
    if(c! = 3)r + = 3;
    if(d = = 4)r + = 4;
    printf(" %d\n",r);
    return 0;
}
```

则程序的输出结果是( )。

A. 10　　B. 6　　C. 7　　D. 3

14. 若有定义:

```
float x = 1.5; int a = 1,b = 3,c = 2;,
```

则正确的 switch 语句是( )。

A. `switch(a + B) {case 1: printf(" *\n"); case 2 + 1: printf(" * *\n"); }`

B. `switeh((int)x); {case 1: printf(" *\n"); case 2: printf(" *\n"); }`

C. switch(x) {case 1.0: printf("*\n"); case 2.0: printf("**\n"); }

D. switch(a+B) {case 1: printf("*\n"); case c: printf("**\n");}

15. 有以下程序

```
#include<stdio.h>
int main()
{
    int x=1, y=0,a=0,b=0;
    switch(x)
    {
        case 1: switch(y)
                {  case 0:a++; break;
                   case 1:b++; break;
                }
        case 2: a++; b++; break;
    }
    printf("a=%d,b=%d\n",a,b );
    return 0;
}
```

程序运行后的输出结果是(　　)。

A. a=1,b=1　　B. a=1,b=0　　C. a=2,b=1　　D. a=2,b=2

16. 程序设计

(1) 从键盘上输入三个数据,看是否可以构成三角形,同时判断是否为等腰三角形以及等边三角形。

(2) 给出学生的百分制成绩,要求输出成绩等级A、B、C、D、E。90分以上为A,80~89分为B,70~79分为C,60~69分为D,60分以下为E。

(3) 键盘上按照年月日的格式输入年份、月和日期。运行程序以后,判断这一天是这一年的第几天。

【微信扫码】
本章游戏实例 & 习题解答

第 5 章

循环结构

本章思维导图如下图所示：

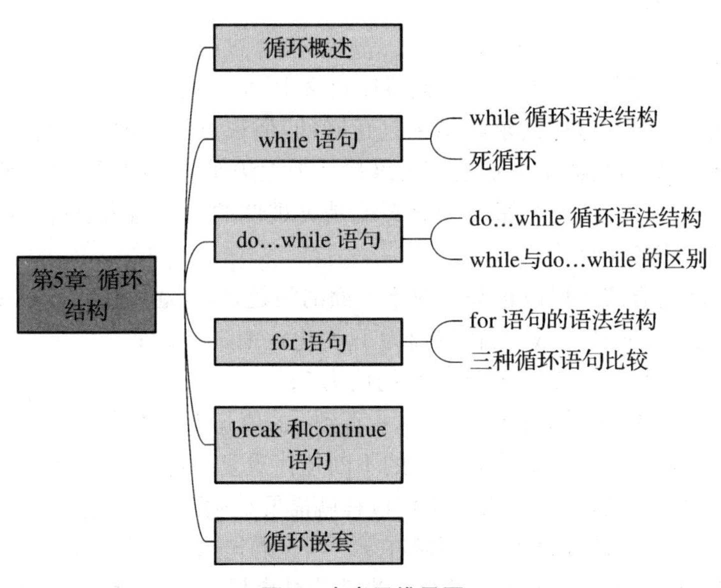

图 0 本章思维导图

第三章介绍的顺序结构是按代码书写顺序依次执行，第四章分支结构按条件判断的结果决定分支语句是否执行，本章介绍的循环结构则是通过不断迭代逼近最终结果的过程。循环是计算机解题的一个重要特征，计算机速度快，最善于进行重复性的动作。设计程序时，如果能把复杂的、不容易理解的求解过程转换为易于理解、操作简单的多次重复过程非常重要。不仅可以降低问题的复杂性，减少代码书写工作量，还可以充分发挥计算机运算速度快的优势。但初学者往往感到循环结构难以掌握，主要是因为迭代过程需要抽象，要在正确的思维模式下，配合某种计算机语言的循环表达方式，经过大量练习才能熟练掌握。本章内容需要读者学会正确看待循环，思考得到迭代过程，并通过对 C 语言循环结构的语法介绍，让读者学会循环程序设计。

5.1 循环概述

在日常生活中，我们经常需要将“一项任务”重复执行很多次。比如：

语文老师让你默写《天净沙·秋思》10遍，这是把“默写《天净沙·秋思》”这项任务重复10遍；

体育老师让你投100个三分球，这是把“投一个三分球”这一项任务重复100遍；

数学老师批改全班50名同学的作业，这是把“批改作业”这一项任务重复50遍；

全校5 000名同学进行体检，检查身高体重，这是把“检查身高体重”这一项任务重复5 000次。

对于上面的这些问题，在将任务转换成代码实现时，可以按顺序一遍一遍的去执行，但会让同样的动作重复出现多次，导致代码变得非常冗长，甚至无法书写。如果我们能提取出每一次任务的核心动作，让其在满足一定条件的前提下重复执行，最终获取问题的解答，会不会更好呢?

看下面的一个问题：

编写程序求1+2+…+10的和。

对于这个问题，按照之前的知识，我们可以定义10个变量，初始值分别为1～10，然后将这些变量累加起来。虽然这样的求解结果是正确的，但很显然无助于问题的求解。一个简单的求和计算这样书写，代码的可扩展和可维护性都无法保证。试想一下：问题需求发生变化，求解1+2+…+10 000呢? 那代码简直就是灾难性的。正因为这样，循环结构才会成为程序设计三种流程控制结构之一。

如何使用循环的方式予以改进呢? 对于上面的问题，可以通过建立以下模型来实现：

(1) 定义变量i表示待加数，其初始值为1，变化范围1到10；

(2) 定义变量s表示总和，其开始时候的值为0；

(3) 不断修改变量i的值，并累加至s中，直到i的值超出范围为止。

在这个过程中，s=s+i就是我们所说的不断迭代重复的过程。这个迭代变化的规律为i=i+1，只要i小于11(或执行10次)，迭代过程就需要继续下去，因此，i在这个迭代中充当自变量的角色。i变量在迭代过程中，不断在s=s+i语句这个重复动作执行后被修改。因此，i=i+1语句也作为重复内容的一部分。当迭代结束后，s中存储的就是求和的结果。即使需求变化，需要求解更大上限的自然数之和，这个模型依然可以顺利解决问题。

C语言中的循环语句有三种，while循环、do...while循环以及for循环。一般来说，这三种循环可以相互转换，后面的内容中会逐个进行介绍。

5.2 while 语句

5.2.1 While 循环语法结构

While循环的语法结构如下：

```
while(表达式)
```

```
{
    语句块
}
```

它的流程图如图5.1所示：

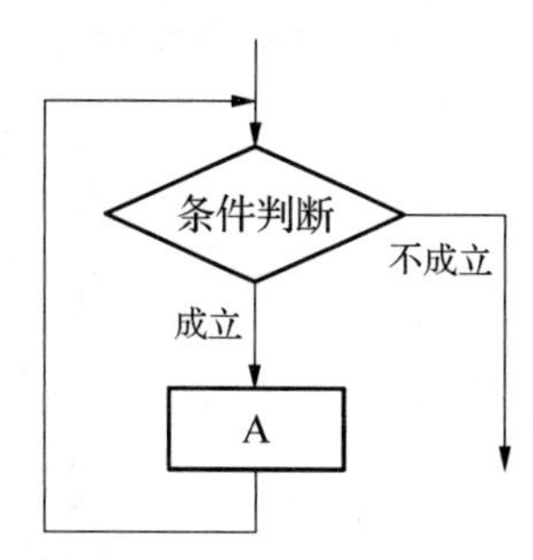

图 5.1 while 循环流程图示意图

执行 while 语句时，先计算表达式的值，检查它是真还是假。这里的表达式，可以是之前介绍过的关系表达式、逻辑表达或者算术表达式。如果条件为真，是成立的，则执行循环体 A，然后再继续判断条件，决定是否需要继续执行循环；如果条件不成立，则退出循环。循环体可以只有一条 C 语句，也可以由多条 C 语句组成，如果是由多条语句组成，一定要记住需要将多条语句用一对{}括起来。当然，如果一开始判断条件就不成立，则循环体 A 一次也不会执行。大家想一想，如果条件一直为真，会是什么情况？那样该循环将成为一个死循环，这是程序员很不希望看到的。为了避免死循环，就需要在执行完一次循环后改变循环条件，以便在某个时刻，循环条件不成立，从而退出循环。当然循环条件的改变，可以在循环体中实现，也可以在表达式本身中来实现。

例 5.1 用 while 语句实现自然数 1～10 累加的和。

本题参考代码及运行结果如图 5.2 所示：

```
1  #include <stdio.h>
2  int main()
3  {
4      int s=0,i=1;
5      while(i<=10)
6      {
7          s+=i;
8          i++;
9      }
10     printf("s=%d",s);
11     return 0;
12 }
```

图 5.2 例题代码

程序说明：

第 4 行定义的变量 s 在这个循环中起到累加器的作用，它把每次循环的中间结果累积起来，循环结束后得到的累加值就是最终结果。由于这个例子是用加法来累积的，所以 s 初值为 0，如果是用乘法来累积，那么 s 初值为 1。本例中，第 4 行定义的变量 i 作用特殊，既可以作为循环控制变量，表示循环的次数，同时也可以是每次循环需要累加的量的值。因为每次循环累加的值是不断变化的，所以在每次循环结束后需要改变 i 的值。本例中，这个改变是通过第 8 行的 i++来实现的。这样当累加 10 完成后，i 的值将变化为 11，不符合循环条件 i<= 10，循环到此结束。

例 5.2 班上有学生若干名，给出每名学生的年龄，求班上所有学生的平均年龄，结果保留到小数点后两位。

本题参考代码及运行结果如图 5.3 所示：

```
1  #include <stdio.h>
2  int main()
3  {
4      int n,sum=0,age,temp;
5      scanf("%d",&n);
6      temp=n;
7      while(n>0)
8      {
9          scanf("%d",&age);
10         sum=sum+age;
11         n--;
12     }
13     printf("%.2f",1.0*sum/temp);
14     return 0;
15 }
```

```
C:\Progr
3
20 17 23
20.00
```

图 5.3　例题代码及运行结果

代码说明：

代码第 4 行设计一个整数 n，表示学生的人数，sum 用来存储所有学生的年龄之和，第 6 行用 temp 来保存学生总人数。在 7～12 行的循环体中，第 10 行完成年龄累加，第 11 行改变循环控制变量。

例 5.3　给定若干个四位数，求出满足个位数上的数字减去千位数上的数字，再减去百位数上的数字，再减十位数上的数字的结果大于零的数字个数。

本题参考代码及运行结果如图 5.4 所示：

```
1  #include <stdio.h>
2  int main()
3  {
4      int n,i=1,num,count=0;
5      scanf("%d",&n);
6      while(i<=n)
7      {
8          scanf("%d",&num);
9          if(num%10-num/1000-num/10%10-num/100%10>0)
10         {
11             count++;
12         }
13         i++;
14     }
15     printf("%d",count);
16     return 0;
17 }
```

```
C:\Program Files (x86)\Dev-Cpp\ConsolePauser.exe
5
1234 1349 6119 2123 5017
3
```

图 5.4　例题代码及运行结果

代码说明：

本题中，第 4 行定义变量 n 表示待统计数字的个数，统计结果保存在计数器 count 中。第 6～14 行的循环体中，第 9 行用来判断该数字是否符合统计要求，如果符合，则通过第 11 行改变计数，第 13 行来改变循环控制变量的值，避免成为死循环。

5.2.2 死循环

如果while语句的控制表达式永远为真，它就无法结束，成为一个无限循环或者死循环。使用循环时，一个非常重要的事情就是需要认清循环有没有结束的可能，除非需要使用无限循环。上例中变量i的值一开始是1，每次循环都会把i加上1，i越来越大，不断接近n，所以控制表达式最后必然取值为假。但如果把i++漏掉，i<=n的条件就永远为真，while语句就成了死循环。

死循环在非单调的情况下，有时并不那么一目了然，如在下面的代码中：

```
#include <stdio.h>
int main()
{
    int n;
    scanf("%d",&n);
    while(n! = 1)
    {
        n = (n%2 == 0?n/2:n*3 + 1);
        printf("%d",n);
    }
    return 0;
}
```

正整数n分奇偶两种情况分别处理，此时的n一会儿变大一会儿变小，而不像一般循环变量要么递增要么递减，这就需要进行证明设计的正确性。简单验算一下，假设n等于7，每次循环后n的值依次是7、22、11、34、17、52、26、13、40、20、10、5、16、8、4、2、1。最后n确实等于1，这就是著名的3x+1问题。这个问题看上去像个恶作剧，直觉告诉我们，开始的数字会影响到最后的数字。也许有些数字最终会螺旋下降到1，也许其他数字会走向无限。但情况并非如此，如果从一个正整数开始，并运行这个过程足够长，所有的初始值将导向1。一旦到达1，这个规则就会限制在一个循环中，1、4、2、1、4、2、1…，一直循环下去。

5.3 do...while 语句

5.3.1 do...while 语法结构

do...while语句的语法结构格式是：

```
do
{
    语句块
} while(表达式);
```

do...while语句的流程图如图5.5所示：

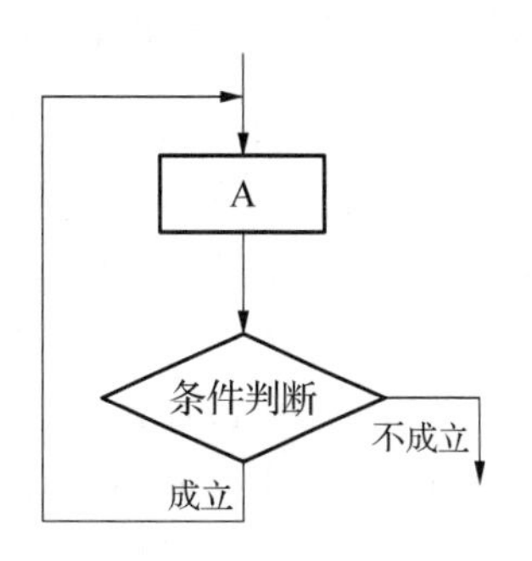

图5.5 do...while 循环流程图示意图

do...while循环先执行循环体，然后判断条件是否满足，如果满足则继续循环，否则退出循环体。在一定情况下，while和

do...while 两种语法结构允许互换。

例 5.4 对例题 5.1 进行改写，用 do...while 语句实现自然数 1～10 的和。

本题参考代码及运行结果如图 5.6 所示：

```
1  #include <stdio.h>
2  int main()
3  {
4      int s=0,i=1;
5      do
6      {
7          s+=i;
8          i++;
9      }while(i<=10);
10     printf("%d",s);
11     return 0;
12 }
13
```

55

图 5.6 do...while 结构实现自然数 1～10 累加

代码说明：

1 到 10 求和过程中的循环变量 i 初始值为 1，在求和过程中，循环变量 i 的范围依然是 1 到 11。使用 while 和 do...while 循环形式，并无本质区别。只不过 while 是先测试控制表达式的值再执行循环体，而 do...while 是先执行循环体再测试控制表达式的值。如果控制表达式的值一开始为真，两者等价；如果控制表达式的值在第一次循环体执行前为假，while 的循环体一次都不执行，而 do...while 的循环体至少会执行一次。还有一点特别需要注意：do...while 形式在 while（控制表达式）后面一定要加分号，否则编译器将无法判断这个 while 是一个 do...while 循环的结尾，还是另一个 while 循环的开头。

例 5.5 求取两个正整数的最大公约数和最小公倍数。

本题参考代码及运行结果如图 5.7 所示。

程序说明：

最大公约数的求解算法较多，最为常用的是辗转相除法。这种算法借助于第 7～11 行的循环体，重复迭代取余数，最后余数为 0 时，j 的值就为最大公约数。至于最小公倍数，可以如第 12 行中的输出列表，将两个数相乘，除以最大公约数得到。

```
1  #include <stdio.h>
2  int main()
3  {
4      int a=28,b=35;
5      int i=a,j=b,k=i%j;
6      do
7      {
8          i=j;
9          j=k;
10         k=i%j;
11     }while(k);
12     printf("gcd:%d,lcm:%d",j,a*b/j);
13     return 0;
14 }
```

C:\Program Files (x86)\Dev-Cpp\Cor

gcd:7,lcm:140

图 5.7 最大公约数与最小公倍数

5.3.2 while 与 do...while 的区别

while 和 do...while 语句都是循环语句，功能都差不多，唯一的区别在于检验条件的时间上。while 语句在进入循环体之前要先判断条件是否成立，如果成立的话则进入循环体。而 do...while 语句则相反，是先执行循环体，然后再判断条件是否成立，如果成立的话则执行循环体，如果不成立则跳出循环，对于 do...while 语句，不管条件是否成立都要先执行一遍。do...while 不可以通过 break 在循环过程中跳出，while 可以通过 break 在循环过程中跳出。do...while 至少会执行一次循环体，while 可能会出现一次都不执行循环体的情况。do...while 优先执行循环体，再判断执行条件是否符合要求，while 优先判断执行条件是否符合要求，再执行循环体。

5.4　for 语句

C 语言提供的第三种循环控制结构是 for 语句，while 和 do...while 语句的条件都是边界条件，一般适用于循环次数不确定的情况。如果循环次数是确定的，选择使用 for 循环会更加清晰，当然对于循环次数不确定的问题，使用 for 语句一样可以解决。

5.4.1　for 语句语法结构

for 语句语法格式为：

```
for(控制表达式 1;控制表达式 2;控制表达式 3)
{
    语句块
}
```

for 语句的流程图如图 5.8 所示：

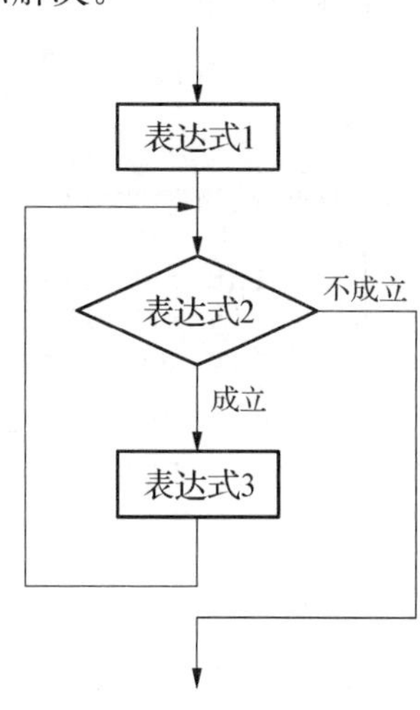

图 5.8　for 语句流程图

for 语句执行过程：先计算“表达式 1”，这相当于是进行初始化；接着判断“表达式 2”，若为假则退出循环，否则执行循环体；循环体结束后再计算“表达式 3”；然后再判断“表达式 2”的结果，若为假，则退出循环，否则执行循环体；计算“表达式 3”，判断表达式 2 的结果…，以此类推。

如果不考虑语句块中包含 continue 语句的情况，for 循环等价于下列的 while 循环：

```
控制表达式 1;
while(控制表达式 2)
{
    语句
    控制表达式 3;
}
```

从这种等价形式看，控制表达式 1 和 3 都可以为空，但控制表达式 2 是必不可少的。例如，`for(;1;){...}`等价于 `while(1){...}`，是一个死循环。

C 语言规定，如果控制表达式 2 为空，则当作控制表达式 2 的值为真，因此，死循环也可以写成 `for(;;){...}`的形式。

例 5.6　用 for 语句实现自然数 1～10 的和。

本题参考代码及运行结果如图 5.9 所示：

```
1  #include <stdio.h>
2  int main()
3  {
4      int i,s=0;
5      for(i=1;i<11;i++)
6      {
7          s+=i;
8      }
9      printf("%d\n",s);
10     for(int j=1,s=0;j<11;j++)
11     {
12         s+=j;
13     }
14     printf("%d",s);
15     return 0;
16 }
```

```
C:\Program Files
55
55
```

图 5.9　for 结构实现自然数 1～10 累加

程序说明：

本题代码中提供了两段求和的代码，第 4～8 行与第 10～13 行功能是一样的。其中虽然支持第 10 行中变量 j 的定义方式，但 j 仅作为 for 循环语句块域中的局部变量来使用，而不是整个函数的局部变量，因此在循环结束后就不能再使用 j 变量。考虑到兼容性，为保证代码的可移植性，不建议使用这种写法，还是将 j 的定义放在函数开始的地方。

例 5.7 药房的管理员希望使用计算机来帮助他管理药品库存。假设对于任意一种药品，每天开始工作时的库存总量已知，并且一天之内不会通过进货的方式增加。每天会有很多病人前来取药，每个病人希望取走不同数量的药品。如果病人需要的数量超过了当时的库存量，药房会拒绝该病人的请求。请编写程序让帮管理员知道每天会有多少病人没有取上药。

本题参考代码及运行结果如图 5.10 所示：

```
1  #include <stdio.h>
2  int main()
3  {
4      int total,n,i,num,count=0;
5      scanf("%d%d",&total,&n);
6      for(i=1;i<=n;i++)
7      {
8          scanf("%d",&num);
9          if(num<=total)
10         {
11             total=total-num;
12         }
13         else
14         {
15             count++;
16         }
17     }
18     printf("%d",count);
19     return 0;
20 }
```

```
C:\Program Files
30
6
10 5 20 6 7 8
2
```

图 5.10 for 结构实现药房管理

代码说明：

本题代码中第 5 行，通过键盘读入药品库存总数量及看病人数，然后对每一位病人依次处理，循环次数是确定的，可以通过第 6～17 行的 for 语句来实现。第 8 行读入第 i 位病人需要的药品数量，然后在第 9～16 行通过嵌套一个 if...else 语句来处理药品数量可以满足及不能满足的情况。

5.4.2 三种循环语句比较

while、do...while、for 循环可以用来处理同一问题，一般情况下它们可以互相代替。while 和 do...while 循环，是在 while 后面指定循环条件的，在循环体中应包含使循环趋于结束的语句。for 循环可以在表达式 3 中包含使循环趋于结束的操作，甚至可以将循环体中的操作全部放到表达式 3 中。因此 for 语句的功能更强，凡用 while 循环能完成的，用 for 循环都能实现。用 while 和 do...while 循环时，循环变量初始化的操作应在 while 和 do...while 语句之前完成。而 for 语句可以在表达式 1 中就实现循环变量的初始化。

5.5 break 和 continue 语句

要想跳出循环结构的循环体，可以通过两种方式。第一种是让循环条件得不到满足退出循环，第二种是可以在循环体中设置一个条件，当满足该条件时强行终止循环，这可以通过 break 语句、continue 语句来实现。

上一章介绍 switch 语句时，曾经使用过 break 语句，它的功能是跳出 switch 结构。break 语句也可以应用于循环体中，用来跳出当前循环。continue 语句和 break 语句不同，continue 语句功能是终止当前的这一次循环，然后回到循环体的开头准备再次执行循环体。

例 5.8 阅读图 5.11 的代码，体会 break 与 continue 的区别。

程序说明：

第 6～10 行变量 i 对应的 for 循环，与第 12～16 行变量 j 对应的 for 循环唯一的区别，在于当 if 分支条件满足时执行的方法不同，前者当条件满足时结束循环，后者只是结束当前这一次循环，重新开始下一次循环。使用 break 终止循环，求和累加的过程仅完成了 1＋2＋3＋4，结果输出 10。而循环变量为 j 的循环使用 continue 终止当前循环，其求和累加过程完成的则是 1＋2＋3＋4＋6＋7＋8＋9＋10，结果输出 50。合理有效地使用 break 或 continue，往往可以起到优化代码，减少循环次数的目的。

```
1  #include <stdio.h>
2  int main()
3  {
4      int i,s1=0;
5      int j,s2=0;
6      for(i=1;i<11;i++)
7      {
8          if(i==5) break;
9          s1+=i;
10     }
11     printf("sum=%d\n",s1);
12     for(j=1;j<11;j++)
13     {
14         if(j==5) continue;
15         s2+=j;
16     }
17     printf("sum=%d\n",s2);
18     return 0;
19 }
```

```
sum=10
sum=50
```

图 5.11 break 与 continue 在循环中的区别

例 5.9 判断一个正整数是否为素数。

本题参考代码及运行结果如图 5.12 所示：

```
1  #include <stdio.h>
2  int main()
3  {
4      int i,flag=0,num=9999;
5      for(i=2;i<num;i++)
6          if(num%i==0) flag=1;
7      if(flag) printf("%d is not primer!\n",num);
8      else printf("%d is primer!\n",num);
9      return 0;
10 }
```

```
C:\Program Files (x86)\Dev-Cpp\ConsolePauser.exe
9999 is not primer!
```

图 5.12 无 break 优化循环示例

代码说明：

素数是指除了 1 和这个数本身之外没有其他因子的正整数，本题算法思想是用 num 依次除以 2,3,…,num－1，在能够整除的情况下，进行标记，区别不能整除的情况，即第 5～6 行代码所示。认真分析素数的定义，发现当 i 被整除后，没有必要继续整除 i＋1，i＋2，…，n－1，从而减少循环体执行次数，提升效率，所以本题代码可以优化为如下所示：

```
#include < stdio.h >
int main()
{
    int i,flag = 0,num = 9999;
    for(i = 2;i < num;i ++ )
        if(num % i == 0) break;
    if(i < num) printf(" % d is not primer! \n",num);
    else printf(" % d is primer! \n",num);
```

```
    return 0;
}
```

实验数据表明，未使用 break 的循环耗时比使用 break 终止的循环多。未使用 break 时，循环变量 i 的值从 2 到 n－1 依次检查有没有能被 n 整除的数；而使用 break 语句的循环一旦发现能整除立刻跳出循环，中途跳出循环，其循环变量 i 的值一定小于 num；反之，i 的值一定等于 n。通过灵活使用 break，达到了减少不必要循环的目的。读者可以进一步思考两个问题：一是分析临界值 2 是否也能够正确判断；二是 for 的循环上界是否可以修改为 sqrt(num)。

5.6 循环嵌套

在 C 语言中，if...else、while、do...while、for 都可以相互嵌套。所谓嵌套，就是一条语句里面还有另一条语句，例如 for 里面还有 for，while 里面还有 while，或者 for 里面有 while，while 里面有 if...else，这都是允许的，本节主要介绍循环结构的嵌套。

例 5.10 阅读图 5.13 所示代码及运行结果，分析 for 嵌套执行的流程。

```
1  #include <stdio.h>
2  int main()
3  {
4      int i, j;
5      for(i=1;i<=4;i++)
6      {
7          for(j=1;j<=4;j++)
8          {
9              printf("i=%d,j=%d\n",i,j);
10         }
11         printf("\n");
12     }
13     return 0;
14 }
```

```
i=1,j=1
i=1,j=2
i=1,j=3
i=1,j=4

i=2,j=1
i=2,j=2
i=2,j=3
i=2,j=4

i=3,j=1
i=3,j=2
i=3,j=3
i=3,j=4

i=4,j=1
i=4,j=2
i=4,j=3
i=4,j=4
```

图 5.13 for 循环嵌套

代码分析：

本例是一个简单的 for 循环嵌套，第 5 行外层循环用变量 i 来控制执行 4 次，外循环每执行一次，第 7～10 行的内循环就要执行 4 次，即由变量 j 来控制，j 值分别取 1、2、3、4。在 C 语言中，代码是顺序、同步执行的，当前代码必须执行完毕后才能执行后面的代码。这就意味着，外层 for 每次循环时，都必须等待内层 for 循环完毕（也就是循环 4 次）才能进行下次循环。虽然 i 是变量，但是对于内层 for 来说，每次循环时它的值都是固定的。

例 5.11　阅读图 5.14 所示代码,分析运行结果。

代码分析:

第 5 行外层 for 第一次循环时,i 为 1,第 7～10 行内层 for 要输出四次 1*j 的值,也就是第一行数据;内层 for 循环结束后执行 printf("\n"),输出换行符;接着执行外层 for 的 i++ 语句。此时外层 for 的第一次循环才算结束。外层 for 第二次循环时,i 为 2,内层 for 要输出四次2*j 的值,也就是第二行的数据;接下来执行 printf("\n") 和 i++,外层 for 的第二次循环才算结束,外层 for 第三次、第四次循环以此类推。从运行结果可以看到,内层 for 每循环一次输出一个数据,而外层 for 每循环一次输出一行数据。

```
1  #include <stdio.h>
2  int main()
3  {
4      int i, j;
5      for(i=1;i<=4;i++)
6      {
7          for(j=1;j<=4;j++)
8          {
9              printf("%-4d",i*j);
10         }
11         printf("\n");
12     }
13     return 0;
14 }
```

```
C:\Program Files
1   2   3   4
2   4   6   8
3   6   9   12
4   8   12  16
```

图 5.14　例题代码及运行结果

例 5.12　编写程序,输出下图 5.15 所示的口诀表。

```
1*1=1
2*1=2   2*2=4
3*1=3   3*2=6   3*3=9
4*1=4   4*2=8   4*3=12  4*4=16
5*1=5   5*2=10  5*3=15  5*4=20  5*5=25
6*1=6   6*2=12  6*3=18  6*4=24  6*5=30  6*6=36
7*1=7   7*2=14  7*3=21  7*4=28  7*5=35  7*6=42  7*7=49
8*1=8   8*2=16  8*3=24  8*4=32  8*5=40  8*6=48  8*7=56  8*8=64
9*1=9   9*2=18  9*3=27  9*4=36  9*5=45  9*6=54  9*7=63  9*8=72  9*9=81
```

图 5.15　乘法口诀表

本题代码如图 5.16 所示:

```
1  #include <stdio.h>
2  int main()
3  {
4      int i,j;
5      for(i=1;i<=9;i++)
6      {
7          for(j=1;j<=i;j++)
8          {
9              printf("%d*%d=%-2d  ",i,j,i*j);
10         }
11         printf("\n");
12     }
13     return 0;
14 }
```

图 5.16　乘法口诀表代码

代码分析：

和上一题一样，第 7～10 行的内层 for 每循环一次输出一条数据，第 5 行的外层 for 每循环一次输出一行数据。需要注意的是，内层 for 的结束条件是 j <= i。外层 for 每循环一次，i 的值就会变化，所以每次开始内层 for 循环时，结束条件是不一样的。具体如下：

当 i=1 时，内层 for 的结束条件为 j <= 1，只能循环一次，输出第一行。

当 i=2 时，内层 for 的结束条件是 j <= 2，循环两次，输出第二行。

当 i=3 时，内层 for 的结束条件是 j <= 3，循环三次，输出第三行。

当 i=4、5、6…时，以此类推。

上例中问题解决的思想是将所有可能出现的情况均使用循环结构列举出来，通过设置一定条件实现筛选，得到满足要求的结果，算法设计为这种思想起了个名字叫“穷举法”。

例 5.13 查找 1～100 范围内的所有素数，并按每行 10 个元素的方式对齐打印输出。

本题代码及运行结果如图 5.17 所示：

```
1  #include <stdio.h>
2  int main()
3  {
4      int i,j,count=0;
5      for(i=2;i<100;i++)
6      {
7          for(j=2;j<i;j++)
8              if(i%j==0) break;
9          if(j==i)
10         {
11             printf("%3d",i);
12             count++;
13         }
14         if(count%10==0)
15             printf("\n");
16     }
17     return 0;
18 }
```

```
C:\Program Files (x86)\Dev-Cpp\Cons
  2  3  5  7 11 13 17 19 23 29
 31 37 41 43 47 53 59 61 67 71
 73 79 83 89 97
```

图 5.17 查找 1～100 范围内的所有素数

代码分析：

第 5 行外循环当 i 取 2 到 100 之间的每一个有效值时，都需要完成第 7～8 行的内循环语句，即 j 为 2 时，执行内循环体；j 为 3 时，执行内循环体；…，j 为 i—1 时，执行内循环体；j 为 i 时，不满足内循环体继续执行条件，退出内循环。在未完成这个过程前，不会进行第 9 行的 if 分支判断。在嵌套循环的情况下，break 只能跳出当前所在内循环。

循环嵌套造成内层语句执行的次数激增，因此，尽可能保证嵌套层次不要超过 3 层。如果存在，请根据业务逻辑进行优化。

例 5.14 百钱百鸡问题。

我国古代数学家张丘建在《算经》一书中提出的数学问题：鸡翁一值钱五，鸡母一值钱三，鸡雏三值钱一。百钱买百鸡，问鸡翁、鸡母、鸡雏各几何？转换成现在的语言为：公鸡五文一只，母鸡三文一只，小鸡一文三只，问 100 文钱买 100 只鸡，公鸡、母鸡、小鸡各多少只？

本题代码如图 5.18 所示：

```
 1  #include <stdio.h>
 2  int main()
 3  {
 4      int cock,hen,chicken;
 5      for(cock=0;cock<100;cock++)
 6          for(hen=0;hen<100;hen++)
 7              for(chicken=0;chicken<100;chicken++)
 8                  if((cock+hen+chicken==100)&&
 9                  (15*cock+9*hen+chicken==300))
10                      printf("cock:%2d,hen:%2d,chicken:%2d\n",
11                      cock,hen,chicken);
12      printf("---------------------\n");
13      for(cock=0;cock<100;cock++)
14          for(hen=0;hen<100;hen++)
15              if(14*cock+8*hen==200)
16                  printf("cock:%2d,hen:%2d,chicken:%2d\n",
17                  cock,hen,100-cock-hen);
18      printf("---------------------\n");
19      for(cock=0;cock<20;cock++)
20          for(hen=0;hen<33;hen++)
21              if(14*cock+8*hen==200)
22                  printf("cock:%2d,hen:%2d,chicken:%2d\n",
23                  cock,hen,100-cock-hen);
24      return 0;
25  }
```

图 5.18 百钱百鸡问题

代码分析：

根据题意，可列出两个三元一次方程。从解方程的角度来说，该方程组无解。可是，题设中隐藏一个重要的假设，即公鸡、母鸡、小鸡的数量均为整数，这就为使用穷举法编程实现提供了基础。因其问题规模有限(100 以内)，根据方程组：

$$cock + hen + chicken = 100$$

$$5 * cock + 3 * hen + chicken/3 = 100$$

可直接给出三层循环嵌套实现条件一，即第 5～10 行代码实现。第 9 行中，没有将第二个条件写成 $5 * cock + 3 * hen + chicken/3 == 100$，主要考虑是 chicken 的数量不是 3 的整数倍这类情况。另外，程序采用三层嵌套循环，最内层的循环体——分支语句，大约需要执行 1 000 000 次，才能将所有结果罗列出来。出于优化考虑，将两个方程合并整理，省略小鸡穷举的循环，即可给出第 13～17 行代码实现。第 15 行 if 分支执行 $14 * cock + 8 * hen == 200$ 是由 $15 * cock + 9 * hen + 100 - cock - hen == 300$ 整理得到的。由于减少了循环嵌套的层次，其执行次数从原 1 000 000 降低到 10 000 次，效率提升接近 100 倍。是否能够挖掘新的业务逻辑约束，持续优化循环呢？公鸡、母鸡分别单独存在时，其公鸡、母鸡上限最多不会超过 20，33，可以根据这个约束，进一步优化代码如第 19～23 行。

现在，作为两重嵌套循环的内循环体的 if 分支次数进一步降低到 600 多次，执行时间也降低了近 1 倍。

通过这个例题，可以得到两方面的启示：一是同样的问题规模，同样的算法，合理控制循环层数和边界条件，对效率的影响是巨大的；二是优秀的代码是不断深入业务逻辑，不断迭代优化得到的。

5.7 综合实例

本章介绍了C语言程序设计中的三种循环语句，即while语句、do...while语句和for语句。下面我们通过几个综合实例再巩固下循环结构语句的使用。

问题描述：中国有句俗语叫“三天打鱼两天晒网”。某人从2000年1月1日起开始“三天打鱼两天晒网”，请编写程序实现多次输入某个日期(年/月/日)，判断这个人在这天是“打鱼”还是“晒网”。

问题分析：

根据题意可以将解题过程分为三步：

(1) 计算从2000年1月1日开始至指定日期共有多少天；

(2) 由于“打鱼”和“晒网”的周期为5天，所以将计算出的天数用5去除；

(3) 根据余数判断他是在“打鱼”还是在“晒网”。

若余数为1,2,3，则他是在“打鱼”，否则是在“晒网”。

在这三步中，关键是第一步。求从2010年1月1日至指定日期有多少天，以及判断经历年份中是否有闰年，闰年二月为29天，平年二月为28天。

该问题的流程图如下图5.19所示：

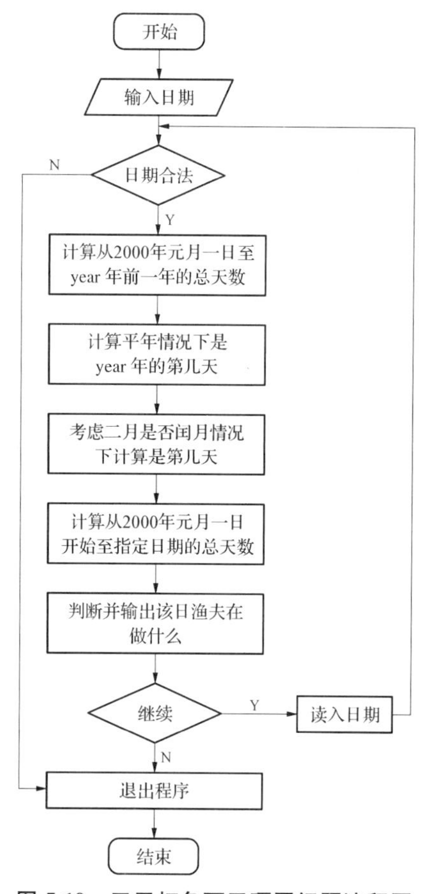

图5.19　三天打鱼两天晒网问题流程图

代码及运行结果如图 5.20 所示：

```
#include <stdio.h>
#include <stdlib.h>
int main()
{
    int year,month,day,flag,total1,total2,total,i;
    char choice;
    printf("Input year,month,day:");
    scanf("%d%d%d",&year,&month,&day);
    while(year>=2000)
    {
        total1=0,total2=0;
        for(i=2000;i<year;i++)
        {
            if(i%400==0||i%4==0&&i%100!=0)
                total1+=366;
            else total1+=365;
        }
        switch(month)
        {
            case 1:total2=day;break;
            case 2:total2=31+day;break;
            case 3:total2=31+28+day;break;
            case 4:total2=31+28+31+day;break;
            case 5:total2=31+28+31+30+day;break;
            case 6:total2=31+28+31+30+31+day;break;
            case 7:total2=31+28+31+30+31+30+day;break;
            case 8:total2=31+28+31+30+31+30+31+day;break;
            case 9:total2=31+28+31+30+31+30+31+31+day;break;
            case 10:total2=31+28+31+30+31+30+31+31+30+day;break;
            case 11:total2=31+28+31+30+31+30+31+31+30+31+day;break;
            case 12:total2=31+28+31+30+31+30+31+31+30+31+30+day;break;
            default:printf("Month error!\n");
        }
        if((year%400==0||year%4==0&&year%100!=0)&&month>2) total2+=1;
        total=total1+total2;
        switch(total%5)
        {
            case 0:case 1:case 2:printf("%d-%d-%d在打鱼",year,month,day);break;
            case 3:case 4:printf("%d-%d-%d在晒网",year,month,day);break;
        }
        printf("\n继续吗？(Y/N):");
        choice=getchar();
        getchar();
        if(choice=='N') break;
        else
        {
            system("cls");
            printf("Input year,month,day:");
            scanf("%d%d%d",&year,&month,&day);
        }
    }
    return 0;
}
```

```
C:\Program Files (x86)\Dev-Cpp\ConsolePauser.ex
Input year,month,day:2021 6 6
2021-6-6在晒网
继续吗？(Y/N):
```

图 5.20　三天打鱼两天晒网问题

代码分析：

代码第 8 行读入一个由年、月、日构成的日期，第 12～17 行计算从 2000 年元月一日到 year 年之前一年共有多少天。第 18～33 行，计算第 year 年中第 month 月之前有多少天。第 34～35 行计算 day 天是这一年的第多少天，同时考虑二月是否是闰月的情况。第 36～40 行，判断这一天渔夫在做什么。第 44～50 行用来实现循环读入日期。在第 47 行使用了一个函数 system("cls")，是定义在 stdlib.h 头文件中的一个函数，实现屏幕清屏功能。

5.8 项目实训

5.8.1 猜拳游戏

1. 实训目的

通过“猜拳游戏”程序设计，熟练掌握循环控制结构的书写规则，熟练使用“for”“while”语句的使用，掌握死循环的结束方法，掌握“rand()”“_getche()”系统函数的使用方法，复习“switch”语句的使用。

2. 实训内容

本次游戏实例内容主要是实现58个“=”的循环输出，让程序一直循环运行，随机产生数值赋值给电脑，当键盘按键松开后就将拳值输入到计算机中。

分析：

针对第四章游戏实例中58个“=”，可以用“for”循环语句来完成输出。

要想让程序一直循环运行，可以使用“while(1)”死循环语句来完成，通过“ctrl+break”按键结束死循环的运行。

可以通过“rand”函数随机产生[1～3]范围内的值给“电脑”赋拳值，头文件为< stdlib.h >；为了每次运行产生不同的结果，可以使用“srand((unsigned)time(NULL))”，头文件为< time.h >。

可以使用“_getche()”系统函数完成输入一个字符后，立即将该字符的ASCII值输入到计算机中，无须按回车才能输入，头文件为< conio.h >。在本程序中输入的“1”“2”“3”其实是字符，所以要用其ASCII值减去48(48为“0”字符的ASCII值)才能得到相应数值1或2或3，然后再赋值给用户拳值变量“playerVal”。

3. 实训准备

硬件：PC机一台

软件：Windows系统、VS2012开发环境

将第四章“游戏实例4”文件夹复制一份，并将复制后的文件夹重命名为“游戏实例5”。进入“游戏实例5”找到“finger-guessing”文件双击，打开项目文件。

4. 实训代码

依据实例内容分析，在“finger-guessing.c”源文件中修改相关代码。具体代码如下：

```
/*
猜拳游戏判断胜负
*/
#include<stdio.h>
#include<stdlib.h>
#include<conio.h>
#include<time.h>
//-----------------宏定义---------------------------------
```

```
#define NUM 10
#define NUM2 4
//---------------------------------------------------------
int main()
{
int computerVal,playerVal;
int i,result;
//------------------玩家信息--------------------------------
printf("%*s玩家信息\n",24,"");
printf(" ");
for(i=0;i<58;i++) //重复58"="
    printf("=");
printf("\n");
printf("|%*s姓 名:匿  名%*s|\n",5,"",40,"");
printf(" ");
for(i=0;i<58;i++) //重复58"="
    printf("=");
printf("\n");
//---------------------------------------------------------
//------------------初始界面--------------------------------
//"猜"字前有24空格,每个汉字间隔1空格
printf("%*s猜 拳 游 戏\n",24,"");
printf(" ");
for(i=0;i<58;i++) //重复58"="
    printf("=");
printf("\n");
//每组有10个"-",有4组,每个汉字间隔2空格
printf("|%*s拳值:0、退出 1、石头 2、剪刀 3、布%*s|\n",NUM+2,"",NUM+2,"");
printf(" ");
for(i=0;i<58;i++)
    printf("=");
printf("\n");

printf("|----------用  户----------电  脑----------结  果----------|\n");
srand((unsigned)time(NULL));
//---------------------------------------------------------
while(1)
{
//------------------输入拳值--------------------------------
//电脑出拳
    computerVal = (int)(rand()%(3.1+1)+1);
    printf("|请出拳:");
    playerVal = _getche()-48;
```

```
//--------------------------------------------------------
//-----------------显示出的拳------------------------------
    switch(playerVal)
    {
    case 1 :
        //"石"前有2个空格,"石头"中间2个空格,"V"前有4个空格,"S"后有4个空格
        printf("  石  头%*sVS%*s",NUM2,"",NUM2,"");
        break;
    case 2 :
        // "剪"前有2个空格,"剪刀"中间2个空格,"V"前有4个空格,"S"后有4个空格
        printf("  剪  刀%*sVS%*s",NUM2,"",NUM2,"");
        break;
    case 3 :
        //"布"前有2个空格,"V"前有6个空格,"S"后有4个空格
        printf("    布%*sVS%*s",NUM2+2,"",NUM2,"");
    }
    switch(computerVal)
    {
    case 1 :
        //"石头"中间有2个空格,后有10个空格
        printf("石  头%*s",NUM,"");
        break;
    case 2 :
        //"剪刀"中间有2个空格,后有10个空格
        printf("剪  刀%*s",NUM,"");
        break;
    case 3 :
        //"布"前有2个空格,"布"后有12个空格
        printf("  布%*s",NUM+2,"");
    }
//--------------------------------------------------------
//-----------------判断并显示结果--------------------------
    result = ( computerVal - playerVal + 4) % 3 -1;
    //玩家获胜
    if (result > 0)
    {
        //"玩家胜"后有10个空格
        printf("玩家胜%*s|\n",NUM,"");
    }
    else if((result==0))
    {
        //"平局",中间有2个空格,后有10个空格
        printf("平  局%*s|\n",NUM,"");
```

```
        }
        else
        {
            //"电脑胜"后有10个空格
            printf("电脑胜%*s|\n",NUM,"");
        }
    //------------------------------------------------------
    }
    getchar();
    return 0;
    }
```

5. 实训结果

按键盘上"F5"执行上述代码，在"请出拳："后输入1～3随便的一个数字，在同一行上将立即显示对应的拳和结果，得到运行结果如下图5.21所示：

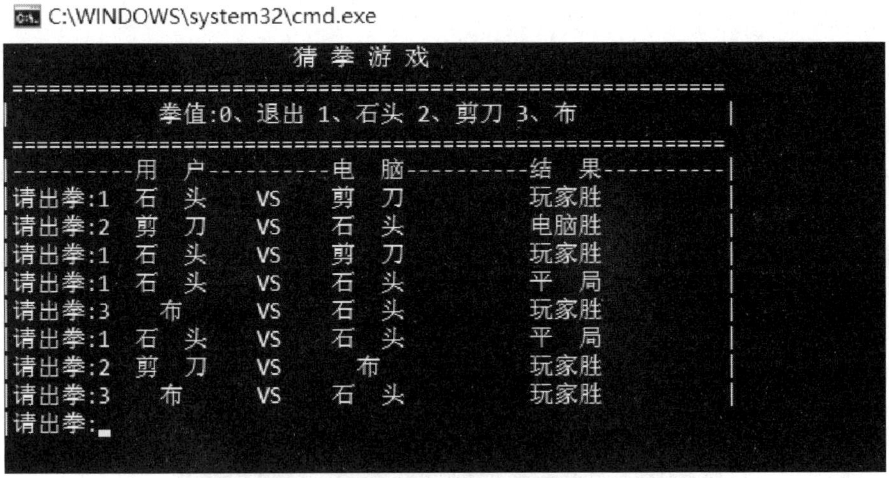

```
C:\WINDOWS\system32\cmd.exe
                         猜 拳 游 戏
==========================================================
|              拳值:0、退出 1、石头 2、剪刀 3、布          |
==========================================================
|----------用  户----------电  脑----------结  果----------|
|请出拳:1  石  头    VS    剪  刀          玩家胜          |
|请出拳:2  剪  刀    VS    石  头          电脑胜          |
|请出拳:1  石  头    VS    剪  刀          玩家胜          |
|请出拳:1  石  头    VS    石  头          平  局          |
|请出拳:3    布      VS    石  头          玩家胜          |
|请出拳:1  石  头    VS    石  头          平  局          |
|请出拳:2  剪  刀    VS      布            玩家胜          |
|请出拳:3    布      VS    石  头          玩家胜          |
|请出拳:_
```

图5.21　实训结果显示

6. 实训总结

对于初学C语言的同学来说，循环结构是最基本的控制结构，必须要非常熟悉"for""while"语句的语法规则，写出合理的判断表达式，这些唯有通过多写代码，方能熟能生巧。同时可以通过查找函数手册或百度，学习C语言系统函数的使用，让编程的效率事半功倍。

7. 改进目标

在本次游戏实例中，程序中有两次使用"for"循环语句输出了58个"="，代码功能一样，却要写两遍，有点烦琐，也不便于程序的阅读，那么有没有办法使相同的代码只写一次，却可以多处使用，从而起到简化代码的作用？

在给玩家输入拳值时，合理的拳值应为1、2、3，那么如何将用户输入的不合理拳值给排除掉呢？

"while(1)"死循环在本程序中是通过"ctrl＋break"来结束的，非常不友好，那么如何通过输入“0”让程序正常结束?

读者可以带着问题进入后续C语言的学习,相信大家一定能找到解决的办法。

5.8.2 飞机打靶游戏

1. 在飞机打靶游戏中,开始或保存游戏时需要添加虚拟进度条,试编写一个程序,使得在打印字符串“Saving Records”后面打印动态的进度条(即连续的10个字符“#”),要求每个“#”之间间隔0.1秒。

参考代码如下:

```
#include <stdio.h>
#include <windows.h>
int main()
{
    int i;
    printf("Saveing Records");
    for(i=0;i<10;i++)
    {
      Sleep(100);
      printf("#");
    }
    return 0;
}
```

2. 在游戏中需要对游戏画面进行输出,试编写一个程序,使得程序效果如图5.22所示(请使用循环语句)。

图5.22 游戏画面输出

参考代码如下：

```
#include <stdio.h>
int main()
{
    int i,j,score = 23,ammo = 36;
    float accu;
    for(i = 0;i < 25;i++)
    {
        for(j = 0;j < 50;j++)
        {
            putchar(' ');
        }
        printf("|\n");
    }
    for(j = 0;j <= 50;j++)
        putchar('-');
    if(ammo < 100)
        accu = (score * 1.0) /(100 - ammo);
    printf("\n 得分:%03d | 剩余弹药:%03d | 命中率:%3.1f%% ",score,ammo,accu * 100);
    return 0;
}
```

5.9 习 题

1. 关于"while(条件表达式) 循环体",以下叙述正确的是(　　)。
A. 循环体的执行次数总是比条件表达式的执行次数多一次
B. 条件表达式的执行次数与循环体的执行次数一样
C. 条件表达式的执行次数总是比循环体的执行次数多一次
D. 条件表达式的执行次数与循环体的执行次数无关

2. 关于"do 循环体 while (条件表达式); ",以下叙述中正确的是(　　)。
A. 循环体的执行次数总是比条件表达式的执行次数多一次
B. 条件表达式的执行次数总是比循环体的执行次数多一次
C. 条件表达式的执行次数与循环体的执行次数无关
D. 条件表达式的执行次数与循环体的执行次数一样

3. 以下叙述中正确的是(　　)。
A. 对于"for(表达式 1;表达式 2;表达式 3)循环体",首先要计算表达式 2 的值,以便决定是否开始循环
B. 对于"for(表达式 1:表达式 2;表达式 3)循环体",只在个别情况下才能转换成 while 语句
C. 只要适当地修改代码,就可以将 do...while 与 while 相互转换
D. 如果根据算法需要使用无限循环(即通常所称的"死循环"),则只能使用 while 语句

4. 在以下给出的表达式中，与 while(E)中的(E)不等价的表达式是(　　)。

A. `(E>0||E<0)`　　B. `(!E==0)`　　C. `(E!=0)`　　D. `(E==0)`

5. 由以下 while 构成的循环，循环体执行的次数是(　　)。

```
int k=0; while(k=1)k++;
```

A. 一次也不执行　　B. 执行一次

C. 无限次　　D. 有语法错，不能执行

6. 要求通过 while 循环不断读入字符，当读入字母 N 时结束循环。若变量已正确定义，以下正确的程序段是(　　)。

A. `while(ch=getchar()=='N') printf("%c",ch);`

B. `while(ch=getchar()=="N") printf("%c",ch);`

C. `while((ch=getchar())!="N") printf("%c",ch);`

D. `while((ch=getchar())!='N') printf("%c",ch);`

7. 有以下程序

```
#include <stdio.h>
int main()
{
    int a=7;
    while(a--);
    printf("%d\n",a);
    return 0;
}
```

程序运行后的输出结果是(　　)。

A. −1　　B. 0　　C. 1　　D. 7

8. 以下不构成无限循环的语句或语句组是(　　)。

A. `n=0;do{++n;} while(n<=0);`　　B. `n=0;while(1){n++;}`

C. `n=10;while(n);{n--;}`　　D. `for(n=0,i=1;;i++) n+=i;`

9. 有以下程序

```
#include <stdio.h>
int main()
{
    int i=5;
    do
    {
        if(i%3==1)
        if(i%5==2)
        {
            printf("*%d",i);  break;
        }
        i++;
    } while(i!=0);
    printf("\n");
```

```
    return 0;
}
```

程序的运行结果是(　　)。

A. *3*5　　B. *5　　C. *7　　D. *2*6

10. 若i和k都是int类型变量,有以下for语句

```
for(i=0,k=-1; k=1; k++) printf("*****\n");
```

下面关于语句执行情况的叙述中正确的是(　　)。

A. 循环体执行两次　　B. 循环体执行一次

C. 循环体一次也不能执行　　D. 构成无限循环

11. 有以下程序

```
#include <stdio.h>
int main()
{
    char b,c;int i;
    b='a';c='A';
    for(i=0;i<6;i++)
    {
        if(i%2) putchar(i+b);
        else putchar(i+c);
    }
    printf("\n");
    return 0;
}
```

程序运行后的输出结果是(　　)。

A. ABCDEF　　B. aBeDeF　　C. abedef　　D. AbCdEf

12. 有以下程序段

```
#include <stdio.h>
#include <stdlib.h>
int main()
{
    int i,n;
    for(i=0;i<8;i++)
    {
        n=rand()%5;
        switch(n)
        {
            case 1:
            case 3:printf("%d\n",n);break;
            case 2:
            case 4:printf("%d\n",n);continue;
            case 0:exit(0);
        }
```

```
            printf("%d\n",n);
        }
        return 0;
}
```

以下关于程序段执行情况的叙述,正确的是(　　)。

A. 当产生的随机数 n 为 4 时结束循环操作

B. 当产生的随机数 n 为 1 和 2 时不做任何操作

C. 当产生的随机数 n 为 0 时结束程序运行

D. for 循环语句固定执行 8 次

13. 以下程序段中的变量已正确定义,程序段的输出结果是(　　)。

```
for(i=0;i<4;i++,i++)
    for(k=1;k<3;k++);
printf("*");
```

A. ********　　B. ****　　C. **　　D. *

14. 有以下程序

```
#include<stdio.h>
int main()
{
    int x=8;
    for(;x>0;x--)
    {
        if(x%3){printf("%d,",x--);continue;
    }
    printf("%d,",--x);
    }
    return 0;
}
```

程序运行后的输出结果是(　　)。

A. 8,7,5,2,　　B. 9,7,6,4,

C. 7,4,2,　　D. 8,5,4,2,

15. 有以下程序

```
#include<stdio.h>
int main()
{
    int i,j;
    for(i=3; i>=1;i--)
    {
        for(j=1;j<=2;j++) printf("%d", i+j);
        printf("\n");
    }
    return 0;
}
```

程序运行后的输出结果是(　　)。

A. 4 3
　2 5
　4 3　　B. 2 3
　3 4
　4 5　　C. 4 5
　3 4
　2 3　　D. 2 3
　3 4
　2 3

16. 程序填空。

请在程序的下划线处填入正确的内容并把下划线删除,使程序得出正确的结果。

注意:不得增行或删行,也不得更改程序的结构。

程序的功能是:计算下列表达式的前 n 项之和。当 $x=2.5, n=15$ 时,公式的值为 1.917 914。

$$f(x)=1+x-\frac{x^2}{2!}+\frac{x^3}{3!}-\frac{x^4}{4!}+\cdots+(-1)^{x-2}\frac{x^{n-1}}{(n-1)!}+(-1)^{n-1}\frac{x^n}{n!}$$

```
#include <stdio.h>
#include <math.h>
int main()
{
    double x, f, t;
    int i,n;
    printf("\nThe x,n is :\n");
    scanf("%lf%d",&x, &n);
    /********** found **********/
    f = ____①____;
    t = -1;
    for (i=1; i<n; i++)
    {
/********** found **********/
        t *= ( ____②____ ) * x/i;
/********** found **********/
        f += ____③____;
    }
    printf("\nThe result is :\n");
    printf("x= %-12.6f f= %-12.6f\n", x, f);
     return 0;
}
```

17. 程序改错。

请改正程序中的错误,使它能得出正确结果。

注意:不得增行或删行,也不得更改程序的结构。

(1) 程序的功能是:从低位开始取出长整型变量 s 中偶数位上的数,依次构成一个新数放在 t 中。高位仍在高位,低位仍在低位。

例如,当 s 中的数为 7 654 321 时,t 中的数为 642。

```
#include <stdio.h>
int main()
```

```
{
    long s, t;
    long sl = 10;
    printf("\nPlease enter s:");
    scanf(" %ld", &s);
    s /= 10;
    t = s % 10;
    /************ found ************/
    while (s < 0)
    {
        s = s /100;
        t = s % 10 * sl + t;
        sl = sl * 10;
    }
    printf("The result is: %ld\n", t);
    return 0;
}
```

(2) 给定程序的功能是:根据输入的 n 值,计算如下公式的值。

$$A_1=1,A_2=\frac{1}{1+A_1},A_3=\frac{1}{1+A_2},\cdots,A_n=\frac{1}{1+A_{n-1}}$$

例如,若 n=10,则应输出 0.617 977。请改正程序中的语法错误,使它能得出正确的结果。

```
#include <stdio.h>
int main()
{
    int n ;
    float A = 1; int i;
    printf("\nPlease enter n: ");
    scanf(" %d", &n);
    /************ found ************/
    for (i = 2; i < n; i++ )
        A = 1 /(1 + A、;
    printf("A %d = %f\n", n, fun(n));
    return 0;
}
```

18. 程序设计

(1) 输入一行字符,分别统计出其中英文字母、数字和其他字符的个数,以回车键作为结束标志。

(2)爱因斯坦阶梯问题的描述是,设有一阶梯,若每步跨 2 阶,最后余 1 阶;若每步跨 3 阶,最后余 2 阶;若每步跨 5 阶,最后余 4 阶;若每步跨 6 阶,最后余 5 阶;若每步跨 7 阶,正好到阶梯顶。问该阶梯共有多少阶。

(3) 请编写程序,它的功能是:根据以下公式求 π 的值(要求满足精度 0.000 5,即某项小于 0.000 5 时停止迭代)：

$$\frac{\pi}{2}=1+\frac{1}{3}+\frac{1\times2}{3\times5}+\frac{1\times2\times3}{3\times5\times7}+\frac{1\times2\times3\times4}{3\times5\times7\times9}+\cdots+\frac{1\times2\times\cdots\times n}{3\times5\times\cdots\times(2n+1)}$$

程序运行后，如果输入精度 0.000 5，则程序输出为 3.140 578。

(4) 输出所有的水仙花数。所谓水仙花数就是指各位数字的立方和等于自身的三位数。设 a、b、c 分别表示一个三位数的百、十、个位，则满足条件 $a^3+b^3+c^3=100*a+10*b+c$ 的数就是水仙花数。

【微信扫码】
本章游戏实例 & 习题解答

第 6 章

函　　数

本章思维导图如下图所示：

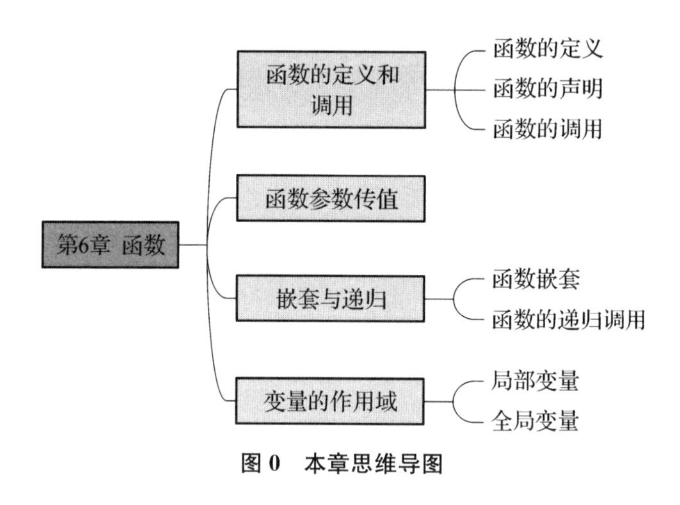

图 0　本章思维导图

C 程序是由函数组成的，使用函数不仅可以提高程序设计的效率，缩短程序，节省相同程序段的重复书写、输入和编辑，更重要的是体现模块化程序设计的思想。本章将讨论 C 语言中函数定义、说明和调用的概念，以及外部函数和内部函数、全局变量和局部变量、函数调用中数据传递过程、变量的存储类别和递归函数设计等相关内容。

6.1　函数的定义和调用

6.1.1　函数的定义

什么是函数？函数一般用来完成一定的功能，函数名即给对应功能起一个名字。

为什么要使用函数？假设一下，事先编好一批常用的函数来实现各种不同的功能，把它们保存在函数库中，需要用时直接调用，可以实现模块化程序设计。这样不仅大大减少重复编写代码的工作量，还可以提高程序的可读性。

一个函数由函数首和函数体两部分组成，函数首部是一个函数的代表，函数体则是函数功能的具体实现。定义一个函数，首先要确定函数首部。一个函数首部通常由三部分组成：函数名、函数参数及函数的返回值类型。函数名和变量一样，只能由字母、数字和下划线形成的字符串来表示，定义时最好让函数名有一定的含义，以便看到名字就可以知道这个函数的大致功能。函数的参数、函数的返回值类型，则需要根据具体情况进行选择。

1. 根据有无参数来划分

函数是一段可以重复使用的代码，用来独立完成某个功能，它可以接收用户传递的数据，也可以不接收。接收用户数据的函数在定义时要指明参数，不接收用户数据的不需要指明，参数必须在函数名后面的一对圆括号里进行声明，根据这一点可以将函数分为有参函数和无参函数。

(1) 无参函数

无参数函数的函数名后面的括号中是空的，在进行函数定义时不要告诉它任何信息。

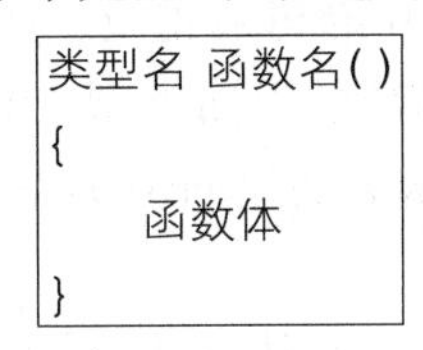

例如，定义一个最简单的函数 hello，输出“Hello，world!”，程序如下：

```
void hello()
{
    printf("Hello, world!");
}
```

这里，“hello”函数的括号里没有任何参数，是一个无参函数，当被其他函数调用时，该函数输出“Hello world”字符串。

(2) 有参函数

在定义一个函数时，如果必须要用到一些相关的量，则必须定义为有参函数，至于参数的个数、类型，具体情况具体对待。例如，如果想利用公式 $s=ah/2$ 来求一个三角形的面积，则底边长 a 和高 h 就需要定义为参数，如果利用公式 $s=\sqrt{s(s-a)(s-b)(s-c)}$ 来写一个求三角形面积的函数，则三角形的三条边 a、b、c 就必须作为函数的参数，而面积 s 一般不需要作为参数，因为面积可以用 a、b、c 来表示。

函数用来表示实现某种特定的功能是通用的，在定义函数时用到的信息并没有具体的值，它只是代表一定的含义。定义一个函数时必须用到的这些参数，称为形式参数。形参可以看作是一个占位符，它没有数据，只有等到函数被调用时才可接收传递进来的数据。比如上面的三角形的三条边，可以用 a、b、c 来表示，也可以用 x、y、z 来表示，形参与用什么名字没有什么关系。

```
类型名 函数名(形式参数列表)
{
        函数体
}
```

例如，定义一个函数，用于求两个数中的最大数，程序如下：

```
int max(int a,int b)
{
    if(a > b) return a;
    else return b;
}
```

代码中第一行为函数首部，max是函数名，函数有两个整型形参a和b，一对大括号括起来的部分为函数体，通过选择结构if实现形参变量a与b的比较，将两者之间较大的数通过return语句返回给主调函数。

2. 根据有无返回值来划分

函数的返回值是指函数被调用之后，执行函数体中的代码所得到的结果。函数其实就是一个功能模块的抽象，定义好后可以被其他函数直接或间接调用。当调用这个函数时，根据需不需要函数返回一个结果，可以把函数分为有返回值函数、无返回值函数。希望返回什么样的结果，可以在函数体中用return语句来实现。如果这个函数有return语句，则return语句返回的表达式的值的类型就是函数的返回类型，当然如果不需要函数返回值，就可以将函数的类型定义为void类型。一旦函数的返回值类型被定义为void，就不能再接收它的值了，因为这个函数根本就没有返回值。

如在前面的例子中，hello函数就没有返回值，而max函数是有返回值的，这个函数的类型与函数体中return语句返回的a或b的值类型一致，即为int型。

6.1.2 函数的声明

如果定义的函数位于调用函数之后，需要在主调函数中对被调用的函数做出声明。因为如果不声明的话，当这个函数被调用时，编译系统将无法识别该函数。

函数的声明最简单的做法，就是将函数定义的首部复制过来，再加上一个分号，放在调用函数语句之前，形成函数的声明。声明的位置也可以在程序的最开头，这样声明则函数在整个文件范围内都是有效的。

```
1  #include <stdio.h>
2  int max(int x,int y);
3  int main()
4  {
5      int a,b,c;
6      scanf("%d,%d",&a,&b);
7      c=max(a,b);
8      printf("%d",c);
9      return 0;
10 }
11 int max(int x,int y)
12 {
13     int z;
14     z=x>y?x:y;
15     return z;
16 }
```

```
C:\Program
5,10
10
```

图 6.1 例题代码及运行结果

例 6.1 编写函数max，用max返回两个数之间较大的值。

本题参考代码及运行结果如图6.1所示：

代码说明：

代码11～16行进行max函数定义，函数中有两个形参变量x、y，在max函数体中第14行代码使用条件运算符求得x、y中较大的数，将较大的数存储到变量z中，通过第15行return语句返回。因为函数定义是在调用之后，所以需要进行函数声明，如代码第2行。main函数从代码3～10行，使用scanf函数接收键盘输入数据存储在变量a、b中，通过调用max函数得到a、b中较大的数，并存储在变量c中。假设代码运行后，从键盘输入5，

10,则输出结果是10。

6.1.3 函数的调用

所谓函数调用,就是使用已经定义好的函数。调用函数,是通过这个函数来实现一个具体任务,如果这个函数是有参函数的话,那么这些参数就对应一个具体的问题,有实实在在的数据,这些数据在函数执行时会被函数内部的代码使用,所以称为实际参数,简称实参。

函数调用主要分为两种:

1. 若调用由C语言系统提供的库函数,只需在程序前用 include 命令包含有该函数原型的头文件即可在程序中直接调用。例如最常用的#include < string.h >,程序中如果用到诸如 strcat、strcmp、strcpy、strlen 等函数时,就要在程序前面包含< string.h >头文件。

2. 调用用户自定义函数,首先得有与调用函数相对应的函数定义。C语言中,自定义函数调用的一般形式为:

函数名(实际参数表);

调用无参函数时不用实际参数表,而在调用一个有参函数时必须要有实际参数,各实参之间用逗号分隔。C程序的执行总是从 main() 函数开始,遇到某个函数调用,main() 暂停执行,即转入执行相应函数,完成对该函数的调用后返回到 main()函数,再从原先暂停的位置继续执行,最后由 main() 函数结束整个程序。

在例6.1中,主函数在执行过程中调用了 max() 函数,过程如图6.2所示:

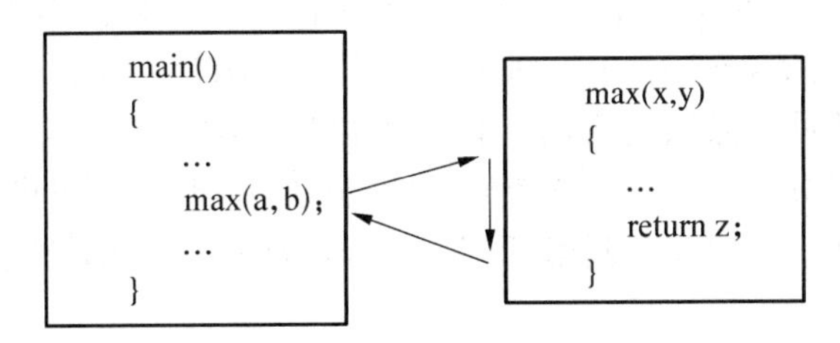

图 6.2 max 函数调用过程

在C语言中,函数调用有以下几种方式:

(1) 函数语句:对于无返回值函数的调用,一般形式是在函数调用后面加上分号构成函数语句。

(2) 函数表达式:对于有返回值函数的调用,可以作为表达式中的一项出现在表达式中,以函数返回值参与表达式的运算,如例6.1中的 c = max(a,b);。

(3) 函数参数:函数作为另一个函数调用的实际参数出现,以该函数的返回值作为实参进行传送,因此要求该函数必须是有返回值的。

一般主函数可调用其他任何函数,其他函数不可调用主函数,但其之间可互相调用。通常把调用其他函数的函数称为主调函数,被其他函数调用的函数称为被调函数。

6.2 函数参数传值

前面已经介绍过,对于有参函数的调用,必然会涉及参数传值,即将实际参数的值传递给形式参数,以便函数进行运算。形参和实参具有如下特点:

1. 形参变量只有在函数被调用时才会分配内存，调用结束后，立刻释放内存，所以形参变量只有在函数内部有效，不能在函数外部使用。

2. 实参可以是常量、变量、表达式、函数等，无论实参是何种类型的数据，在进行函数调用时，它们都必须有确定的值，以便把这些值传送给形参，所以应该提前用赋值、输入等办法使实参获得确定值。

3. 实参和形参在数量、类型、顺序上必须严格一致，否则会发生“类型不匹配”的错误。当然，如果能够进行自动类型转换，或者进行了强制类型转换，那么实参类型也可以不同于形参类型。

4. 函数调用中发生的数据传送是单向的。即只能把实参的值传送给形参，不能把形参的值反向地传送给实参。因此在函数调用过程中，形参的值发生改变，而实参中的值不会变化。

在例 6.1 中，主函数 c = max(a, b)中的 a 和 b 属于实参，将值传递给被调函数 max 中的形参 x、y，然后进行运算。

6.3 嵌套与递归

6.3.1 函数嵌套

C 语言中不允许嵌套的函数定义，也就是不能在一个函数体内去定义另外一个函数。因此各函数之间是平行的，不存在上一级函数和下一级函数的问题。当我们面临一个较为复杂的问题时，比较常见的做法是将问题化解为很多子问题，子问题可以再分解为孙子问题，写出相应的函数解决问题。最后整个问题的解决必然涉及如何将一系列的函数串联起来的情况，这就要用到函数的嵌套调用，即在一个函数中又去调用其他的函数，我们先看一个例子。

例 6.2 找出 4 个数中的最大数并输出。

本题参考代码如图 6.3 所示：

```
1  #include <stdio.h>
2  int max_2(int x,int y);
3  int max(int a,int b,int c,int d);
4  int main()
5  {
6      int a,b,c,d;
7      scanf("%d,%d,%d,%d",&a,&b,&c,&d);
8      printf("%d",max(a,b,c,d));
9      return 0;
10 }
11 int max(int a,int b,int c,int d)
12 {
13     int m,n,result;
14     m=max_2(a,b);
15     n=max_2(c,d);
16     result=max_2(m,n);
17     return result;
18 }
19 int max_2(int x,int y)
20 {
21     return x>y?x:y;
22 }
```

```
C:\Program Files (x86)\
20,50,35,17
50
```

图 6.3 例题代码及运行结果

代码说明：

代码第 19～22 行定义函数 max_2，求两个整数的大者。第 11～18 行定义函数 max，在 max 的函数体中，通过三次嵌套调用 max_2 实现求四个整数的大者。第 2～3 行是函数声明，因为函数的定义是在调用语句之后。

通过例 6.2 可以看到，函数 max 内部不能再定义函数，但可以在函数内部调用另一个函数 max_2，我们将这种做法称为函数嵌套。主函数实施的流程如图 6.4

所示：

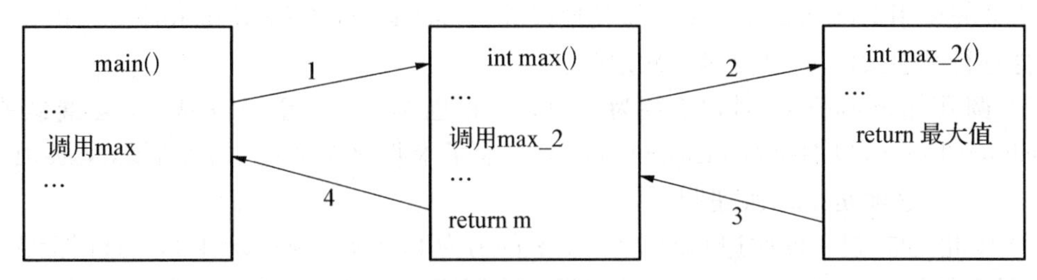

图 6.4 函数嵌套执行过程

图 6.4 表示函数两层嵌套调用及执行过程，执行 main 函数中调用 max 函数的语句时，即转去执行 max 函数，在 max 函数中调用 max_2 函数时，又转去执行 max_2 函数，max_2 函数执行完毕返回 max 函数的断点继续执行，max 函数执行完毕返回 main 函数的断点继续执行。

6.3.2 函数的递归调用

函数调用中，如果调用的是其他函数称为嵌套调用，但如果是直接或者间接调用函数自身，则称为递归调用。递归是函数的嵌套调用的一种特殊情况。例如在 A 函数的定义中又调用了 A 函数，这种叫直接递归调用(如图 6.5(1)所示)。在 A 函数的定义中调用了 B 函数，又在调用 B 函数的过程中调用了 A 函数，这种叫间接递归调用(如图 6.5(2)所示)。一般要用 if 语句来控制某一条件满足时结束终止递归调用。

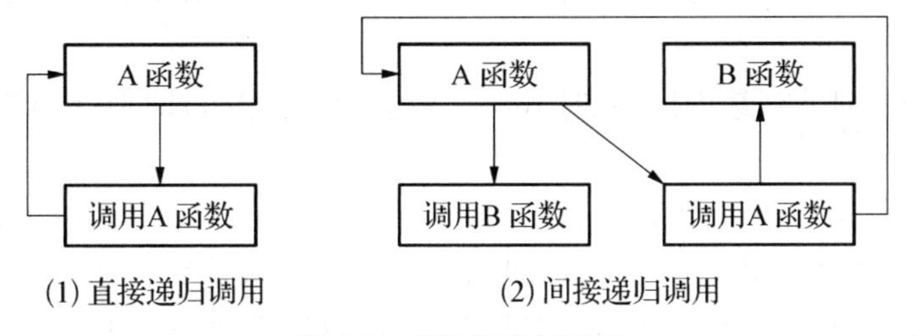

图 6.5 函数的递归调用

```
int fun(int n)
{
  printf("%d\n",n);
  return fun(n+1);
}
```

上面的这个函数是一个递归函数，但是运行该函数将无休止地调用其自身，这当然是不正确的。为了防止递归调用无终止地进行，必须在函数内有终止递归调用的手段。常用的办法是加条件判断，满足某种条件后就不再作递归调用，然后逐层返回。

要想理解递归函数，重点是理解它是如何逐层进入，又是如何逐层退出的，下面我们以求解5!为例进行讲解。

1. 递归的进入

(1) 求 5!，即调用 factorial(5)。当进入 factorial()函数体后，由于形参 n 的值为 5，不等

于0或1,所以执行 factorial(n—1) * n,也即执行 factorial(4) * 5。为了求得这个表达式的结果,必须先调用 factorial(4),并暂停其他操作。换句话说,在得到 factorial(4)的结果之前,不能进行其他操作,这就是第一次递归。

(2) 调用 factorial(4)时,实参为4,形参n也为4,不等于0或1,会继续执行 factorial(n—1) * n,也即执行 factorial(3) * 4。为了求得这个表达式的结果,又必须先调用factorial(3),这就是第二次递归。

(3) 以此类推,进行四次递归调用后,实参的值为1,会调用 factorial(1)。此时能够直接得到常量1的值,并把结果 return,就不需要再次调用 factorial()函数,此时递归结束。递归进入过程如表6.1所示:

表6.1 递归求解n! 进入过程

层次/层数	实参/形参	调用形式	需要计算的表达式	需要等待的结果
1	n=5	factorial(5)	factorial(4) * 5	factorial(4) 的结果
2	n=4	factorial(4)	factorial(3) * 4	factorial(3) 的结果
3	n=3	factorial(3)	factorial(2) * 3	factorial(2) 的结果
4	n=2	factorial(2)	factorial(1) * 2	factorial(1) 的结果
5	n=1	factorial(1)	1	无

2. 递归的退出

当递归进入最内层的时候,递归就结束了,开始逐层退出,也就是逐层执行 return 语句。

(1) n的值为1时达到最内层,此时 return 出去的结果为1,即 factorial(1) 的调用结果为1。

(2) 有了 factorial(1)的结果,就可以返回上一层计算 factorial(1) * 2 的值了。此时得到的值为2,return 出去的结果也为2,也即 factorial(2)的调用结果为2。

(3) 以此类推,当得到 factorial(4)的调用结果后,就可以返回最顶层。经计算,factorial(4)的结果为24,那么表达式 factorial(4) * 5 的结果为120,此时 return 得到的结果也为120,也即 factorial(5)的调用结果为120,这样就得到了5! 的值。递归退出过程如表6.2所示:

表6.2 递归求解n! 退出过程

层次/层数	调用形式	需要计算的表达式	从内层递归得到的结果(内层函数的返回值)	表达式的值(当次调用的结果)
5	factorial(1)	1	无	1
4	factorial(2)	factorial(1) * 2	factorial(1) 的返回值,也就是1	2
3	factorial(3)	factorial(2) * 3	factorial(2) 的返回值,也就是2	6
2	factorial(4)	factorial(3) * 4	factorial(3) 的返回值,也就是6	24
1	factorial(5)	factorial(4) * 5	factorial(4) 的返回值,也就是24	120

递归法求解整数阶乘的代码如下所示：

```
#include <stdio.h>
int factorial(int n)
{
    int f;
    if(n==1) f=1;
    else f=n*factorial(n-1);
    return f;
}
int main()
{
    int i;
    scanf("%d",&i);
    printf("%d",factorial(i));
    return 0;
}
```

显然，每一个递归函数都应该只进行有限次的递归调用，否则就会进入死胡同，永远不能退出，这样的程序没有意义。

要想让递归函数逐层进入再逐层退出，需要解决两个方面的问题：

存在限制条件，当符合这个条件时递归便不再继续。对于 factorial()，当形参 n 等于 1 时，递归就结束了。

每次递归调用之后越来越接近这个限制条件。对于 factorial()，每次递归调用的实参为 n—1，这会使得形参 n 的值逐渐减小，越来越趋近于 1。

递归函数也只是一种解决问题的技巧，它和其他技巧一样，也存在某些缺陷，具体来说就是：递归函数的时间开销和内存开销都非常大，极端情况下会导致程序崩溃。

例 6.3 汉诺塔问题：古代印度寺庙僧侣玩的游戏，据说游戏结束就标志着世界末日的到来。梵塔（汉诺塔）上面有三根金刚石，柱子 a，b，c。其中 a 柱上放着 64 个大小不等呈塔形的金盘，大盘在下，小盘在上，如图 6.6 所示。游戏要求把 a 柱上的金盘借助 c 柱全部移到 b 柱，条件是一次只能够动一个金盘，并且不允许大盘在小盘上面。这是递归程序设计的经典例子。请设计一个算法模拟僧侣移动金盘的过程，并输出移动步骤。

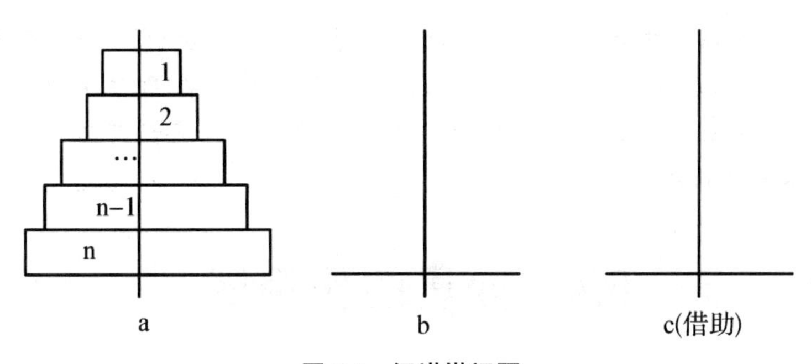

图 6.6 汉诺塔问题

问题分析：

设只有一个金盘，那么可以直接移动 a→b，问题解决。

有两个金盘，那么可以把上面的金盘借助 b 柱放到 c 柱 a→c，下面的金盘直接移动到 b 柱 a→b，再把 c 柱上的金盘移动到 b 柱 c→b，问题得到解决。

对于大于一个金盘的情况，可分为两部分：第 n 个金盘和除 n 以外的 n−1 个金盘。如果将除 n 以外的 n−1 个金盘看成一个整体，则解决本问题，可按以下步骤：

(1) 将 a 柱上 n−1 个金盘借助于 b 先移到 c 柱，即 a→c(n−1,a,c,b)

(2) 将 a 柱上第 n 个金盘从 a 移到 b 柱，即 a→b

(3)将 c 柱上 n−1 个金盘借助 a 移到 b 柱，即 c→b(n−1,c,b,a)

假定模拟此过程的算法为 hanoi(n,a,b,c)，实现把 n 个金盘由 a 柱借助 c 柱移到 b 柱。

第一步：先把 a 柱上的 n−1 个金盘借助 b 柱移到 c 柱，记作 hanoi(n−1,a,c,b)。

第二步：把第 n 个金盘从 a 柱直接移到 b 柱，记作 a→b。

第三步：把 c 柱上的 n−1 个金盘借助 a 柱移到 b 柱，记作 hanoi(n−1,c,b,a)。

程序代码及运行结果如图 6.7 所示：

```
1  #include <stdio.h>
2  void hanoi(int n,char a,char b,char c);
3  int main()
4  {
5      int n;
6      printf("Input number of disks:");
7      scanf("%d",&n);
8      hanoi(n,'a','b','c');
9      return 0;
10 }
11 void hanoi(int n,char a,char b,char c)
12 {
13     if(n==1) printf("%c->%c\n",a,b);
14     else
15     {
16         hanoi(n-1,a,c,b);
17         printf("%c->%c\n",a,b);
18         hanoi(n-1,c,b,a);
19     }
20 }
```

```
Input number of disks:3
a->b
a->c
b->c
a->b
c->a
c->b
a->b
```

图 6.7 汉诺塔问题递归求解

容易推出，n 个盘从一根柱移到另一根柱需要移动 2^n-1 次，所以 64 个金盘的移动次数为 $2^{64}-1$=18,446,744,073,709,511,615，这是一个天文数字，即使用现代计算机来解汉诺塔问题，每一微秒移动一次，那么也需要几乎 100 万年。如果每秒移动一次，则需近 5 800 亿年，意味着世界末日的到来。

6.4 变量的作用域

在讨论函数的形参变量时曾经提到，形参变量要等到函数被调用时才分配内存，调用结束后立即释放内存。这说明形参变量的作用域非常有限，只能在函数内部使用，离开该函数就无效,所谓作用域,就是变量的有效范围。

不仅对于形参变量,C 语言中所有的变量都有自己的作用域,决定变量作用域的是变量的定义位置。

6.4.1 局部变量

定义在函数内部的变量称为局部变量,它的作用域仅限于函数内部,离开该函数后就是无效的,再使用就会报错。例如:

```
int f1(int a)
{
    int b,c;    //a,b,c 仅在函数 f1()内有效
    return a + b + c;
}
int main()
{
    int m,n;    //m,n 仅在函数 main()内有效
    return 0;
}
```

几点说明:

(1) 在 main 函数中定义的变量也是局部变量,只能在 main 函数中使用;同时,main 函数中也不能使用其他函数中定义的变量。main 函数也是一个函数,与其他函数地位平等。

(2) 形参变量、在函数体内定义的变量都是局部变量,实参给形参传值的过程也就是给局部变量赋值的过程。

(3) 可以在不同的函数中使用相同的变量名,它们表示不同的数据,分配不同的内存,互不干扰,也不会发生混淆。

(4) 在语句块中也可定义变量,它的作用域只限于当前语句块。

6.4.2 全局变量

在所有函数外部定义的变量称为全局变量,它的作用域默认是整个程序,也就是所有的源文件,包括.c 和.h 文件。例如:

```
int a, b;   //全局变量
void func1()
{
    …
}
float x,y;   //全局变量
int func2()
{
    …
}
int main()
```

```
{
    ...
    return 0;
}
```

a、b、x、y 都是在函数外部定义的全局变量。C 语言代码是从前往后依次执行的，由于 x、y 定义在函数 func1()之后，所以在 func1()内无效；而 a、b 定义在源程序的开头，所以在 func1()、func2()和 main()内都有效。

例 6.4　局部变量和全局变量的综合示例，输出变量的值。

```
#include <stdio.h>
int n = 10;   //全局变量
void func1()
{
    int n = 20;   //局部变量
    printf("func1 n: %d\n", n);
}
void func2(int n)
{
    printf("func2 n: %d\n", n);
}
void func3()
{
    printf("func3 n: %d\n", n);
}
int main()
{
    int n = 30;   //局部变量
    func1();
    func2(n);
    func3();
    {
        int n = 40;   //局部变量
        printf("block n: %d\n", n);
    }
    printf("main n: %d\n", n);
    return 0;
}
```

本题代码运行结果如图 6.8 所示：

```
func1 n: 20
func2 n: 30
func3 n: 10
block n: 40
main n: 30
```

图 6.8　变量值输出

关于代码的几点说明：

(1) 对于 func1()，输出结果为 20，显然使用的是函数内部的 n，而不是外部的 n；func2()也是相同的情况。

当全局变量和局部变量同名时，在局部范围内全局变量被“屏蔽”,不再起作用。或者说,变量的使用遵循就近原则,如果在当前作用域中存在同名变量,就不会向更大的作用域中去寻找变量。

(2) func3()输出10,使用的是全局变量,因为在func3()函数中不存在局部变量n,所以编译器只能到函数外部,也就是全局作用域中去寻找变量n。

(3) 由{ }包围的代码块也拥有独立的作用域,printf()使用它自己内部的变量n,输出40。

(4) C语言规定,只能从小的作用域向大的作用域中去寻找变量,而不能反过来,使用更小的作用域中的变量。对于main()函数,即使代码块中的n距离输出语句更近,但它仍然会使用main()函数开头定义的n,所以输出结果是30。

代码中虽然定义了多个同名变量n,但它们的作用域不同,在内存中的位置(地址)也不同,所以是相互独立的变量,互不影响,不会产生重复定义(Redefinition)错误。

例6.5 根据长方体的长宽高求它的体积以及三个面的面积。

本题参考代码及运行结果如图6.9所示:

```
1  #include <stdio.h>
2  int s1,s2,s3;
3  int vs(int a, int b, int c)
4  {
5      int v;
6      v=a*b*c;
7      s1=a*b;
8      s2=b*c;
9      s3=a*c;
10     return v;
11 }
12 int main()
13 {
14     int v,length,width,height;
15     printf("Input length, width and height: ");
16     scanf("%d %d %d", &length,&width,&height);
17     v=vs(length,width,height);
18     printf("v=%d, s1=%d, s2=%d, s3=%d\n",v,s1,s2,s3);
19     return 0;
20 }
```

```
C:\Program Files (x86)\Dev-Cpp\ConsolePauser.exe
Input length, width and height: 600 60 30
v=1080000, s1=36000, s2=1800, s3=18000
```

图6.9 例题代码及运行结果

代码说明:

根据题意,我们希望借助一个函数得到三个值:体积v以及三个面的面积s1、s2、s3。遗憾的是,C语言中的函数只有一个返回值,我们只能将其中的一份数据返回一个数据,如第10行代码将体积v放到返回值中,而将面积s1、s2、s3在第2行中设置为全局变量。全局变量的作用域是整个程序,在函数vs()中修改s1、s2、s3的值,能够影响到包括main()在内的其他函数。

6.5 综合实例

1. 综合实例一

问题描述:

素数对问题,两个相差为 2 的素数称为素数对,如 5 和 7,17 和 19 等,本题要求找出所有两个数均不大于 n 的素数对,所有小于等于 n 的素数对。每对素数对输出一行,中间用单个空格隔开。若没有找到任何素数对,输出 empty。

问题分析:

本题的核心问题是要判断一个整数是不是素数,可以把判断素数功能写成一个函数,如果是素数返回 1,否则返回 0。根据素数对的定义,两个数字之间差值为 2,则采用穷举的方式,对所有相邻为 2 的两个整数进行判断,如果都为素数则打印,如果穷举完了也没有找到,或者所给数字小于 3,则打印 empty。

该问题的流程图如图 6.10 所示:

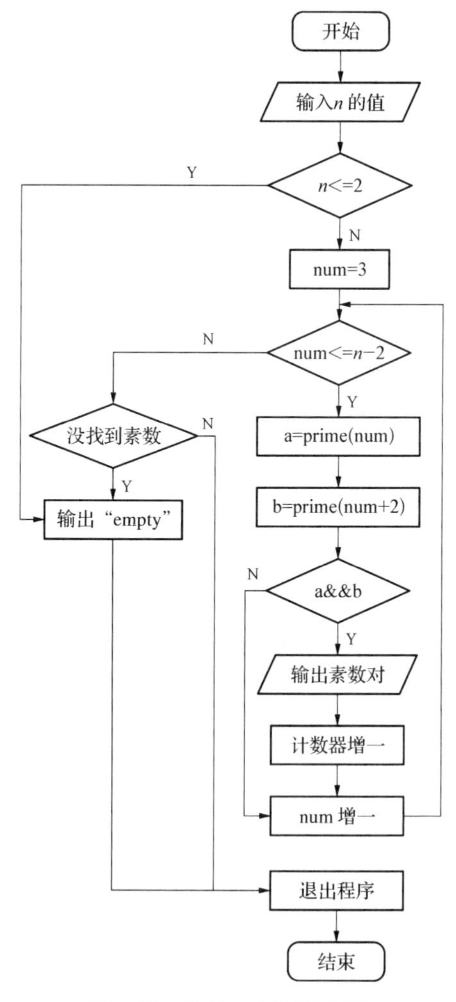

图 6.10　素数对问题流程图

代码及运行结果如图 6.11 所示：

```
1  #include <stdio.h>
2  int prime(int num)
3  {
4      int i,k;
5      for(i=2;i<=num-1;i++)
6      {
7          if(num%i==0) break;
8      }
9      if(i==num) return 1;
10     else return 0;
11 }
12 int main()
13 {
14     int n,num,a,b,count=0;
15     scanf("%d",&n);
16     if(n<=2) printf("empty");
17     else
18     {
19         for(num=3;num<=n-2;num++)
20         {
21             a=prime(num);
22             b=prime(num+2);
23             if(a&&b)
24             {
25                 printf("%d %d\n",num,num+2);
26                 count++;
27             }
28         }
29         if(!count||n<=2) printf("empty");
30     }
31     return 0;
32 }
```

```
C:\Prc
100
3 5
5 7
11 13
17 19
29 31
41 43
59 61
71 73
```

图 6.11 综合实例一代码及运行结果

代码分析：

代码第 2～11 行，定义一个整型函数 prime，判断 num 是不是素数，是则返回 1，否则返回 0。第 16 行判断 n 小于 3 是否成立，成立则直接打印 empty，否则进行穷举；如果找到素数对则进行打印，并对计数器做++运算，穷举结束后对 count 进行判断，如果没有找到素数对则输出 empty。

2. 综合实例二

问题描述：

含 k 个 3 的数问题，即输入两个正整数 m 和 k，其中 1<m<100 000，1<k<5，判断 m 能否被 19 整除，且恰好含有 k 个 3，如果满足条件，则输出 YES，否则，输出 NO。

问题分析：

该题的关键是判断整数 m 中各位中值为 3 的个数，可以把这个问题分割成两部分，个位数以及去掉个位数之后形成的一个新的整数，整数位数越来越少，问题规模逐渐变小；当分割后得到的新的整数是一个个位数的时候就不必再分割下去，3 的个数由个位数字是否为 3 以及去掉个位数字后得到数字各位上 3 的个数之和，显然该问题符合递归求解的条件，可以写一个递归函数实现求一个整数各位数字中数字为 3 的个数。然后本题求解就一目了然了，如果原来的整数同时能被 19 整除，并且递归函数返回的值与 k 值相同就是符合要求的数字。k 个 3 问题的流程图如图 6.12 所示：

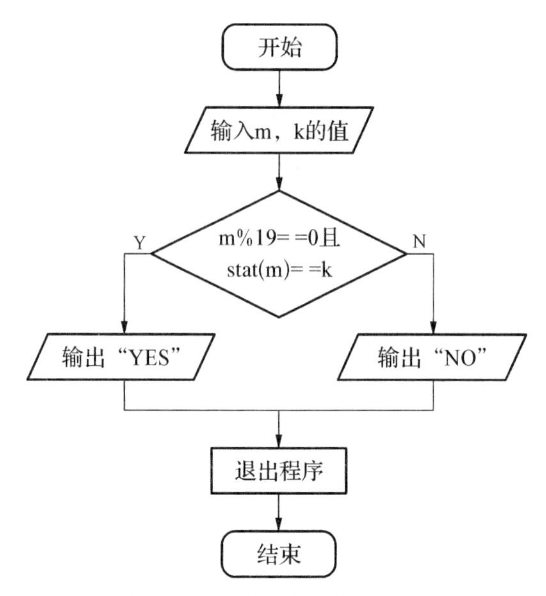

图 6.12　k 个 3 问题的流程图

代码及运行结果如下图 6.13 所示：

```
1  #include <stdio.h>
2  int stat(int num)
3  {
4      int count=0;
5      while(num)
6      {
7          if(num%10==3) count++;
8          num=num/10;
9      }
10     return count;
11 }
12 int main()
13 {
14     int m,k;
15     scanf("%d%d",&m,&k);
16     if((m%19==0)&&(stat(m)==k))
17         printf("YES");
18     else
19         printf("NO");
20     return 0;
21 }
```

```
C:\Prog
43833 3
YES
```

图 6.13　综合实例二代码及运行结果

代码分析：

代码第 2～11 行定义一个递归函数，求一个整数 num 各位上数值为 3 的个数，第 7 行是出口条件，如果是个位数，直接判断是否为 3，否则用第 8 行进行处理，得到一个去掉个位数字的新的整数，继续判断。第 16 行判断一个整数是否同时满足能够被 19 整除且各位数字上数字为 3 的个数之和是否为 k，满足输出“YES”，否则输出“NO”。

6.6 项目实训

6.6.1 猜拳游戏

1. 实训目的

通过“猜拳游戏”程序设计，加深对函数作用的认识，熟练掌握函数的定义方法、调用方式，以及参数传递。

2. 实训内容

本次游戏实例内容主要是将58个“＝”输出改写成函数形式；将功能相对独立的代码改写成函数形式；添加消除拳值异常的函数；添加退出程序的函数。

分析：

针对第五章游戏实例程序中两处使用“for”循环语句输出了58个“＝”的代码，可以将其定义为一个自定义的函数printEq。使用同样的方法，将功能相对独立的代码均改写成自定义的函数形式。再添加拳值异常函数、退出函数、玩家信息函数。

3. 实训准备

硬件：PC机一台

软件：Windows系统、VS2012开发环境

将第五章“游戏实例5”文件夹复制一份，并将复制后的文件夹重命名为“游戏实例6”。进入“游戏实例6”找到“finger-guessing”文件双击，打开项目文件。

4. 实训代码

依据实例内容分析，在“finger-guessing.c”源文件中修改相关代码。具体代码如下：

```
/*
    猜拳游戏
*/
#include< stdio.h>
#include< stdlib.h>
#include< conio.h>
#include < time.h>
//-----------------宏定义---------------------------------
#define NUM 10
#define NUM2 4
//-------------------------------------------------------
void printEq(int n);
void playerInfo();
void initMenu();
int input();
int playAgain();
int exceptiont(int playerVal);
```

```
int end(int playerVal);
void displayFist(int computerVal, int playerVal);
void displayResult(int computerVal, int playerVal);
int main()
{
    int computerVal, playerVal;
    int flagExcep, flagEnd, flagContinue;
    playerInfo();
    initMenu();
    srand((unsigned)time(NULL));
    while(1)
    {
        computerVal = (int)(rand() % (3.1 + 1) + 1);
        playerVal = input();
        flagExcep = exceptiont(playerVal);
        if(flagExcep == 1)
            continue;
        flagEnd = end(playerVal);
        if(flagEnd == 1){
            flagContinue = playAgain();
            if(flagContinue == 1){
                system("cls");
                playerInfo();
                initMenu();
                continue;
            }
            else{
                printf("欢迎下次再来玩!\n");
                break;
            }
        }
        displayFist(computerVal, playerVal);
        displayResult(computerVal, playerVal);
    }
    return 0;
}
//打印 58 个等于号
void printEq(int n)
{
    if(n == 1)
        printf(" ");
    else
        printEq(n - 1);
```

```
    printf("=");
    if(n==58)
        printf("\n");
}
//玩家信息
void playerInfo()
{
    printf("%*s玩 家 信 息\n",24,"");
    printEq(58);
    printf("|%*s姓 名:匿  名%*s|\n",5,"",40,"");
    printEq(58);
}
//初始界面
void initMenu()
{
    printf("%*s猜 拳 游 戏\n",24,"");
    printEq(58);
    //每组有10个"-",有4组,每个汉字间隔2空格
    printf("|%*s拳值:0、退出 1、石头 2、剪刀 3、布%*s|\n",NUM+2,"",NUM+2,"");
    printEq(58);
    printf("|----------用  户----------电  脑----------结  果----------|\n");
}
//玩家输入拳值
int input()
{
    int playerVal;
    printf("|请出拳:");
    playerVal = _getche() - 48;
    return playerVal;
}
//判断拳值是否异常
int exceptiont(int playerVal)
{
    int flagExcep = 0;
    if(playerVal < 0 || playerVal > 3)
    {
        printf("%*s拳值只能是0到3中一个整数%*s|\n",NUM+3,"",NUM+3,"");
        flagExcep = 1;
    }
    return flagExcep;
}
//判断拳值是否为0,为0结束
int end(int playerVal)
```

```
{
    int flagEnd = 0;
    if(playerVal == 0)
    {
        printf("%*s退出%*s|\n",23,"",23,"");
        flagEnd = 1;
    }
    return flagEnd;
}
//在退出时,询问是再玩一次?
int playAgain()
{
    int flagContinue;
    char again;
    printf("\n");
    printf("\n");
    printf("是否重新再玩一次(y/n):");
    againScanf:  scanf("%c",&again);
    fflush(stdin); //清除输入
    if(again == 'Y' || again == 'y')
        flagContinue = 1;
    else if(again== 'N'|| again == 'n')
    {
        flagContinue = 0;
    }
    else{
        printf("只能输入y/n,请重新输入:");
        goto againScanf;
    }
    return flagContinue;
}
//显示出的拳
void displayFist(int computerVal,int playerVal)
{
    switch(playerVal)
    {
    case 1 :
      //"石"前有2个空格,"石头"中间2个空格,"V"前有4个空格,"S"后有4个空格
      printf("  石  头%*sVS%*s",NUM2,"",NUM2,"");
      break;
    case 2 :
      //"剪"前有2个空格,"剪刀"中间2个空格,"V"前有4个空格,"S"后有4个空格
      printf("  剪  刀%*sVS%*s",NUM2,"",NUM2,"");
```

```
        break;
    case 3 :
        //"布"前有2个空格,"V"前有6个空格,"S"后有4个空格
        printf("      布%*sVS%*s",NUM2+2,"",NUM2,"");
    }
    switch(computerVal){
    case 1 :
        //"石头"中间有2个空格,后有10个空格
        printf("石  头%*s",NUM,"");
        break;
    case 2 :
        //"剪刀"中间有2个空格,后有10个空格
        printf("剪  刀%*s",NUM,"");
        break;
    case 3 :
        //"布"前有2个空格,"布"后有12个空格
        printf("  布%*s",NUM+2,"");
    }
}
//判断并显示结果
void displayResult(int computerVal,int playerVal)
{
    int result = ( computerVal - playerVal + 4) % 3 -1;
    //玩家获胜
    if (result > 0){
        //"玩家胜"后有10个空格
        printf("玩家胜%*s|\n",NUM,"");
    }
    else if ((result == 0)){
        //"平局",中间有2个空格,后有10个空格
        printf("平  局%*s|\n",NUM,"");
    }
    else{
        //"电脑胜"后有10个空格
        printf("电脑胜%*s|\n",NUM,"");
    }
}
```

完整代码部分请参考程序清单中的"游戏实例6"。

5. 实训结果

按键盘上"F5"执行上述代码,在"请出拳:"后输入1～3随便的一个数字,在同一行上将立即显示对应的拳和结果;可以输入1～3以外的拳值,将提示异常;可以输入0值,将询问是否再玩一次?回答"y",将重新开始游戏,回答"n",将结束游戏。运行结果如图6.14所示:

```
C:\WINDOWS\system32\cmd.exe
                         玩 家 信 息
==================================================================
|     姓 名: 匿  名                                              |
==================================================================
                         猜 拳 游 戏
==================================================================
|           拳值:0、退出 1、石头 2、剪刀 3、布                    |
==================================================================
|----------用  户----------电  脑----------结  果----------|
|请出拳:1  石  头    VS    剪  刀           玩家胜          |
|请出拳:2  剪  刀    VS      布             玩家胜          |
|请出拳:3    布      VS      布             平  局          |
|请出拳:4              拳值只能是0到3中一个整数              |
|请出拳:0                    退出                           |

是否重新再玩一次（y/n）:y
```

```
C:\WINDOWS\system32\cmd.exe
                         玩 家 信 息
==================================================================
|     姓 名: 匿  名                                              |
==================================================================
                         猜 拳 游 戏
==================================================================
|           拳值:0、退出 1、石头 2、剪刀 3、布                    |
==================================================================
|----------用  户----------电  脑----------结  果----------|
|请出拳:1  石  头    VS    石  头           平  局          |
|请出拳:2  剪  刀    VS    剪  刀           平  局          |
|请出拳:3    布      VS      布             平  局          |
|请出拳:0                  退出                             |

是否重新再玩一次（y/n）:n
欢迎下次再来玩!
请按任意键继续. . .
```

图 6.14　结果显示

6. 实训总结

对于稍微复杂点的 C 程序，函数是必不可少的部分，必须要非常熟练的学会自定义函数，以及函数的定义、调用、参数的传递，返回值。通过使用函数可以简化大量重复的代码，让功能相对独立的函数复用性更好。

7. 实训目标

在本次游戏实例程序中，可以将“printEq”函数改造成递归函数方式，请同学们参考书本自行完成，以便加深对递归函数的理解，后续代码中也有相关的改造。

能否将每局胜负的情况以比分形式显示在每一行的最后？当退出程序时，将总的战况显示在最下面？能否显示登录游戏系统的玩家姓名？

读者可以带着问题进入后续 C 语言的学习，相信大家一定能找到解决的办法。

6.6.2　飞机打靶游戏

1. 请将第二章中菜单打印语句编写成一个自定义函数，效果如图 6.15 所示。

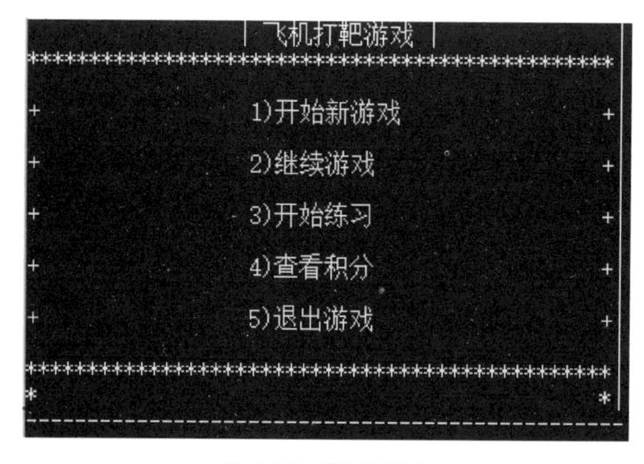

图 6.15　菜单显示

参考代码如下：

```
#include <stdio.h>
void M_Menu();
int main()
{
```

```
    M_Menu();
    return 0;
}
void M_Menu() //输出
{
    printf("                    | 飞机打靶游戏 |                    |\n");
    printf(" ************************************************** |\n");
    printf("                                                    |\n");
    printf(" +                  1)开始新游戏                    + |\n");
    printf("                                                    |\n");
    printf(" +                  2)继续游戏                      + |\n");
    printf("                                                    |\n");
    printf(" +                  3)开始练习                      + |\n");
    printf("                                                    |\n");
    printf(" +                  4)查看积分                      + |\n");
    printf("                                                    |\n");
    printf(" +                  5)退出游戏                      + |\n");
    printf("                                                    |\n");
    printf(" ************************************************** |\n");
    printf(" *                                                * |\n");
    printf("------------------------------------------------");
}
```

2. 补充下面函数中的自定义函数(有参无返回值),输入不同选项时执行不同的功能。如操作为'w'或's'移动,按空格确认。

参考代码如下:

```
void M_con()
{
    char opt;
    if(kbhit())
    {
        opt = getch();
        if((opt == 'W'||opt == 'w')&&y > 3)
            {
                y- = 2;
                M_Sel--;
            }
        else if((opt == 'S'||opt == 's')&&y < 11)
            {
                y+ = 2;
                M_Sel++;
            }
        else if(opt == ' ') //确认选择
                            //补充正确的代码
```

```
        }
        gotoxy(30,y);
        printf("%s",arrow);
        gotoxy(0,16);
}
```

3. 试编写一个程序,采用自定义函数(有参有返回值)来用于计算玩家的子弹命中率。

参考代码如下:

```
#include <stdio.h>
float accu(int score, int ammo);
int main()
{
        int score=23,ammo=46;
        printf("子弹命中率为%2.1f%%",accu(score,ammo)*100);
        return 0;
}
float accu(int score, int ammo)
{
        return (score*1.0)/(100-ammo);
}
```

6.7 习 题

1. 以下叙述中正确的是(   )。

A. 用户自己定义的函数只能调用库函数

B. 不同函数的形式参数不能使用相同名称的标识符

C. 在C语言的函数内部,可以定义局部嵌套函数

D. 实用的C语言源程序总是由一个或多个函数组成

2. 以下关于函数的叙述中正确的是(   )。

A. 每个函数都可以被其他函数调用(包括main函数)

B. 每个函数都可以被单独编译

C. 每个函数都可以单独运行

D. 在一个函数内部可以定义另一个函数

3. 以下叙述中正确的(   )。

A. 函数名代表该函数的入口地址

B. 所有函数均不能接受函数名作为实参传入

C. 函数体中的语句不能出现对自己的调用

D. 如果函数带有参数,就不能调用自己

4. 在C语言中,函数返回值的类型最终取决于(   )。

A. 函数定义时在函数首部所说明的函数类型

B. return语句中表达式值的类型

C. 调用函数时主调函数所传递的实参类型

D. 函数定义时形参的类型

5. 以下关于 return 语句的叙述中正确的是(　　)。

A. 一个自定义函数中必须有一条 return 语句

B. 一个自定义函数中可以根据不同情况设置多条 return 语句

C. 定义成 void 类型的函数中可以有带返回值的 return 语句

D. 没有 return 语句的自定义函数在执行结束时不能返回到调用处

6. 若函数调用时的实参为变量时,以下关于函数形参和实参的叙述中正确的是(　　)。

A. 形参只是形式上的存在,不占用具体存储单元

B. 函数的形参和实参分别占用不同的存储单元

C. 同名的实参和形参占同一存储单元

D. 函数的实参和其对应的形参共占同一存储单元

7. 在函数调用过程中,如果函数如 funA 调用函数 funB,函数 funB 又调用了函数如 funA,则(　　)。

A. 称为函数的直接递归调用　　　　B. 称为函数的间接递归调用

C. 称为函数的循环调用　　　　D. C 语言中不允许这样的递归调用

8. 有以下程序

```
#include <stdio.h>
int fun(int x, int y)
{
    if(x == y)return(x);
    else return((x + y) /2);
}
int main()
{
    int a = 4,b = 5,c = 6;
    printf("%d\n",fun(2 * a,fun(b,c)));
    return 0;
}
```

程序运行后的输出结果是(　　)。

A. 3　　　　B. 6　　　　C. 8　　　　D. 12

9. 有以下程序

```
#include <stdio.h>
void fun(int a, int b, int c)
{
    a = b;b = c;c = a;
}
int main()
{
    int a = 10,b = 20,c = 30;
    fun(a,b,c);
```

```
    printf("%d, %d, %d\n",c,b,a);
    return 0;
}
```

程序运行后的输出结果是(　　)。

A. 10,20,30　　B. 20,30,10　　C. 30,20,10　　D. 0,0,0

10. 有如下函数定义，若执行调用语句 n = fun(3);，则函数 fun 总共被调用的次数是(　　)。

```
int fun(int k)
{
    if (k < 1) return 0;
    else if (k == 1) return 1;
    else return fun(k - 1) + 1;
}
```

A. 2　　B. 4　　C. 3　　D. 5

11. 在一个 C 源程序中所定义的全局变量，其作用域为(　　)。

A. 所在文件的全部范围　　B. 所在程序的全部范围

C. 所在函数的全部范围　　D. 由具体定义位置和 extern 说明来决定范围

12. 以下叙述中正确的是(　　)。

A. 对于变量而言，“定义”和“说明”这两个词实际上是同一个意思

B. 在复合语句中不能定义变量

C. 全局变量的存储类别可以是静态类

D. 函数的形式参数不属于局部变量

13. 以下选项中叙述错误的是(　　)。

A. 在 C 程序的同一函数中，各复合语句内可以定义变量，其作用域仅限本复合语句内

B. C 程序函数中定义的赋有初值的静态变量，每调用一次函数，赋一次初值

C. C 程序函数中定义的自动变量，系统不自动赋确定的初值

D. C 程序函数的形参不可以说明为 static 型变量

14. 有以下程序

```
#include <stdio.h>
int a = 1,b = 2;
void fun1(int a, int b)
{
    printf("%d%d",a,b);
}
void fun2()
{
    a = 3; b = 4;
}
int main()
{
    fun1(5,6); fun2();
    printf("%d%d\n",a,b);
```

```
    return 0;
}
```

程序运行后的输出结果是(　　)。

A. 3456　　B. 1256　　C. 5612　　D. 5634

15. 有以下程序

```
int f(int m)
{
    static int n = 0;
    n+ = m; return n;
}
int main()
{
    int n = 0;
    printf("%d,", f(++n));
    printf("%d\n", f(n++));
    return 0;
}
```

程序运行后的输出结果是(　　)。

A. 1,1　　B. 1,2　　C. 2,3　　D. 3,3

16. 程序填空。

要求:请在程序的下划线处填入正确的内容并把下划线删除,使程序得出正确的结果。

注意:不得增行或删行,也不得更改程序的结构。

(1) 给定程序中,函数 fun 的功能是:将形参 n 中,各位上为偶数的数取出,并按原来从高位到低位的顺序组成一个新的数,作为函数值返回。

例如,从主函数输入一个整数:27638496,函数返回值为:26846。

```
#include <stdio.h>
unsigned long fun(unsigned long n)
{
   unsigned long x = 0, s, i; int t,s = n;
/********** found **********/
   i = __①__;
/********** found **********/
   while(__②__)
   {t = s % 10;
         if(t % 2 == 0)
         {
/********** found **********/
          x = x + t * i; i = __③__;
         }
       s = s /10;
   }
  return x;
```

```
}
int main()
{
    unsigned long n = -1;
    while(n > 99999999||n < 0)
    {
    printf("Please input(0 < n < 100000000): ");
    scanf("%ld",&n);}
    printf("\nThe result is: %ld\n",fun(n));
    return 0;
}
```

(2) 给定程序中,函数 fun 的功能是:找出 100～999 之间(含 100 和 999)所有整数中各位上数字之和为 x(x 为一正整数)的整数,然后输出;符合条件的整数个数作为函数值返回。例如,当 x 值为 5 时,100～999 之间各位上数字之和为 5 的整数有 104、113、122、131、140、203、212、221、230、302、311、320、401、410、500,共有 15 个。当 x 值为 27 时,各位数字之和为 27 的整数是 999,只有 1 个。

请在程序的下划线处填入正确的内容并把下划线删除,使程序得出正确的结果。

```
#include <stdio.h>
int fun(int x)
{
    int n, s1, s2, s3, t;
    n = 0;
    t = 100;
/********** found **********/
    while(t <= __①__){
/********** found **********/
    s1 = t%10; s2 = (__②__)%10; s3 = t/100;
/********** found **********/
    if(s1 + s2 + s3 == __③__)
    {
        printf("%d ",t);
        n++;
    }
     t++;
    }
    return n;
}
int main()
{
    int x = -1;
    while(x < 0)
    {
```

```
        printf("Please input(x > 0): ");
        scanf(" % d",&x);
    }
    printf("\nThe result is: % d\n",fun(x));
    return 0;
}
```

(3) 函数 fun 的功能是:根据所给的年、月、日,计算出该日是这一年的第几天,并作为函数值返回。其中函数 isleap 用来判别某一年是否为闰年。例如,若输入: 2008 5 1,则程序输出:2008 年 5 月 1 日是该年的第 122 天。请在程序的下划线处填入正确的内容,并把下划线删除,使程序得出正确的结果。

```
# include < stdio. h >
int isleap(int year)
{
  int leap;
  leap = (year % 4 == 0 && year % 100!= 0 ||
        year % 400 == 0);
/********** found **********/
  return__①__;
}
int fun(int year, int month, int day)
{
  int table[13] = {0,31,28,31,30,31,30,31,31,
                   30,31,30, 31};
  int days = 0, i;
  for(i = 1; i < month; i ++ )
      days = days + table[i];
/********** found **********/
  days = days + __②__;
  if(isleap(year) && month > 2)
 /********** found **********/
  days = days + __③__;
  return days;
}
Int main()
{
  int year, month, day,days;
  printf("请输入年、月、日:");
  scanf(" % d % d % d",&year,&month,&day);
  days = fun(year, month, day);
  printf(" % d 年 % d 月 % d 日是该年的第 % d 天
 \n",year, month, day, days);
  return 0;
}
```

17. 程序改错。

要求：请改正程序中的错误，使它能得出正确结果。

注意：不得增行或删行，也不得更改程序的结构！

(1) 给定程序中函数 fun 的功能是：按以下递归公式求函数值。

$$\text{fun}(n)=\begin{cases}10 & (n=1)\\ \text{fun}(n-1)+2 & (n>1)\end{cases}$$

例如，当给 n 输入 5 时，函数值为 18；当给 n 输入 3 时，函数值为 14。

```
#include <stdio.h>
/************ found ************/
int fun (n)
{
    int c;
/************ found ************/
    if(n=1)
        c=10 ;
    else
        c= fun(n-1)+2;
    return c;
}
int main()
{
    int n;
    printf("Enter n : "); scanf("%d",&n);
    printf("The result : %d\n\n", fun(n));
    return 0;
}
```

(2) 给定程序中，函数 fun 的功能是：计算正整数 num 的各位上的数字之积。例如，若输入 252，则输出应该是 20。若输入 202，则输出应该是 0。请改正程序中的错误，使它能得出正确的结果。

```
#include <stdio.h>
long fun (long num)
{
/************ found ************/
  long k;
  do
  {
      k* =num%10 ;
      /************ found ************/
      num\=10 ;
  } while(num);
  return (k);
}
```

```
int main()
{
    long n ;
    printf("\nPlease enter a number:");
    scanf(" % ld",&n);
    printf("\n % ld\n",fun(n));
    return 0;
}
```

(3) 给定程序中 fun 函数的功能是：根据整型形参 m，计算如下公式的值。

$$t=1-\frac{1}{2}-\frac{1}{3}-\cdots-\frac{1}{m}$$

例如，若主函数中输入 5，则应输出−0.283333。请改正函数 fun 中的错误或在横线处填上适当的内容并把横线删除，使它能计算出正确的结果。

```
# include < stdio. h >
double fun(int m)
{
    double t = 1.0;
    int i;
    for(i = 2; i < = m; i ++ )
/********** found **********/
    t = 1.0 - 1 /i;
/********** found **********/
   _______;
}
int main()
{
    int m ;
    printf("Please enter 1 integer numbers:");
    scanf(" % d",&m);
    printf("\n\nThe result is % lf\n", fun(m));
    return 0;
}
```

18. 程序设计。

(1) 编写函数 fun，它的功能是计算并输出给定整数 n 的所有因子(不包括 1 与 n 自身)之和，规定 n 的值不大于 1000。例如，在主函数中从键盘给 n 输入的值为 856，则输出为 sum=763。

```
# include < stdio. h >
int fun(int n)
{

}
int main()
```

```
{
    int n,sum;
    printf("Input n: ");
    scanf("%d",&n);
    sum = fun(n);
    printf("sum = %d\n",sum);
    return 0;
}
```

(2) 编写函数 fun,它的功能是根据以下公式计算 P 的值,结果由函数带回,m 与 n 为两个正整数且要求 m>n。

$$P=\frac{m!}{n!\ (m-n)!}$$

例如,若 m=12,n=8 时,运行结果为 495.000000。

```
#include <stdio.h>
float fun(int m, int n)
{


}
int main()   /* 主函数 */
{
    printf("P = %f\n", fun (12,8));
    return 0;
}
```

(3) 编写函数 fun,它的功能是根据以下公式计算 s,计算结果作为函数值返回,n 通过形参传入。

$$s=1+\frac{1}{1+2}+\frac{1}{1+2+3}+\cdots+\frac{1}{1+2+3+\cdots+n}$$

例如,若 n 的值为 11,函数值为 1.833333。

```
#include <stdio.h>
double fun(int n)
{


}
int main()
{
    int n; double s;
    printf("\nPlease enter N:");
    scanf("%d", &n);
    s = fun(n);
    printf("the result is: %f\n", s);
    return 0;
}
```

【微信扫码】
本章游戏实例 & 习题解答

第 7 章

数　　组

本章思维导图如下图所示：

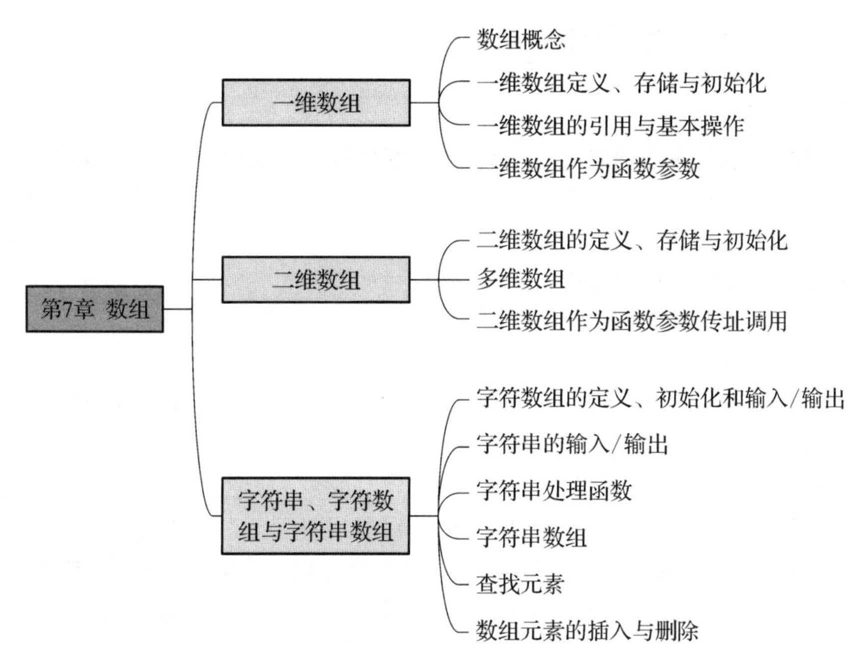

图 0　本章思维导图

前面章节我们介绍了变量的概念，知道可以用一个变量来存储一个属性。可实际应用中经常会遇到很多个相同类型的数据聚集在一起的情况，例如学生的学号、学生的成绩等等。对于超过 100 名学生的相应信息程序如何存储？还会去定义 100 个变量吗？很显然不可能。那怎么去处理这些众多的同类型的数据呢？本章将会为大家介绍把具有相同类型的数据有序地组织起来的一种形式——数组。

数组对于每一门编程语言来说都是重要的数据结构之一，当然不同语言对数组的实现及处理也不尽相同。

数组按照数组元素的类型不同，可以分为数值数组、字符数组、指针数组、结构体数组等;若按照数组元素的下标个数不同,又可分为一维数组、二维数组、多维数组等。本章节主要介绍一维数组、二维数组和字符数组。

7.1 一维数组

7.1.1 数组

数组可以说是目前为止讲到的第一个真正意义上存储数据的结构。虽然前面学习的变量也能存储数据,但这些变量所能存储的数据很有限。

数组是由一组具有相同数据类型的元素按照一定的规则组成的集合,其实就是一个容器,它可以自动给数组中的元素从零开始编号,自动给出下标。

在计算机中,一个数组在内存占有一片连续的存储区域,数组名就是这块存储区域的首地址。在程序中用数组名标识这一组数据,下标指明数组中各元素的相对位置,用下标变量来标识数组的每个元素。

7.1.2 一维数组的定义、存储与初始化

1. 一维数组的定义

任何数组在使用之前必须先进行定义,即指明数组元素类型、数组名、数组元素的个数、数组的维数。一旦定义了一个数组,系统将会在内存中为它分配一个所申请大小的存储空间,该空间的大小固定,并且以后不能改变。

一维数组用于存储一行或一列数据,定义形式如下:

```
数据类型   数组名[常量表达式];
```

其中:

(1) 数据类型:是指数组元素的数据类型,可以是 int、char、float 等简单数据类型,也可以是以后学到的结构体等复杂数据类型;

(2) 数组名:数组的名字,命名规则与变量名相同。在 C 语言里规定,数组名表示该数组在内存所分配的存储区域的起始地址(首地址),即第一个元素的地址;

(3) 常量表达式:数组的大小,即数组拥有多少个元素,必须为常值的正整数。

C 语言中规定,数组元素的起始下标为 0,如果数组中有 n 个元素,则数组的最大下标为 n—1。

例如:

```
int  a[5];      //定义了有 5 个元素的一维整型数组 a
```

2. 一维数组的存储

定义数组后,系统会在内存中给数组分配一片连续的存储空间用于存放该数组的数组元素,编译时分配连续内存空间。对于上述定义,假定数组 a 被分配在 10 000 开始的内存区域,其内存中的存放形式如图 7.1 所示。

数组元素地址	数组元素	
10 000	a[0]	第一个元素的下标是0
10 004	a[1]	
10 008	a[2]	
10 012	a[3]	
10 016	a[4]	最后一个元素的下标是(元素个数-1)

图 7.1 一维数组 a[5]的存储

3. 一维数组的初始化

在定义数组的同时,为数组元素赋初值,称为数组的初始化。初始化是指在数组定义时给数组元素赋予初值。需要注意的是,数组初始化是在编译阶段进行的,而不是在程序开始运行以后,由可执行语句完成的,因此不能将初始化的"="与赋值号混淆。

形式如下:

```
数据类型 数组名[整型常量表达式] = {常数 1,常数 2, …,常数 n};
```

例如:

```
int a[5] = {1,2,3,4,5};    //数组元素 a[0]～a[4]的值依次为{}内对应的数据
int a[ ] = {1,2,3,4,5};    //未指明数组长度,由初值个数决定数组长度为 5,与上一行等价
int b[10] = {1,2};         //b[0]、b[1]元素的初值为 1 和 2,其余元素系统自动赋值为 0
```

下面几种初始化都是错误的:

```
a = {1,3,5,7,9};
```

错误原因:赋值语句中的 a 是数组名,为常量,不允许对数组名赋值。

```
int b[10];
b[10] = {1,3,5,7,9};
```

错误原因:赋值语句中的 b[10]不表示数组名,而表示下标为 10 的元素;该数组的下标范围为 0～9,数组元素下标越界,同时也不允许有花括号括起的常数表。

```
int c[3] = {1,2,3,4};
```

错误原因:常量个数超过数组定义的长度。

7.1.3 一维数组的引用与基本操作

一般而言,数组除了做函数参数或对字符数组进行某些操作时可整体引用外(即以数组名的形式单独出现),其他情况下必须以元素的方式引用。

在 C 语言中提供了三种方式引用数组元素:下标方式、地址方式和指针方式。下标方式用下标表示引用的数组元素,地址方式、指针方式分别通过地址、指针来引用数组中的某一元素,本节只介绍下标方法。

1. 一维数组的引用

引用形式如下所示:

数组名[下标]

下标:为整型常量、整型变量或整型表达式,表示对应元素在数组中的位置,下标的取值

范围是0～(数组长度－1)。

例如：已知有如下变量、数组的定义和初始化：

```
int i = 2,a[10] = {1,2,3,4,5,6,7,8,9,10};
```

则：

```
a[5] = a[0] + a[i]                      //a[5]元素的值修改为4
printf("a[5] = %d\n", a[5]);        //输出元素a[5]的值
printf("a[%d] = %d\n", i,a[i]);       //输出元素a[i]的值
```

引用数组元素要注意以下几点：

(1) 引用数组元素下标越界，运行时系统并不报错，但是，越界使用可能会破坏其他数据，甚至会产生非常严重的后果。

(2) 数组元素也是一种变量，它与普通变量的使用是一样的。数组定义后，其元素若不赋值，则值为编译器指定无意义的数据。

(3) 在C语言中，一般只能单独的使用下标表示每个数组元素，而不能一次引用整个数组(数组做函数参数或对字符数组进行某些操作时可整体引用)。

2. 一维数组基本操作

程序设计中，将数组元素的下标与循环语句的循环变量结合使用是最常用的，它充分展示了计算机的魅力。

假定有如下定义：

```
#define N 10
int a[N], i;
```

数组的最基本操作如下：

(1) 数组元素的输入

```
for (i = 0; i < N; i++)       //输入数组元素的值
    scanf("%d", &a[i]);
```

程序运行时，各数据之间以空格、回车或Tab制表符作为分隔符，输入满N个数据后，以回车作为数据输入结束，否则一直等待用户输入。数据元素较多时，可以用以下代码：

```
for (i = 0; i < N; i++)         //输入数组元素的值
{
    printf("a[%d] : ", i);      //显示当前要输入值的元素
    scanf("%d", &a[i]);
}
```

(2) 数组元素的输出

```
for (i = 0; i < N; i++)        //输出数组元素的值
    printf("a[%d] = %d\n", i,a[i]);
```

(3) 数组元素的求和

```
sum = 0;
for (i = 0; i < N; i++)          //数组元素求和
    sum += a[i];
```

(4) 求数组中的最大元素

```
max = a[0];              //max用于存放最大元素的值,先假设第一个元素的值最大
```

```
for (i=1; i<N; i++)   //其余的每个元素与最大值作比较
        if(a[i]>max)
          max=a[i];   //大于最大值,替换
```

(5) 求数组中的最大元素下标

```
imax=0;                  //imax 用于存放最大元素的下标,先假设第一个元素的值最大
for (i=1; i<N; i++)      //其余的每个元素与最大值作比较
     if(a[i]>(a[imax])
        imax=i;   //大于最大值,替换
```

以上这些基本操作是数组应用的基础,请初学者熟练掌握。

7.1.4　一维数组作为函数参数

数组可以作为函数的参数使用,进行数据传送。数组用作函数参数有两种形式,一种是把数组元素作为函数的实参使用;另一种是把数组名作为函数的实参使用。

1. 数组元素作函数参数

数组元素就是下标变量,它与简单变量并无区别,因此数组元素作为函数实参使用与简单变量完全相同,在函数调用时,把数组元素的值传给形参,实现单向的值传递。

例 7.1　求数组中的最大值。

本题代码及运行结果如图 7.2 所示:

代码说明:

代码 16 行为数组元素进行初始化,每个数组元素相当于一个变量,在数组元素前面需要取地址,第 18～20 行是求一维数组极值的常规方法,变量 max 用于存放最大元素的值,先假设第一个元素的值最大,利用"打擂台"的方式循环结构调用 amax 函数,在数组元素中找到最大值。

```
1  #include <stdio.h>
2  int amax(int x,int y)
3  {
4      int z;
5      z=x>y?x:y;
6      return z;
7  }
8  int main()
9  {
10
11     int  a[10],i,max;
12     printf("请输入10个数: \n");
13     for(i=0;i<10; i++)
14     {
15         printf("a[%d]: ", i);
16         scanf("%d",&a[i]);
17     }
18     max=a[0];
19     for(i=1;i<10;i++)
20         max=amax(max,a[i]);
21     printf("max=%d\n",max);
22     return 0;
23 }
```

```
C:\Program Fi
请输入10个数:
a[0]: 1
a[1]: 2
a[2]: 3
a[3]: 4
a[4]: 5
a[5]: 6
a[6]: 7
a[7]: 8
a[8]: 9
a[9]: 10
max=10
```

图 7.2　例题代码及运行结果

2. 数组名做函数参数

数组名在数值上是一个常值,它的值等于数组的首个元素的地址,因此当用数组作为函数的参数进行数据传递时,执行的是传地址方式,即传送的是数据的存储地址而不是数据本身。

当数组名作函数的实参时,其对应的形参可以是数组名或指针变量,且实参数组与形参数组类型应一致。

函数调用时,其结合过程是:实参把地址传递给形参数组,由于地址相同,系统不会给形参数组分配其他存储空间,而是与实参数组共用一片存储区域。因此,在被调函数中对形参数组的任何改变均会影响实参所指地址里的内容,也就是说形参能够改变实参的值。

例 7.2 随机生成 10 个 1～100 之间的互不相同的整数放在一维数组中,并求最大值。本题代码及运行结果如图 7.3 所示:

```
1  #include <stdio.h>
2  #include <stdlib.h>
3  #include <time.h>
4  void input(int array[],int n);
5  int amax(int b[],int n);
6  int main()
7  {
8      int  a[10],i,max;
9      input(a,10);
10     printf("随机生成的10个数为: \n");
11     for (i=0;i<10; i++)
12          printf("%d ",a[i]);
13     printf("\n ");
14     max=amax(a,10);
15     printf("max=%d\n", max);
16     return 0;
17 }
18 void input(int array[],int n)
19 {
20     int i;
21     srand((unsigned)time(NULL));
22     for(i=0;i<n;i++)
23          array[i]=rand()%100+1;
24 }
25 int amax(int b[],int n)
26 {
27     int i,bmax;
28     bmax=b[0];
29     for(i=1;i<n;i++)
30         if(b[i]>bmax)
31             bmax=b[i];
32     return bmax;
33 }
```

```
C:\Program Files (x86)\Dev-Cpp\Con
随机生成的10个数为:
80 29 31 39 32 63 34 72 50 2
 max=80
```

图 7.3 例题代码及运行结果

代码说明:

第 18～24 行自定义函数对数组进行初始化,第 25～33 自定义函数求一个长度为 n 的整型数组的最大元素值并返回,第 18 行和 25 行函数首部形参数组和实参数组类型要保持一致,形参数组的长度可以省略,为了在被调用函数中处理数组元素的需要,可设置一个参数传递数组元素的个数。第 21 行使用的初始化函数 srand()、23 行使用的随机函数 rand()函数在 stdlib.h 文件中定义,第 21 行中 time 函数选定当前时钟作为随机数中的函数定义在 time.h 头文件里。

7.2 二维数组

如果说一维数组对应一组有序的同类型数据,那么二维数组就相当于一个矩阵。二维数组的定义需要用行、列两个下标来描述,同样多个下标表示多维数组。例如,使用数组表示一本书就需要三维数组,分别以页号、行号、列号定位每一个字符的位置。

7.2.1 二维数组的定义、存储与初始化

1. 二维数组的定义

具有两个下标的数组称为二维数组，定义形式如下：

```
数据类型  数组名[常量表达式 1][常量表达式 2];
```

其中，“数据类型”是指数组的数据类型，也就是每个数组元素的类型。“常量表达式 1”指出数组的行大小，“常量表达式 2”指出数组的列大小，它们必须都是正整数常值。

例如：`int a[3][4]`

定义了一个二维数组 a，该数组有 3 行 4 列共 12 个元素，其数据元素为 a[0][0]、a[0][1]……a[2][3]。

二维数组可被看作一种特殊的一维数组，它的元素又是一个一维数组。上述二维数组 a 可被看作是一种特殊的一维数组，它包括 3 个元素：a[0]、a[1]、a[2]，每个元素又是一个包含 4 个元素的一维数组。

2. 二维数组的存储

C 语言中，二维数组中元素排列的顺序是按行存放的。即在内存中先顺序存放第一行的元素，再存放第二行的元素，如此等等。

例如：以下语句定义了一个 3×4(3 行 4 列)的二维数组 b，每个数组元素为 float 型。

```
float a[3][4];
```

该数组元素的存储顺序是：a[0][0]，a[0][1]，a[0][2]，a[0][3]，a[1][0]，a[1][1]，a[1][2]，a[1][3]，a[2][0]，a[2][1]，a[2][2]，a[2][3]，如图 7.4 所示。

二维数组可看成是一个特殊的一维数组，它的元素又是一维数组。上述数组 a 可以看成是由 a[0]、a[1]和 a[2]这 3 个元素组成的，每个元素又是一个包含 4 个元素的一维数组。

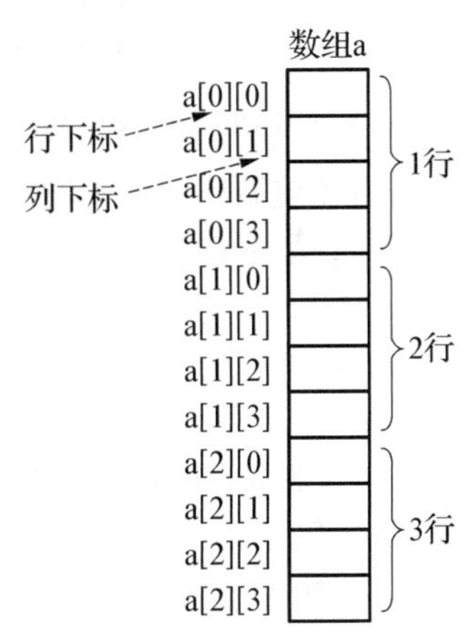

图 7.4　二维数组存储示意图

3. 二维数组的初始化

二维数组元素的初始化格式如下：

```
数据类型 数组名[行数 m][列数 n] = {初始化列表};
```

根据初始化列表的不同，二维数组元素的初始化方法也不同，常用的有以下几种：

可以用“初始化列表”对二维数组初始化。

(1) 分行给二维数组赋初值。(最清楚直观)

```
int a[3][4] = {{1,2,3,4},{5,6,7,8},{9,10,11,12}};
```

这种赋值方法比较直观，把第 1 个花括号内的数据赋给第 1 行的元素，把第 2 个花括号内的数据赋给第 2 行的元素，如此等等，即按行赋初值。

(2) 可以将所有数据写在一个花括号内，按数组元素在内存中的排列顺序对各元素依次赋初值。

```
int a[3][4] = {1,2,3,4,5,6,7,8,9,10,11,12};
```

(3) 可以对部分元素赋初值。

```
int a[3][4]={{1},{5},{9}};
int a[3][4]={{1},{0,6},{0,0,11}};
int a[3][4]={{1},{5,6}};
int a[3][4]={{1},{},{9}};
```

语句执行之后对各行的元素赋值,对一行内不够的元素自动赋值0。

(4)省略第一维的长度

如果对全部元素都赋初值(即提供全部初始数据),则定义数组时对第1维的长度可以不指定,但第2维的长度不能省。

```
int a[3][4]={1,2,3,4,5,6,7,8,9,10,11,12};
```

在定义时,按行赋值也可以省略第1维的长度。

```
int a[][4]={{0,0,3},{},{0,10}};
```

7.2.2　二维数组的引用与基本操作

1. 二维数组的引用

数组元素的引用形式如下:

数组名[行下标表达式1][列下标表达式2]

其中,"下标表达式"可以是整型常量或整型表达式,在使用数组元素时,应该注意下标值应在已定义的数组大小的范围内。如果行下标为m,列下标为n,则该二维数组共包含m*n个数组元素。其中行下标最大值为m−1,列下标最大值为n−1。

2. 二维数组的基本操作

利用多重循环可以实现对二维数组的操作。二维数组的基本操作如下:

假定有如下定义:

```
#define M 5
#define N 5
int a[M][N],i,j;
```

(1) 二维数组的输入/输出

```
for(i=0;i<M;i++)                  //二维数组的输入
      for(j=0;j<N;j++)
          scanf("%d", &a[i][j]);
for(i=0;i<M;i++)                  //按矩阵格式输出数组元素的值
      {  for(j=0;j<N;j++)
                printf("%5d ", a[i][j]);
          printf("\n");           //输出一行元素后换行
      }
```

(2) 数组元素的求和

```
sum=0;
for(i=0;i<M;i++)                 //按矩阵格式输出数组元素的值
    for(j=0;j<N;j++)
        sum+=a[i][j];
```

(3) 求二维数组中最值元素及下标

与一维数组求最值的方式相同，区别在于利用两重循环实现。

例 7.3　有一个 3×4 的矩阵，要求编程序求出其中值最大的那个元素的值，以及其所在的行号和列号。

本题的参考代码及运行结果如图 7.5 所示：

```
1  #include <stdio.h>
2  int main()
3  {
4      int i,j,row=0,colum=0,max;
5      int a[3][4]={{1,2,3,4},{9,8,7,6},{-10,10,-5,2}};
6      printf("矩阵如下:\n");
7      for(i=0;i<3;i++)
8      {
9          for(j=0;j<4;j++)
10             printf("%5d",a[i][j]);
11         printf("\n");
12     }
13     max=a[0][0];
14     for(i=0;i<=2;i++)
15         for(j=0;j<=3;j++)
16             if(a[i][j]>max)
17             {
18                 max=a[i][j];
19                 row=i;
20                 colum=j;
21             }
22     printf("max=%d,row=%d,colum=%d\n",
23     max,row,colum);
24     return 0;
25 }
```

```
C:\Program Files (x86)\De
矩阵如下:
    1    2    3    4
    9    8    7    6
  -10   10   -5    2
max=10,row=2,colum=1
```

图 7.5　例题代码及运行结果

代码说明：

代码第 5 行定义二维数组并进行完全初始化，第 7～12 行打印初始的二维数组，第 13 行对最大值设置初始值，第 14～21 行采用遍历的方法求最大元素值，第 19～20 行记录最大元素所在位置。

(4) 矩阵转置

矩阵转置其实就是以矩阵的主对角线为轴线，将元素的行与列的位置对调。

```
for(i = 0;i < N;i ++ )                //处理 a 数组中的某一行中各元素
    for (j = 0;j < = 2;j ++ )         //处理 a 数组中某一列中各元素
    {
        b[j][i] = a[i][j]; //将 a 数组元素的值赋给 b 数组相应元素
    }
```

7.2.3　多维数组

多维数组是指二维以上的数组。对于 k(k⩾2)维数组，其定义的语法格式如下：

数据类型　数组名[常量表达式 1][常量表达式 2]…[常量表达式 k];

其中，所有的维大小必须是正整数。例如，以下语句定义一个三维整型数组 a，它的三维大小分别为 3、5 和 4：

int a[3][5][4];

多维数组元素的引用方式如下：

数组名[下标表达式 1][下标表达式 2]…[下标表达式 k]

“下标表达式”是整型常量或整型常值表达式。

多维数组的所有元素仍以行优先方式顺序存放，即按第 1 维、第 2 维、…、第 k 维的顺序优先存放。本书不涉及多维数组的问题解决，这里不再详述。

7.2.4 二维数组作为函数参数传址调用

二维数组用作函数参数也有两种形式，一种是把数组元素作为函数的实参使用；另一种是把数组名作为函数的实参使用。数组元素作为函数实参使用与简单变量完全相同，这里不再举例叙述。

如果用二维数组名作为实参和形参，在对形参数组声明时，必须指定第二维的大小，且应与实参第二维的大小相同，其中行的大小可以指定，也可以不指定。

例 7.4 程序定义了 N×N 的二维数组，并在主函数中自动赋值，请编写函数使数组左下三角元素中的值全部置成 0。

本题参考代码及运行结果如图 7.6 所示：

```
1  #include <stdio.h>
2  #include <stdlib.h>
3  #define N 5
4  void fun(int a[][N])
5  {
6      int i, j;
7      for(i=0;i<N;i++)
8          for(j=0;j<=i;j++)
9              a[i][j]=0;
10 }
11 int main()
12 {
13     int a[N][N],i,j;
14     printf("***** The array *****\n");
15     for(i=0;i<N;i++)
16     {
17         for(j=0;j<N;j++)
18         {
19             a[i][j]=rand()%10;
20             printf("%4d",a[i][j]);
21         }
22         printf("\n");
23     }
24     fun(a);
25     printf ("THE RESULT\n");
26     for(i=0;i<N;i++)
27     {
28         for(j=0;j<N;j++)
29             printf("%4d",a[i][j]);
30         printf("\n");
31     }
32     return 0;
33 }
```

```
C:\Program Files (x86)\De
***** The array *****
   1   7   4   0   9
   4   8   8   2   4
   5   5   1   7   1
   1   5   2   7   6
   1   4   2   3   2
THE RESULT
   0   7   4   0   9
   0   0   8   2   4
   0   0   0   7   1
   0   0   0   0   6
   0   0   0   0   0
```

图 7.6 例题代码及运行结果

代码说明：

第 4～10 行是一个自定义函数，完成将一个二维数组左下三角元素的值全部置成 0。左下三角元素的下标特点是列下标小于或等于行下标，即程序第 8 行 for 语句中的 j <= i。第 15～23 行，对二维数组常用双重循环结构进行随机初始化并打印，第 24～31 行对调用函数 fun 实现左下三角元素中的值全部置 0 后的数组进行输出。

7.3 字符串、字符数组与字符串数组

在实际应用中，经常需要对诸如姓名、家庭住址、出版社名称等字符串进行操作，可 C 语言没有提供字符串数据类型，但我们可以通过 C 语言提供的字符数组、字符指针两种形式处理字符串。字符串是带有字符串结束符 '\0' 的一组字符，不论它是常量还是变量，存储时系统自动在最后加一个结束标识符 '\0'。

7.3.1 字符数组的定义、初始化和输入/输出

1. 字符数组的定义

字符数组定义的格式为：

```
char 数组名[行下标表达式];
```

例如：

```
char str[10];
```

定义 str 为一个字符数组，其中有 10 个元素，每个元素是一个字符。

2. 字符数组初始化

字符数组的初始化一般有以下两种方法：

(1) 逐个字符初始化字符数组

```
char a[13] = {'H','e','l','l','o',',','W','o','r','l','d','!'};
```

注意：如果花括号中提供的初值字符个数大于数组长度，则作语法错误处理，如果初值个数小于数组长度，则多余的数组元素自动定义为字符串结束符 '\0'。

(2) 对整个字符数组赋初值。

例如：

```
char a[13] = {"Hello,World!"};
```

在采用这样的方法赋初值时，编译系统会自动在字符串的结尾加上一个串结束标记，甚至还可以省略花括号。

例如：`char a[13] = "Hello,World!";`

7.3.2 字符串的输入/输出

字符串是存放在字符数组中的，所以字符串的输入和输出，实际上就是字符数组的输入和输出。

1. 使用 scanf() 函数和 printf() 函数

使用格式输入/输出函数时，用"%s"格式符将整个字符串一次输入。例如：

```
char str[15];
scanf("%s",str);
```

注意：数组名代表数组的起始地址，不能在数组名 str 前再加取地址符 &。

C 语言规定用 scanf 函数输入字符串时，默认以空格或回车键作为字符串的分隔符，因此如果输入的字符串中包含空格，将只把空格前的部分字符赋给数组。例如输入

Who are you?

若要输入上述整个字符串，可定义三个数组，用以下语句输入：

```
scanf("%s%s%s",str1,str2,str3);
```

输出的字符不包括结束符 '\0'。

```
char s[] = "string";
printf("%s", s) ;
```

输出字符串时，输出列表中也用字符数组名。如果数组长度大于字符串实际长度，遇 '\0'结束。如果字符数组中包含一个以上 '\0'，遇第一个 '\0' 结束。

2. 使用 gets()函数和 puts()函数

（1）gets 函数用来从键盘上输入一个字符串，它读入全部字符(包括空格)，直到遇到回车符为止。其使用格式为：

```
gets(字符数组)
```

例如：

```
char str[20];
gets(str);
```

该函数与 scanf()函数在输入字符串方面的差别是：使用 gets()函数输入的字符串可以包含空格，而 scanf()遇到空格时则表示输入结束。

（2）puts 函数用来输出一个字符串，其使用格式为：

```
puts(字符数组)
```

数组中可以包含 '\n' 和转义字符等。例如：

```
char s[] = "Good\nMorning";
puts(s);
```

7.3.3 字符串处理函数

C 语言提供了一些字符串有关的库函数，这些函数都定义在 string.h 中，如果需要使用这些函数，要将头文件 string.h 加载进来。

1. 字符串拷贝函数 strcpy()

格式：`strcpy(str1, str2);`

该函数的功能：实现字符串复制，并返回 str1 的值。

其中，str1 和 str2 是字符指针或者字符数组。该函数的功能是将 str2 所指向的字符串复制到 str1 所指向的字符数组中，然后返回 str1 的地址值。复制的时候，连同 str2 后面的 '\0'一起复制。

在使用该函数时注意，必须保证 str1 所指向的对象能够容纳下 str2 所指向的字符串，否则将出现错误。

2. 字符串连接函数 strcat()

格式:strcat(str1, str2);

功能:将一个字符串连接到另外一个字符串的后面,构成包含两个字符串内容的新字符串,并返回 str1 的值。

其中,str1 和 str2 是字符指针或者字符数组。该函数的功能是将 str2 所指向的字符串连接到 str1 所指向的字符数组中,然后返回 str1 的地址值。

注意:在使用该函数时必须保证 str1 所指向的对象能够容纳下 str1 和 str2 的字符,即存放结果字符数组的空间要足够大,否则将出现错误,上面两个函数的类型都是一个字符型地址。两个字符数组连接后,则前一个数组的结束字符 '\0' 消失。

3. 字符串比较函数 strcmp()

格式:strcmp(str1, str2);

功能:从左到右比较两个字符串的大小(按 ASCII 码值大小比较),直到出现不同的字符或遇到 '\0' 为止。如果两个字符串中全部字符串都相同,则认为两个字符串相等;若出现不相同的字符,则以第一个不相同的字符的比较结果为准,比较结果由函数值带回。

(1) 如果字符串 1 和字符串 2 完全相同,函数值为 0;

(2) 如果字符串 1 大于字符串 2,函数值为 1;

(3) 如果字符串 1 小于字符串 2,函数值为−1。

4. 字符串长度函数 strlen()

格式:strlen(str);

功能:计算字符串的长度。

该函数将计算 str 所指向字符串的长度,函数值为字符的实际长度,即第一个字符串结束符 '\0' 前的字符个数,不包括字符串结束符 '\0' 在内。例如:

```
char str[10] = { "Good! " }
printf(" %d\n ", strlen(str));
```

输出的结果为 5,不是 6,也不是 10。

7.3.4 字符串数组

1. 字符串数组的定义

当处理几个相关字符串时,为了处理方便,可以将它们存放在一个二维数组中,每行存放一个字符串,该类数组称为字符串数组。由于二维数组要统一定义列数,所以必须按要处理的字符串中的最大长度来定义二维数组的列数。定义形式如下:

```
char  数组名[常量表达式 1][常量表达式 2];
```

例如:char s[3][10];

采用二维字符串数组时,可先将二维变成若干个一维数组,其处理方法与一维数组相同。

2. 字符串数组赋值操作

可以使用以下几种方法对字符串数组进行赋值操作:

(1) 初始化赋值

```
char name[2][8] = {"Marry", "Smith"};
```

(2) 使用 scanf()函数赋值

```
scanf(" %s",name[0]);
```

(3) 使用标准字符串函数赋值 `strcpy(name[0], "Smith");`

(4) 使用一般赋值语句逐个字符赋值。

7.4 数组操作进阶

7.4.1 数组元素排序

排序是将一组“无序”的数据序列调整为“有序”的数据序列。排序是编程中经常进行的一种操作,针对实际数据的特点选择合适的排序算法可以使程序获得更高的效率。排序算法很多,本节只介绍三种常用的经典排序算法。

1. 冒泡法排序(Bubble Sort)

冒泡排序是一种简单的排序算法。它重复访问要排序的数列,一次比较两个元素,如果它们的顺序错误就把它们交换过来,访问数列的工作是重复地进行直到没有再需要交换的元素,也就是说该数列已经排序完成。

这个算法的名字由来是因为越小的元素会经由交换慢慢“浮”到数列的顶端(升序排列),就如同碳酸饮料中二氧化碳的气泡最终会上浮到顶端一样。

(1) 原理:比较两个相邻的元素,将值大的元素交换至右端。

(2) 思路:依次比较相邻的两个数,将小数放在前面,大数放在后面。

即在第一轮:首先比较第 1 个和第 2 个数,将小数放前,大数放后。然后比较第 2 个数和第 3 个数,将小数放前,大数放后,依次继续,直至比较最后两个数,将小数放前,大数放后。

第一轮比较完成后,最后一个数一定是数组中最大数,所以第二轮比较的时候最后一个数不参与比较;重复第一轮步骤,第二轮比较完成后,倒数第二个数也一定是数组中第二大的数,所以第三轮比较时最后两个数不参与比较;依次类推,直至全部排序完成。过程如图 7.7 所示:

相邻元素比较,前一个比后面的数大则交换位置。

第一轮完毕,最大元素 9 排在最后面

第二轮完毕,最大元素 8 排在倒数第二位

……

最终排序完成后的顺序

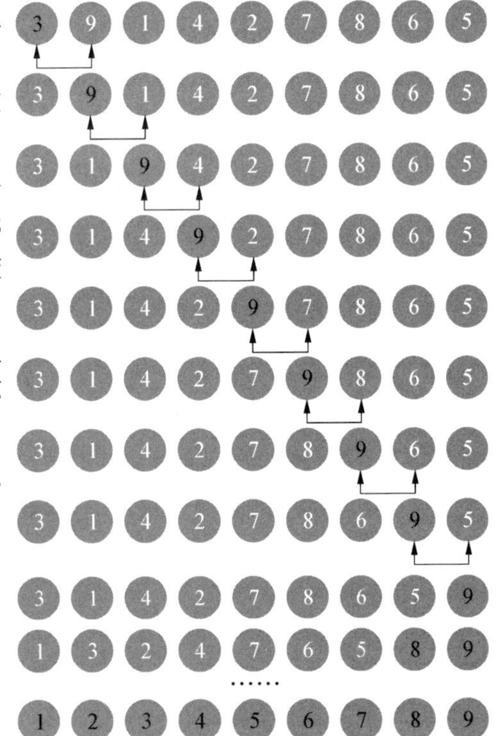

图 7.7 冒泡排序示意图

由此可见：N个数要排序完成，总共进行N－1轮排序，每i轮的排序次数为(N－1－i)次，所以可用双重循环语句，外层控制循环多少轮，内层控制每一轮的循环次数。其函数实现代码如下图7.8所示：

```
1  void bubble(int arr[],int len)
2  {
3      int i,j,temp;
4      for(i=0;i<len-1;i++)
5      {
6          for(j=0;j<len-1-i;j++)
7              if(arr[j]>arr[j+1])
8              {
9                  temp=arr[j];
10                 arr[j]=arr[j+1];
11                 arr[j+1]=temp;
12             }
13     }
14 }
```

图7.8　冒泡排序函数实现

代码说明：

第1行函数首部中，第一个形参看上去是数组，其实是个指针，用来接收函数外边需要排序数组的首地址，第二个形参接收元素个数。第4行进行len－1轮排序，第6行表示每一轮都要找出剩下没有排序元素中的最大元素，第7～12行将前后相邻的两个元素进行位置互换。

2. 交换法排序(Change Sort)

所谓交换，就是根据序列中两个数据键值的比较结果来对换这两个数据在序列中的位置，交换排序的特点是：将关键字值较大的记录向序列的尾部移动，键值较小的记录向序列的前部移动。

(1) 原理：定位比较两个元素，将值小的元素交换至前面适当位置。

(2) 思路：每一轮，将未排序序列的第一个数分别与后面所有的数进行比较，若后面的数较小，则交换这两个数。

即在第一轮：首先比较第1个和第2个数，将小数放前，大数放后。然后比较第1个数和第3个数，将小数放前，大数放后，如此继续，直至比较第1个数和第n个数，将小数放前，大数放后。

第一轮比较完成后，第1个数一定是数组中最小的数，所以第二轮比较的时候第1个数不参与比较；重复第一轮步骤，第二轮比较完成后，第2个数也一定是数组中第二小的数，所以第三轮比较时最前两个数不参与比较；依次类推，直至全部排序完成。其函数实现代码如图7.9所示：

```
1  void swap(int arr[],int len)
2  {
3      int i,j,temp;
4      for(i=0;i<len-1;i++)
5          for(j=i+1;j<len;j++)
6              if(arr[i]>arr[j])
7              {
8                  temp=arr[i];
9                  arr[i]=arr[j];
10                 arr[j]=temp;
11             }
12 }
```

图7.9　交换排序函数实现

代码说明:

代码第5行,表示在第i+1轮中,从下标为i+1位置开始到数组结束中,逐个与下标为i的元素进行比较,只要前者比后者大,就要进行互换。这种互换不能保证换到前面的就一定是这一轮排序中最小的元素。

3. 选择排序(Selection Sort)

在上面的交换算法中,我们发现有些交换并不是将恰当的数放在合适的位置,是无意义的交换,选择排序法就是对交换法的一种改进,是一种简单直观的排序算法。

(1) 原理:定位比较两个元素,找出最小的元素,将值最小的元素交换至左端。

(2) 思路:N个数要排序完成,总共进行N−1轮排序,第i轮从下标为i的位置开始,在后面所有还没有排序的位置中找出一个最小的位置,然后将这个最小位置元素与前面已经排好序部分数据的后一个位置元素进行互换。其函数实现代码如图7.10所示:

```
1  void select(int arr[],int len)
2  {
3      int i,j,temp;
4      for(i=0;i<len-1;i++)
5      {
6          k=i;
7          for(j=i+1;j<len;j++)
8              if(arr[k]>arr[j]) k=j;
9          if(k!=i)
10         {
11             temp=arr[i];
12             arr[i]=arr[k];
13             arr[k]=temp;
14         }
15     }
16 }
```

图7.10 选择排序函数实现

代码说明:

代码第6行,记录第i轮找到的没有排序元素中的最小元素摆放的位置,并设置为最小元素的当前位置,第7行从应该摆放的位置开始一直到最后,查找比当前位置更小的元素,如果找到则修改当前最小位置k的值。第9~14行,看当前的最小值位置与第i轮找到的最小值要摆放的位置是否一致,如不一致,则说明需要交换。

7.4.2 查找元素

查找就是用关键字标识一个数据元素,根据给定的某个值,在数据序列中确定一个关键字的值等于给定值的数据元素。

1. 顺序查找

顺序查找也称为线形查找,属于无序查找。是指从数据序列的一端开始,依次将扫描的结点关键字与给定值k相比较,若相等则表示查找成功;若扫描结束仍没有找到关键字等于k的结点,表示查找失败。

例7.5 随机生成10个1~100之间的互不相同的整数放在一维数组中,输入一个数,查找该数是否在上述数组里。

本题参考代码及运行结果如图7.11所示:

```c
#include <stdio.h>
#include <stdlib.h>
#include <time.h>
void input(int array[],int len);
int SequenceSearch(int arr[],int len,int value);
int main()
{
    int a[10],i,key,place;
    input(a,10);
    printf("随机生成的10个数为: \n");
    for(i=0;i<10; i++)
         printf("%d ",a[i]);
    printf("\n ");
    printf("请输入要查找的数: ");
    scanf("%d",&key) ;
    place=SequenceSearch(a,10,key);
    if(place<0)
        printf("未找到该数。\n");
    else
        printf("该数是数组的第%d个元素。\n",place+1);
    return 0;
}
void input(int array[],int len)
{
    int i;
    srand((unsigned)time(NULL));
    for(i=0;i<len;i++)
        array[i]=rand()%101;
}
int SequenceSearch(int arr[],int len,int value)
{
    int i;
    for(i=0;i<len;i++)
        if(arr[i]==value)
            return i;
    return -1;
}
```

```
C:\Program Files (x86)\Dev-Cpp\ConsolePauser.exe
随机生成的10个数为:
9 93 61 97 84 54 95 5 85 49
 请输入要查找的数: 95
该数是数组的第7个元素。
```

图 7.11　例题代码及运行结果

代码说明:

代码第 23～29 行自定义函数 input,用 time.h 里的 time 库函数,以当前时钟作为种子生成随机数对数组进行初始化,实际是生成一个 0～100 之间的整数。第 30～37 行定义查找函数实现查找功能。第 33～36 行查找 x 在数组中下标的位置作为函数值返回,若 x 不存在,则返回－1。利用 for 循环语句对数组中每个元素与 x 是否相等进行判断,如果存在数组元素与 x 相等,则返回数组元素的下标,如果不存在数组元素与 x 相等,则返回－1。

2. 二分查找

也称为是折半查找,属于有序查找算法。使用二分查找元素必须是有序的,如果是无序的,则要先进行排序操作。

二分查找基本思想:用给定值 k 先与中间结点的关键字比较,中间结点把线形表分成两个子表,若相等,则查找成功;若不相等,再根据 k 与该中间结点关键字的比较结果确定下一步查找哪个子表,这样递归进行,直到查找到或查找结束发现表中没有这样的结点。二分查找函数设计代码如图 7.12 所示:

代码说明：

代码第1行函数首部，是在一个有len个数组成的数组中查找值为value的元素，第4～5行将low、high变量分别初始化为数组首、尾元素的下标，第6～15行的循环，用迭代的方法定位值为value的元素在数组中的位置。第11～12行表示要查找的元素在前半部分，第13～14行表示要查找的元素在后半部分，第9行表示找到，返回相应的位置，如果找到，使用二分查找元素必须是有序的，如果是无序的，则要先进行排序操作。

```
1  int BinarySearch(int arr[],int len,int value)
2  {
3      int low, high, mid;
4      low=0;
5      high=len-1;
6      while(low<=high)
7      {
8          mid=(low+high)/2;
9          if(arr[mid]==value)
10             return mid;
11         if(arr[mid]>value)
12             high = mid-1;
13         if(arr[mid]<value)
14             low = mid+1;
15     }
16     return -1;
17 }
```

图 7.12 例题代码

7.4.3 数组元素的插入与删除

数组的优点在于它是连续的，所以查找数据速度很快，但这也是它的一个缺点。正因为它是连续的，所以当插入一个元素时，插入点后所有的元素全部都要向后移；而删除一个元素时，删除点后所有的元素全部都要向前移。

1. 数组元素的插入

例 7.6 向一组有序的数中插入一个整数。

假定有十个整数按由小到大的顺序放在a数组中，待插入的数放在x中。

思路：先找到该数插入的位置，然后将从尾部到该位置的数据依次后移，腾出该位置，再插入该数。

本题参考代码及运行结果如图7.13所示：

```
1  #include <stdio.h>
2  #define  N  11
3  int main( )
4  {
5      int a[N]={ 6,12,23,34,45,56,67,78,89,99 };
6      int i,x,p=0;
7      printf("please input x:");
8      scanf("%d",&x);
9      printf("原数组元素是：\n");
10     for(i=0;i<N-1;i++)
11         printf("%5d",a[i]);
12     printf("\n");
13     while(x>a[p]&&p<10 )
14         p++;
15     for(i=10;i>p;i--)
16         a[i]=a[i-1];
17     a[p]=x;
18     printf("插入后，数组元素是：\n");
19     for(i=0;i<N;i++)
20         printf("%5d",a[i]);
21     printf("\n");
22     return 0;
23 }
```

```
C:\Program Files (x86)\Dev-Cpp\ConsolePauser.exe
please input x:40
原数组元素是：
    6   12   23   34   45   56   67   78   89   99
插入后，数组元素是：
    6   12   23   34   40   45   56   67   78   89   99
```

图 7.13 例题代码及运行结果

代码说明：

代码第13～14行的循环，用来寻找插入点位置，第15～16行的循环将插入点位置开始一直到结束的所有元素，从尾部开始逐个后移一个位置，第17行在插入点位置插入需要插入的数据作为该元素值。

2. 数组元素的删除

例7.7　删除数组中的指定数。

思路：从前往后找该数位置，如果找到该数，删除，从该位置之后的数据到尾部的数据依次前移，没找到，显示说明。

本题参考代码如下图7.14所示：

```
1  #include <stdio.h>
2  #define N 10
3  int main( )
4  {
5      int a[N]={6,12,23,34,45,56,67,78,89,99};
6      int i,x,p=0;
7      printf("原数组元素是：\n");
8      for(i=0;i<N;i++)
9          printf("%5d",a[i]);
10     printf("\n");
11     printf("please input x:");
12     scanf("%d", &x);
13     while(x!=a[p]&&p<N)
14         p++;
15     if(p<N)
16     {
17         for(i=p;i<N-1;i++)
18             a[i]=a[i+1];
19         printf("删除后，数组元素是：\n");
20         for(i=0;i<N-1;i++)
21             printf("%5d",a[i]);
22         printf("\n");
23     }
24     else
25         printf("该数不存在！！\n");
26     return 0;
27 }
```

图7.14　例题代码

代码说明：

代码13～14行循环的功能是寻找要删除元素的位置，15～25行中的17～19行是找到要删除元素时的处理情况，即从要删除元素后面的一个元素开始一直到最后，从前往后将每一个元素向前移动一个位置。这样原先最后一个元素在数组中会出现两次，在输出时只能输出一个，如20～21行代码中的条件i<N－1。

例7.8　删除字符串中的所有小写字母'c'。

思路：删除指定字符可以看作是特殊的字符串复制操作，复制过程中是只复制非'c'字符。

本题参考代码如图7.15所示：

```
1  #include <stdio.h>
2  void fun(char s[])
3  {
4      int i,j;
5      for(i=j=0;s[i]!='\0';i++)
6          if(s[i]!='c')
7          {
8              s[j]=s[i];
9              j++;
10         }
11         s[j]='\0';
12 }
13 int main()
14 {
15     char s[80];
16     printf("Enter a string: ");
17     gets(s);
18     fun(s);
19     printf("The string after deleted : ");
20     puts(s);
21     printf("\n");
22     return 0;
23 }
```

图 7.15 例题代码

代码说明：

代码第 2～12 行自定义功能函数，其中第 5 行从头到尾扫描原字符串所在数组中的元素，数组元素下标用 i 表示，发现非 'c' 字符，就放在以 j 作为下标的元素位置。删除结束后要给字符串写入结束符 '\0'，即代码第 11 行实现的功能。输出时从首元素开始，直到第一个结束符 '\0'。

7.5 综合实例

1. 综合实例一

问题描述：

进制转换问题。编写一个程序，将输入的十进制正整数转换成十六进制整数后输出。

问题分析：

本题采用辗转相除法（求 16 的余数得到十六进制各位，再整除 16 直到 0 为止）实现进制的转换，如十进制数 5678 转换为十六进制整数的过程如图 7.16 所示：

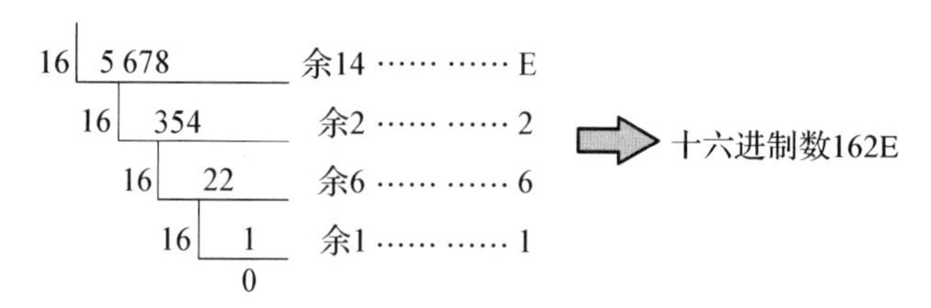

图 7.16 转换过程

进制转换问题的流程图如图 7.17 所示：

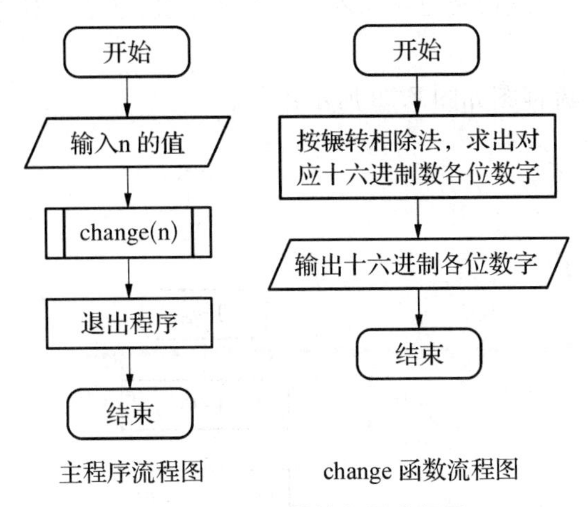

主程序流程图　　change 函数流程图

图 7.17 进制转换问题流程图

参考代码及运行结果如图 7.18 所示：

代码说明：

代码第 11～36 行自定义函数 change 实现将十进制整数 n 转换成十六进制数，第 14～18 行按照辗转相除法，从低位到高位求出对应十六进制数各个位置上的数字，并保存在数组 b 中。第 20～35 行，从高位到低位输出数组中保存的十六进制各位数字，如果超过 9，则通过第 26～33 行的代码进行置换。

```
1  #include <stdio.h>
2  void change(int n);
3  int main()
4  {
5      int n;
6      printf("输入一个正整数:");
7      scanf("%d",&n);
8      change(n);
9      return 0;
10 }
11 void change(int n)
12 {
13     int b[20],i=0,j;
14     while(n>0)
15     {
16         b[i++]=n%16;
17         n=n/16;
18     }
19     printf("对应的16进制数:");
20     for(j=i-1;j>=0;j--)
21     {
22         if(b[j]<=9)
23             printf("%d",b[j]);
24         else
25         {
26             switch(b[j])
27             {
28             case 10:printf("A");break;
29             case 11:printf("B");break;
30             case 12:printf("C");break;
31             case 13:printf("D");break;
32             case 14:printf("E");break;
33             }
34         }
35     }
36 }
```

```
C:\Program Files (x86)\Dev-C
输入一个正整数:59
对应的16进制数:3B
```

图 7.18 例题代码及运行结果

2. 综合实例二

问题描述：

找最大数序列问题。输入 n 行，每行不超过 100 个无符号整数，无符号数不超过 4 位。请编写程序输出最大整数以及最大整数所在的行号(行号从 1 开始)。如果该数据在多个行中出现，则由小到大输出相应行号，行号之间以一个逗号分开。

问题分析：

本题可以通过先设计一个定义函数实现数组初始化，并返回数组的最大元素值。然后查找最大元素值在整个数组中出现的行数，考虑到打印结果需要在行号后加逗号，并且最后一个行号后没有逗号，可以再设计一个函数，将最大值所在行号写入一个一维数组中，并返回数组中保存的行号的个数，最后对这个数组中保存的行号进行处理。

找最大数序列问题流程图如图 7.19 所示：

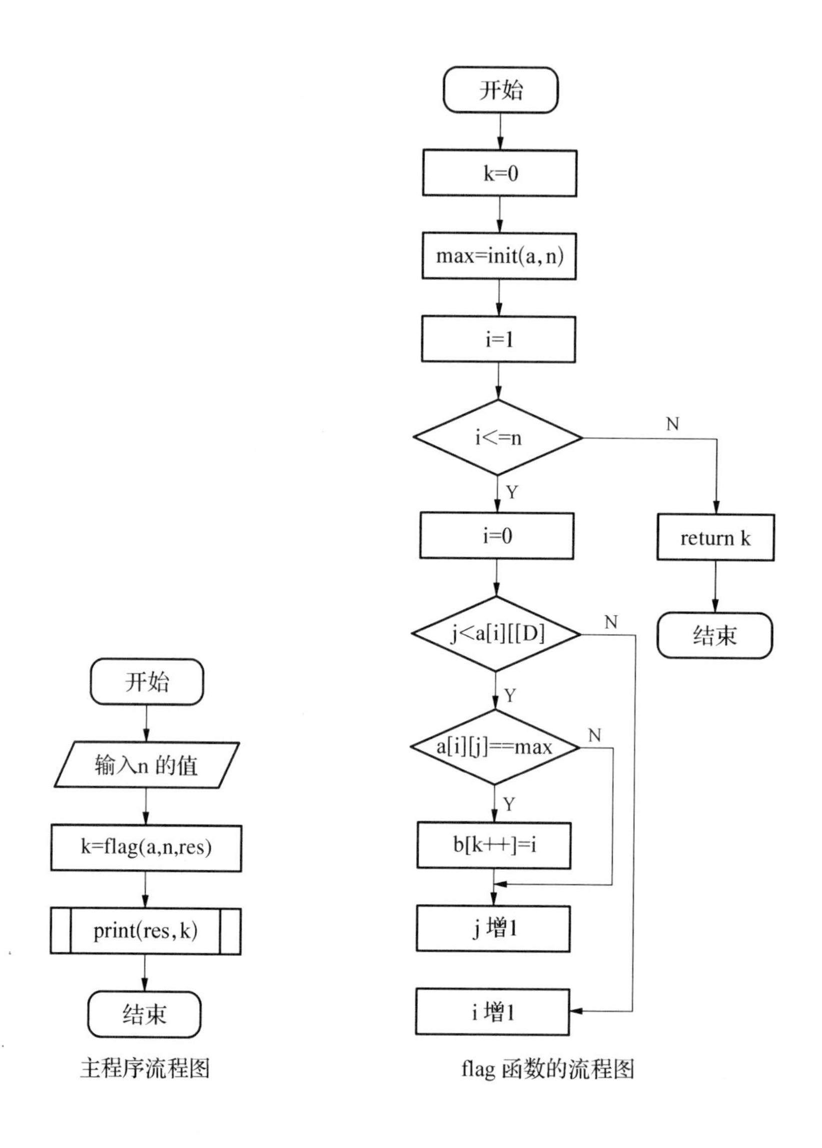

主程序流程图

flag 函数的流程图

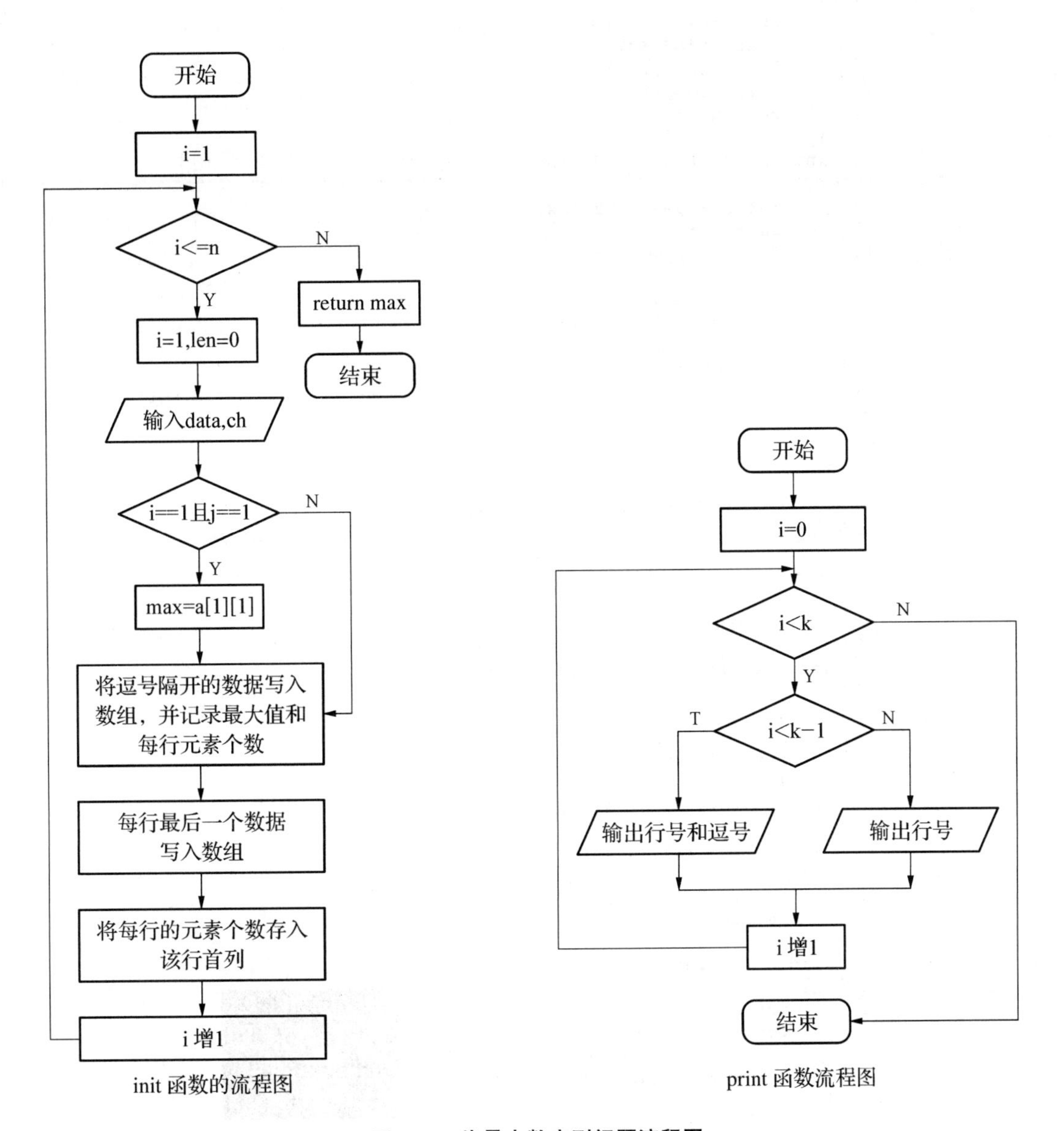

图 7.19 找最大数序列问题流程图

本题的参考代码及运行结果如图 7.20 所示：

```
1  #include <stdio.h>
2  #define N 30
3  int init(int a[][100],int n);
4  int flag(int a[][100],int n,int b[100]);
5  void print(int a[],int k);
6  int main()
7  {
8      int a[N+1][100]={-1},n,i,j,k,data,max,res[N],len=0;
9      scanf("%d",&n);
10     k=flag(a,n,res);
11     print(res,k);
12     return 0;
13 }
14 int init(int a[][100],int n)
15 {
16     int i,j,len,data,max;
17     char ch;
18     for(i=1;i<=n;i++)
19     {
20         j=1,len=0;
21         scanf("%d%c",&data,&ch);
22         if(i==1&&j==1) max=a[1][1];
23         while(ch==',')
24         {
25             len++;
26             a[i][j]=data;
27             if(a[i][j]>max) max=a[i][j];
28             j++;
29             scanf("%d%c",&data,&ch);
30         }
31         a[i][j]=data;
32         a[i][0]=len+1;
33     }
34     return max;
35 }
36 int flag(int a[][100],int n,int b[100])
37 {
38     int i,j,k=0,max;
39     max=init(a,n);
40     for(i=1;i<=n;i++)
41     {
42         for(j=0;j<=a[i][0];j++)
43         {
44             if(a[i][j]==max) b[k++]=i;
45         }
46     }
47     return k;
48 }
49 void print(int a[],int k)
50 {
51     int i;
52     for(i=0;i<k;i++)
53         if(i<k-1) printf("%d,",a[i]);
54         else printf("%d",a[i]);
55 }
```

```
C:\Program Files (x86)\Dev
6
1,3,5,23,6,8,14
20,22,13,4,16
23,12,17,22
2,6,10,9,3,6
22,21,20,8,10
22,1,23,6,8,19,23
1,3,6,6
```

图 7.20　例题代码及运行结果

代码说明:

代码中,第3~5行是三个自定义函数的声明,第14~35行自定义函数 init(),其中第18~33行,完成形参数组a的初始化,第22行设置数组中最大元素的初始值,第23~30行的循环对输入中用逗号隔开的数据进行处理,写入数组中去,第31行处理每行输入的最后一个数据,第25行记录每一行的元素个数,并将每行的元素个数保存到该行的首列元素中,即第32行实现的功能。第34行将函数求得的最大元素值作为函数的返回值,所以该函数的类型为int型,该函数并没有被主函数直接调用,而是被自定义函数flag间接调用实现其价值。第36～48行的自定义函数flag,实现将二维数组a中所有最大元素出现的行号依次写到一维数组b中,并将最大元素出现的次数作为函数的返回值。第49～55行是一个void类型的自定义函数,该函数实现将一维数组中保存的行号依次打印,并在行号之间用逗号隔开。

7.6 项目实训

7.6.1 猜拳游戏

1. 实训目的

通过“猜拳游戏”程序设计,加深对数组的认识,熟练掌握数组的定义方法、数组的赋值和数组的使用。掌握字符数组的使用,掌握数组作为参数的传递方式。

2. 实训内容

本次游戏实例内容主要是将每把胜负的情况以比分形式显示在每一行的最后,并实现当退出程序时,将总的战况显示在最下面;添加登录模块、密码显示模块,将登录的玩家姓名显示在玩家信息下。

分析:

针对第六章游戏实例提出的“每行显示胜负”的改进目标,可以通过定义一个一维整型数组“score”来实现,在“displayResult”函数中进行成绩统计并输出在每一行最后;当退出程序时,调用“displayTotalResult”函数显示总的战况情况。添加登录“login”函数和密码输入“pass”函数,登录成功后,调用玩家信息函数“playerInfo”,将玩家姓名显示在玩家信息下。

3. 实训准备

硬件:PC机一台

软件:Windows系统、VS2012开发环境

将第6章“游戏实例6”文件夹复制一份,并将复制后的文件夹重命名为“游戏实例7”。进入“游戏实例7”找到“finger-guessing”文件双击,打开项目文件。

4. 实训代码

依据实例内容分析,在“finger-guessing.c”源文件中修改相关代码。具体修改的代码如下:

```
/*
    猜拳游戏
*/
#include<stdio.h>
#include<stdlib.h>
#include<conio.h>
#include<time.h>
```

```
//-----------------宏定义---------------------------------
#define NUM 10
#define NUM2 4
//-------------------------------------------------------
void printEq(int n);
void playerInfo();
void initMenu();
int input();
int playAgain();
int exceptiont(int playerVal);
int end(int playerVal);
void displayFist(int computerVal, int playerVal);
void displayResult(int computerVal, int playerVal, int score[]);
void displayTotalResult(int score[]);
int main()
{
    int computerVal, playerVal;
    int flagExcep, flagEnd, flagContinue;
    //用来记录成绩,score[0]:玩家胜的次数,score[1]:电脑胜的次数,score[3]:平局次数
    int score[3] = {0,0,0};
    playerInfo();
    initMenu();
    srand((unsigned)time(NULL));
    while(1)
    {
        computerVal = (int)(rand() % (3.1 + 1) + 1);
        playerVal = input();
        flagExcep = exceptiont(playerVal);
        if(flagExcep == 1)
            continue;
        flagEnd = end(playerVal);
        if(flagEnd == 1){
            displayTotalResult(score);
            flagContinue = playAgain();
            if(flagContinue == 1){
                system("cls");
                playerInfo();
                initMenu();
                continue;
            }
            else{
                printf("欢迎下次再来玩!\n");
                break;
```

```
                }
            }
            displayFist(computerVal,playerVal);
            displayResult(computerVal,playerVal,score);
        }
        return 0;
}
//打印 58 个等于号
void printEq(int n)
{
        if(n == 1)
            printf(" ");
        else
            printEq(n - 1);
        printf(" = ");
        if(n == 58)
            printf("\n");
}
//玩家信息
void playerInfo()
{
        printf(" % * s玩 家 信 息\n",24,"");
        printEq(58);
        printf("| % * s姓 名:匿   名 % * s|\n",5,"",40,"");
        printEq(58);
}
//初始界面
void initMenu()
{
        printf(" % * s猜 拳 游 戏\n",24,"");
        printEq(58);
        //每组有 10 个"-",有 4 组,每个汉字间隔 2 空格
        printf("| % * s拳值:0、退出 1、石头 2、剪刀 3、布 % * s|\n",NUM + 2,"",NUM + 2,"");
        printEq(58);
        printf("|----------用   户----------电   脑---------结   果---------|\n");
}
//玩家输入拳值
int input()
{
        int playerVal;
        printf("|请出拳:");
        playerVal = _getche() - 48;
        return playerVal;
```

```
}
//判断拳值是否异常
int exceptiont(int playerVal)
{
    int flagExcep = 0;
    if(playerVal < 0 || playerVal > 3){
        printf("%*s拳值只能是0到3中一个整数%*s|\n",NUM+3,"",NUM+3,"");
        flagExcep = 1;
    }
    return flagExcep;
}
//判断拳值是否为0,为0结束
int end(int playerVal){
    int flagEnd = 0;
    if(playerVal == 0){
        printf("%*s退出%*s|\n",23,"",23,"");
        flagEnd = 1;
    }
    return flagEnd;
}
//在退出时,询问是再玩一次?
int playAgain()
{
    int flagContinue;
    char again;
    printf("\n");
    printf("\n");
    printf("是否重新再玩一次(y/n):");
    againScanf:  scanf("%c",&again);
    fflush(stdin); //清除输入
    if(again == 'Y' || again == 'y')
        flagContinue = 1;
    else if(again == 'N' || again == 'n')
    {
        flagContinue = 0;
    }
    else{
        printf("只能输入y/n,请重新输入:");
        goto againScanf;
    }
    return flagContinue;
}
//显示出的拳
```

```
void displayFist(int computerVal, int playerVal)
{
    switch(playerVal)
    {
    case 1:
        //"石"前有2个空格,"石头"中间2个空格,"V"前有4个空格,"S"后有4个空格
        printf("  石  头%*sVS%*s",NUM2,"",NUM2,"");
        break;
    case 2:
        //"剪"前有2个空格,"剪刀"中间2个空格,"V"前有4个空格,"S"后有4个空格
        printf("  剪  刀%*sVS%*s",NUM2,"",NUM2,"");
        break;
    case 3:
        //"布"前有2个空格,"V"前有6个空格,"S"后有4个空格
        printf("    布%*sVS%*s",NUM2+2,"",NUM2,"");
    }
    switch(computerVal)
    {
    case 1:
        //"石头"中间有2个空格,后有10个空格
        printf("石  头%*s",NUM,"");
        break;
    case 2:
        //"剪刀"中间有2个空格,后有10个空格
        printf("剪  刀%*s",NUM,"");
        break;
    case 3:
        //"布"前有2个空格,"布"后有12个空格
        printf("  布%*s",NUM+2,"");
    }
}
//判断并显示每一把的结果
void displayResult(int computerVal, int playerVal, int score[])
{
    int result = ( computerVal - playerVal + 4) % 3 -1;
    //玩家获胜
    if (result > 0)
    {
        //"玩家胜"后有10个空格
        printf("玩家胜%*s|",NUM,"");
        score[0]++;
    }
    else if ((result == 0))
```

```
        {
            //"平局",中间有 2 个空格,后有 10 个空格
            printf("平  局%*s|",NUM,"");
            score[2]++;
        }
        else{
            //"电脑胜"后有 10 个空格
            printf("电脑胜%*s|",NUM,"");
            score[1]++;
        }
        printf("%d:%d\n",score[0],score[1]);
    }
    //当退出时,显示总的战况
    void displayTotalResult(int score[])
    {
        int i,times = 0;
        float winRate; //胜率
        for(i=0;i<3;i++){
            times = times + score[i];
        }
        if(times == 0) //如果比赛次数为 0,则胜率为 0
            winRate = 0;
        else
            winRate = (float)score[0] /times * 100;
        printEq(58);
        printf("|%*s战      况%*s|\n",24,"",24,"");
        printEq(58);
        printf("|-----总盘数-----玩  家-----电  脑-----平 局----胜 率-----|\n");
        printEq(58);
        printf("|%9d%11d%11d%10d%12.2f%%|\n",times,score[0],score[1],score[2],
winRate);
        printEq(58);
        //将 score 数组重新置为 0,否则会影响重玩时的成绩统计
        for(i=0;i<3;i++)
            score[i] = 0;
    }
```

5. 实训结果

按键盘上"F5"执行上述代码,将出现登录的模块,在"用户名"后输入"wang",在"密码"后输入"123",密码部分将以"*"提示。登录成功后,将显示"猜拳游戏"界面,并在上方显示"玩家信息"。在游戏中的输入值请参考"游戏实例 6",区别在于当每次输入拳值时,将在每行最后显示比分;当输入"0"时,将在下方显示总的战况情况。运行结果如图 7.21 所示:

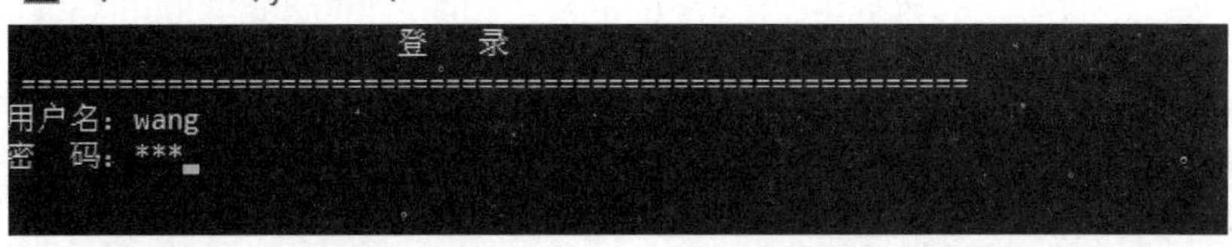

选定 C:\WINDOWS\system32\cmd.exe

```
                   玩 家 信 息
=================================================================
|    姓 名: wang                                              |
=================================================================
                   猜 拳 游 戏
=================================================================
|           拳值:0、退出 1、石头 2、剪刀 3、布                  |
=================================================================
|----------玩  家----------电  脑----------结  果----------|
|请出拳:1  石  头    VS    石  头          平  局          |0:0
|请出拳:2  剪  刀    VS      布            玩家胜          |1:0
|请出拳:3    布      VS    石  头          玩家胜          |2:0
|请出拳:4           拳值只能是0到3中一个整数                |
|请出拳:1  石  头    VS      布            电脑胜          |2:1
|请出拳:2  剪  刀    VS      布            玩家胜          |3:1
|请出拳:3    布      VS      布            平  局          |3:1
|请出拳:0                   退出                           |
=================================================================
|                     战      况                              |
=================================================================
|-----总盘数-----玩  家-----电  脑-----平 局-----胜 率-----|
=================================================================
|       6         3         1         2       50.00%      |
=================================================================


是否重新再玩一次 (y/n) :
```

图 7.21 结果显示

6. 实训总结

在C程序中,数组是处理数据最常用的一种方式,必须非常熟练掌握数组的定义,数组的赋值,数组的输出,以及数组作为参数的使用,掌握字符数组的使用方式。

7. 实训目标

在本次游戏实例程序中,数组在作为参数传递时,能否将其改为指针的形式?同学们可以带着问题进入后续C语言的学习,相信大家一定能找到解决的办法。

7.6.2 飞机打靶游戏

1. 在飞机打靶游戏中需要对靶子的位置进行初始化,试编写一个程序,定义两个容量为7的一维数组,分别用于表示靶子坐标的行坐标和列坐标,要求行坐标取值0～3,列坐标取值0～49,并最后在屏幕上打印出来。

参考代码如下:

```
#include <stdio.h>
```

```
#include <stdlib.h>
int main()
{
    int D_x[7],D_y[7],i;
    for(i=0;i<7;i++)
    {
        D_x[i]=rand()%3;
        D_y[i]=rand()%50;
        printf("(%d.%d)",D_x[i],D_y[i]);
    }
    return 0;
}
```

2. 创建一个 25 * 50 的二维字符数组，将上题中定义的靶子坐标对应二维字符数组元素值设置为'+'，将己方飞机坐标(24,25)对应二维字符数组的元素值设置为'*'，其他元素全为空格，运行效果如图 7.22 所示：

图 7.22　靶子及飞机初始位置显示

参考代码如下：

```
#include <stdio.h>
#include <stdlib.h>
#define high 25
#define width 50
int main()
{
    char Sc[25][50];
    int i,j,x=high-1,y=width/2,D_x[7],D_y[7];
```

```
    for(i=0;i<7;i++)
    {
        D_x[i]=rand()%3;
        D_y[i]=rand()%width;
    }
    for(i=0;i<high;i++)
    {
        for(j=0;j<width;j++)
        {
            Sc[i][j]=' ';
        }
    }
    for(i=0;i<7;i++)
    {
        Sc[D_x[i]][D_y[i]]='+';
    }
    Sc[x][y]='*';
    for(i=0;i<25;i++)
    {
        for(j=0;j<50;j++)
        {
            putchar(Sc[i][j]);
        }
        printf("|\n");
    }
    for(j=0;j<=50;j++)
        putchar('-');
    return 0;
}
```

7.7 习 题

1. 以下叙述中正确的是(　　)。

A. 一条语句只能定义一个数组

B. 数组说明符的一对方括号中只能使用整型常量,而不能使用表达式

C. 每个数组包含一组具有同一类型的变量,这些变量在内存中占有连续的存储单元

D. 在引用数组元素时,下标表达式可以使用浮点数

2. 下列定义数组的语句中,正确的是(　　)。

A. `int N=10; int x[N];`　　B. `#define N 10 int x[N];`

C. `int x[0..10];`　　D. `int x[];`

3. 若有定义语句:int m[ ]=(15,4,3,2,1),i=4;,则下面对 m 数组元素的引用中错误的是(　　)。

A. m[--i]　　B. m[2*2]　　C. m[m[0]]　　D. m[m[i]]

4. 要定义一个具有 5 个元素的整型数组，以下错误的定义语句是（　　）。

A. int a[5] = {0};　　B. int b[] = {0,0,0,0,0};

C. int c[2+3]　　D. int i = 5,d[i];

5. 有以下程序

```
#include <stdio.h>
int main()
{
    int s[12] = {1,2,3,4,4,3,2,1,1,1,2,3},c[5] = {0},i;
    for(i = 0;i < 12; ++i)
        c[s[i]]++;
    for(i = 1;i < 5;i++)
        printf("%d",c[i]);
    printf("\n");
    return 0;
}
```

程序运行后的输出结果是（　　）。

A. 4332　　B. 2344　　C. 1234　　D. 1123

6. 有以下程序

```
#include <stdio.h>
void fun(int a[], int n)
{
    int i, t;
    for(i = 0; i < n/2; i++)
    {
        t = a[i]; a[i] = a[n-1-i]; a[n-1-i] = t;
    }
}
int main()
{
    int k[10] = {1,2,3,4,5,6,7,8,9,10}, i;
    fun(k,5);
    for(i = 2; i < 8; i++) printf("%d", k[i]);
    printf("\n");
    return 0;
}
```

程序运行后的输出结果是（　　）。

A. 876543　　B. 321678　　C. 1098765　　D. 345678

7. 设有定义：int x[2][3];，则以下关于二维数组 x 的叙述错误的是（　　）。

A. 数组 x 可以看作是由 x[0]和 x[1]两个元素组成的一维数组

B. 可以用 x[0]=0 的形式为数组所有元素赋初值 0

C. 元素 x[0]可看作是由 3 个整型元素组成的一维数组

D. x[0]和 x[1]是数组名，分别代表一个地址常量

8. 以下数组定义中错误的是(　　)。

A. `int x[][3] = {0};`　　B. `int x[2][3] = {{1,2},{3,4},{5,6}};`

C. `int x[][3] = {{1,2,3},{4,5,6}};`　　D. `int x[2][3] = {1,2,3,4,5,6};`

9. 若有定义语句:`int a[3][6];`,按在内存中的存放顺序,a 数组的第 10 个元素是(　　)。

A. a[0][4]　　B. a[0][3]　　C. a[1][3]　　D. a[1][4]

10. 有以下程序

```
#include <stdio.h>
#define N 4
void fun(int a[][N],int b[])
{
    int i;
    for(i = 0;i < N;i ++ )b[i] = a[i][i] - a[i][N - 1 - i];
}
int main()
{
    int x[N][N] = {{1,2,3,4},{5,6,7,8},{9,10,11,12},{13,14,15,16}},y[N],i;
    fun(x,y);
    for(i = 0;i<N;i + + ) printf(" %d,",y[i]); printf("\n");
    return 0;
}
```

程序运行后的输出结果是(　　)。

A. −12,−3,0,0,　　B. −3,−1,1,3,　　C. 0,1,2,3,　　D. −3,−3,3,3,

11. 下面是有关 C 语言字符数组的描述,其中错误的是(　　)。

A. 不可以用赋值语句给字符数组名赋字符串

B. 可以用输入语句把字符串整体输入给字符数组

C. 字符数组中的内容不一定是字符串

D. 字符数组只能存放字符串

12. 已有定义:`char a[] = "xyz",b[] = {'x','y','z'};`,以下叙述中正确的是(　　)。

A. 数组 a 和 b 长度相同　　B. a 数组长度小于 b 数组长度

C. a 数组长度大于 b 数组长度　　D. 上述说法都不对

13. 设有定义:`char s[81]; int i = 0;`,以下不能将一行(不超过 80 个字符)带有空格的字符串正确读入的语句或语句组是(　　)。

A. `while((s[i + + ] = getchar())! = '\n');s[i] = '\0';`

B. `gets(s);`

C. `scanf(" %s",s);`

D. `do { scanf(" %c", &s[i]); } while(s[i +  + ]! = '\n'; s[i] = '\0';`

14. 有以下程序

```
int main()
{
    char a[5][10] = {"one","two", "three" ,"four" ,"five"};
    int i,j;
```

```
    char t;
    for(i = 0;i<4;i + + )
        for(j = i + 1;j<5;j + + )
            if(a[i][0]>a[j][0])
            {t = a[i][0];a[i][0] = a[j][0];a[j][0] = t;}
    puts(a[1]);
    return 0;
}
```

程序运行后的输出结果是(　　)。

A. fwo　　B. owo　　C. two　　D. fix

15. 有下列程序

```
#include < stdio.h >          //fun 函数的功能是将 a 所指数组元素从大到小排序
void fun(int a[], int n)
{
    int t, i, j;
    for(i = 0;i < n - 1;i++)
        for(j = i + 1;j < n;j++)
            if(a[i]< a[j]) {t = a[i];a[i] = a[j];a[j] = t;}
}
int main()
{
    int c[10] = {1,2,3,4,5,6,7,8,9,0}, i;
    fun(c + 4,6);
    for(i = 0;i < 10;i++)
        printf(" %d,",c[i]);
    printf("\n");
    return 0;
}
```

程序运行后的输出结果是(　　)。

A. 1,2,3,4,9,8,7,6,5,0,　　B. 0,9,8,7,6,5,1,2,3,4,

C. 0,9,8,7,6,5,4,3,2,1,　　D. 1,2,3,4,5,6,7,8,9,0,

16. 程序填空。

要求:请在程序的下划线处填入正确的内容并把下划线删除,使程序得出正确的结果。

注意:不得增行或删行,也不得更改程序的结构。

(1) 函数 fun 的功能是:逆置数组元素中的值。例如:若 a 所指数组中的数据依次为 1、2、3、4、5、6、7、8、9,则逆置后依次为 9、8、7、6、5、4、3、2、1。形参 n 给出数组中数据的个数。

```
#include < stdio.h >
void fun(int a[], int n)
{
int i,t;
/********** found **********/
```

```
  for (i=0; i<____①____; i++)
  {
     t=a[i];
/********** found **********/
     a[i] = a[n-1-____②____];
/********** found **********/
     ____③____ =t;
  }
}
int main()
{
    int b[9]={1,2,3,4,5,6,7,8,9}, i;
    printf("\nThe original data :\n");
    for (i=0; i<9; i++)
       printf(" %4d ", b[i]);
    printf("\n");
    fun(b, 9);
    printf("\nThe data after invert :\n");
    for (i=0; i<9; i++)
       printf(" %4d ", b[i]);
    printf("\n");
    return 0;
}
```

(2) 用筛选法可得到 2～n(n<10 000)之间的所有素数，方法是：首先从素数 2 开始，将所有是 2 的倍数的数从数表中删去(把数表中相应位置的值置成 0)；接着从数表中找下一个非 0 数，并从数表中删去该数的所有倍数；依此类推，直到所找的下一个数等于 n 为止。这样会得到一个序列：

2,3,5,7,11,13,17,19,23,……

函数 fun 用筛选法找出所有小于等于 n 的素数，并统计素数的个数作为函数值返回。

```
#include <stdio.h>
int fun(int n)
{
    int a[10000], i,j, count=0;
    for (i=2; i<=n; i++) a[i] = i;
    i = 2;
    while (i<n) {
/********** found **********/
    for (j=a[i]*2; j<=n; j+=____①____)
        a[j] = 0;
    i++;
/********** found **********/
    while (____②____ ==0)
```

```
        i++;
    }
    printf("\nThe prime number between 2 to %d\n", n);
    for (i=2; i<=n; i++)
/********** found **********/
        if (a[i]!= ___③___)
        {count++; printf(count%15?"%5d": "\n%5d",a[i]);}
    return count;
}
int main()
{
    int n=20, r;
    r=fun(n);
    printf("\nThe number of prime is : %d\n", r);
    return 0;
}
```

(3) 给定程序中,函数 fun 的功能是:将 s 所指字符串中的所有数字字符移到所有非数字字符之后,并保持数字字符串和非数字字符串原有的先后次序。例如,形参 s 所指的字符串为 def35adh3kjsdf7,执行结果为 defadhkjsdf3537。

```
#include <stdio.h>
void fun(char s[])
{
    int i, j=0, k=0; char t1[80], t2[80];
    for(i=0; s[i]!='\0'; i++)
    if(s[i]>='0' && s[i]<='9')
    {
/********** found **********/
        t2[j]=s[i];
        ___①___;
    }
    else t1[k++]=s[i];
    t2[j]=0; t1[k]=0;
/********** found **********/
    for(i=0; i<k; i++) ___②___;
/********** found **********/
    for(i=0; i<___③___; i++) s[k+i]=t2[i];
}
int main()
{
    char s[80]="ba3a54j7sd567sdffs";
    printf("\nThe original string is : %s\n",s);
    fun(s);
    printf("\nThe result is : %s\n",s);
```

```
    return 0;
}
```

17. 程序改错

要求:请改正程序中的错误,使它能得出正确结果。

注意:不得增行或删行,也不得更改程序的结构!

(1) 由 N 个有序整数组成的数列已放在一维数组中,给定程序 MODI1.C 中函数 fun 的功能是:利用折半查找算法查找整数 m 在数组中的位置。若找到,返回其下标值;反之,返回-1。

折半查找的基本算法是每次查找前先确定数组中待查的范围:low 和 high(low < high),把 m 与中间位置(mid)中元素的值进行比较。如果 m 的值大于中间位置元素中的值,则下一次的查找范围落在中间位置之后的元素中;反之,下一次的查找范围落在中间位置之前的元素中。直到 low > high,查找结束。

```
#include <stdio.h>
#define N 10
/************ found ************/
void fun(int a[ ], int m)
{
    int low = 0, high = N - 1, mid;
    while(low <= high)
    {
        mid = (low + high) /2;
        if(m < a[mid])
        high = mid - 1;
/************ found ************/
        else if(m > a[mid])
            low = mid + 1;
        else return(mid);
    }
    return( - 1);
}
int main()
{
    int i, a[N] = { - 3,4,7,9,13,45,67,89,100,180 },k,m;
    printf("a 数组中的数据如下:");
    for(i = 0;i < N;i ++ ) printf(" %d ", a[i]);
    printf("Enter m: "); scanf(" %d",&m);
    k = fun(a,m);
    if(k >= 0) printf("m = %d, index = %d\n",m,k);
    else printf("Not be found! \n");
    return 0;
}
```

(2) 给定程序中,函数 fun 的功能是:输出 M 行 M 列整数方阵,然后求两条对角线上元素之和,返回此和数。请改正程序中的错误,使它能得出正确的结果。

```
#include <stdio.h>
#define M 5
/************ found ************/
int fun(int n, int xx[][])
{
    int i, j, sum = 0;
    printf("\nThe %d x %d matrix:\n", M, M);
    for(i = 0; i < M; i++)
    {
        for(j = 0; j < M; j++)
        printf(" %4d", xx[i][j]);
        printf("\n");
    }
    for(i = 0 ; i < n ; i++)
        sum += xx[i][i] + xx[i][n - i - 1];
    return(sum);
}
int main()
{
    int aa[M][M] = {{1,2,3,4,5},{4,3,2,1,0},{6,7,8,9,0}, {9,8,7,6,5},{3,4,5,6,7}};
    printf ("\nThe sum of all elements on 2 diagnals is %d.",fun(M, aa));
    return 0;
}
```

(3) 给定程序中函数 fun 的功能是:将 s 所指字符串中位于奇数位置的字符或 ASCII 码为偶数的字符放入 t 所指数组中(规定第一个字符放在第 0 位中)。

例如,字符串中的数据为 AABBCCDDEEFF,则输出应当是 ABBCDDEFF。请改正函数 fun 中指定部位的错误,使它能得出正确的结果。

注意:不要改动 main 函数,不得增行或删行,也不得更改程序的结构。

```
#include <stdio.h>
#include <string.h>
#define N 80
void fun(char s[N], char t[])
{
    int i, j = 0;
    for(i = 0; i < (int)strlen(s); i++)
        /*********** found ***********/
        if(i % 2 && s[i] % 2 = = 0)
            t[j++] = s[i];
    /*********** found ***********/
    t[i] = '\0';
}
```

```
int main()
{
    char s[N], t[N];
    printf("\nPlease enter string s : ");
    gets(s);
    fun(s, t);
    printf("\nThe result is : %s\n",t);
    return 0;
}
```

18. 程序设计

注意:请勿改动主函数 main 和其他函数中的任何内容,仅在函数 fun 的花括号中填入编写的若干语句。

(1) m 个人的成绩存放在 score 数组中,请编写函数 fun,它的功能是:将低于平均分的人数作为函数值返回,将低于平均分的分数放在 below 所指的数组中。

例如,当 score 数组中的数据为 10、20、30、40、50、60、70、80、90 时,函数返回的人数应该是 4,below 中的数据应为 10、20、30、40。

```
#include <stdio.h>
#include <string.h>
int fun(int score[], int m, int below[])
{
}
int main()
{
    int i, n, below[9] ;
    int score[9] = {10, 20, 30, 40, 50, 60, 70, 80, 90} ;
    n = fun(score, 9, below);
    printf("\nBelow the average score are: ");
    for (i=0; i<n ; i++ )
        printf(" %d ", below[i]);
    return 0;
}
```

(2) 请编写函数 fun,它的功能是:实现 $B=A+A^T$,即把矩阵 A 加上 A 的转置,存放在矩阵 B 中,计算结果在 main 函数中输出。请勿改动主函数 main 和其他函数中的任何内容,仅在函数 fun 的花括号中填入编写的若干语句。

例如,输入下面的矩阵　　　　其转置矩阵为　　　　程序输出

```
1 2 3        1 4 7        2  6  10
4 5 6        2 5 8        6  10 14
7 8 9        3 6 9        10 14 18
```

```
#include <stdio.h>
void fun (int a[3][3], int b[3][3])
{
}
```

```
int main()   /* 主程序 */
{
    int a[3][3] = {{1, 2, 3}, {4, 5, 6}, {7, 8, 9}}, t[3][3] ;
    int i, j ;
    fun(a, t);
    for (i = 0 ; i < 3 ; i++ ) {
       for (j = 0 ; j < 3 ; j++ )
          printf(" %7d", t[i][j]);
       fprintf("\n");
    }
    return 0;
}
```

(3) 请编一个函数 void fun(int tt[M][N],int pp[N]),t 指向一个 M 行 N 列的二维数组,求出二维数组每列中最小元素,并依次放入 pp 所指一维数组中。二维数组中的数已在主函数中赋予。

注意:请勿改动主函数 main 和其他函数中的任何内容,仅在函数 fun 的花括号中填入编写的若干语句。

```
#include < stdio.h >
#define M 3
#define N 4
void fun (int tt[M][N], int pp[N])
{
}
int main()
{
    int t [M][N] = {{22,45, 56,30},{19,33, 45,38},{20, 22,66,40}};
    int p [N], i, j, k;
    printf ("The original data is : \n");
    for(i = 0; i < M; i++ ){
        for(j = 0; j < N; j++ )
            printf (" %6d", t[i][j]);
        printf("\n");
    }
    fun (t, p);
    printf("\nThe result is:\n");
    for (k = 0; k < N; k++ ) printf (" %4d ", p[k]);
    printf("\n");
    return 0;
}
```

【微信扫码】
本章游戏实例 & 习题解答

第 8 章

指　　针

本章思维导图如下图所示：

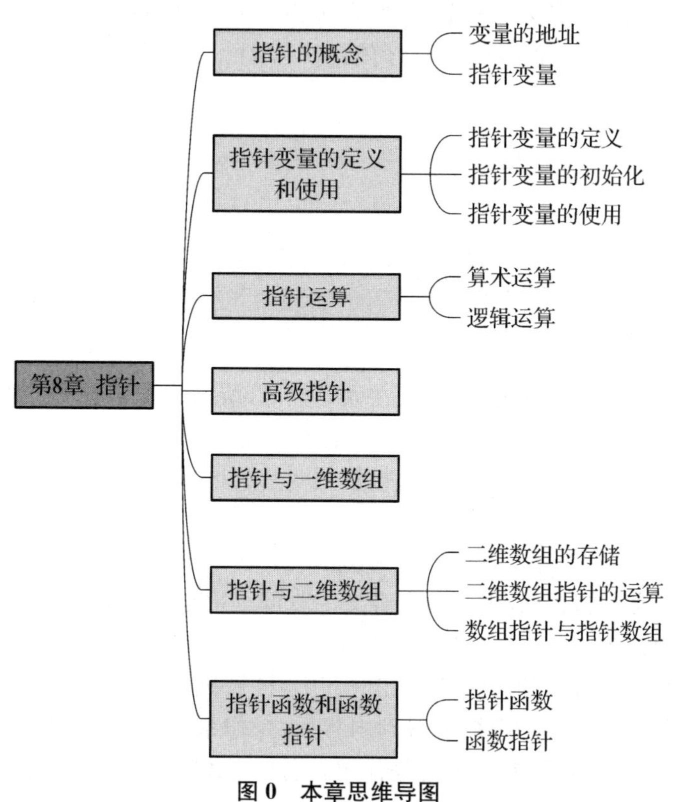

图 0　本章思维导图

要明白什么是指针，必须先要弄清数据在内存中是如何存储的，又是如何被读取的。如果在程序中定义了一个变量，在对程序进行编译时，系统就会为这个变量分配内存单元。编译系统根据程序中定义的变量类型分配一定长度的空间。不同类型的数据占用的字节数不一样，例如 int 占用 4 个字节，char 占用 1 个字节。为了正确地访问这些数据，必须为每个字节都编上号码，就像门牌号、身份证号一样，每个字节的编号也是唯一的，根据编号可以准确地找到某个字节。

8.1 指针的概念

8.1.1 变量的地址

程序一旦被执行，则该程序中的指令、常量和变量等都要存放在计算机的内存中。计算机的内存是以字节为单位的一片连续的存储空间，每个字节都有一个编号，这个编号就称为内存的地址。类似于一座大宾馆内每套住房的门牌号码，没有房间号，宾馆的工作人员就无法进行管理。同样的道理，没有内存单元的编号，系统无法对内存进行管理。因为内存的存储空间是连续的，所以地址编号也是连续的。地址与存储单元之间一一对应，而且是存储单元的唯一标志。

我们将内存中字节的编号称为地址或指针。地址从0开始依次增加，对于32位环境，程序能够使用的内存为4 GB，最小的地址为0，最大的地址为0XFFFFFFFF。

如果在程序中用语句定义了一个变量，系统会根据变量的数据类型给它分配一定大小的内存空间。例如，下面的代码演示了如何输出一个地址：

```
#include <stdio.h>
int main()
{
    int a = 100;
    char str[20] = "c.biancheng.net";
    printf("%#X, %#X\n", &a, str);
    return 0;
}
```

要记住为这些变量分配的地址，这实在太笨拙了，所以C语言提供了通过名字而不是地址来访问内存的方法。系统在变量名和对应地址间建立了一张对应关系表，有了这张对应关系表，对变量进行的访问操作就可以直接使用变量名称来访问。

8.1.2 指针变量

C语言用变量来存储数据，用函数来定义一段可以重复使用的代码，它们最终都要放到内存中才能供CPU使用。

数据和代码都以二进制的形式存储在内存中，计算机无法从格式上区分某块内存到底存储的是数据还是代码。当程序被加载到内存后，操作系统会给不同的内存块指定不同的权限，拥有读取和执行权限的内存块就是代码，而拥有读取和写入权限(也可能只有读取权限)的内存块就是数据。

CPU只能通过地址来取得内存中的代码和数据，程序在执行过程中会告知CPU要执行的代码以及要读写的数据的地址。如果程序不小心出错，或者开发者有意为之，在CPU要写入数据时给它一个代码区域的地址，就会发生内存访问错误。这种内存访问错误会被硬件和操作系统拦截，强制程序崩溃，程序员没有挽救的机会。

CPU访问内存时需要的是地址，而不是变量名和函数名！变量名和函数名是地址的一种助记符，当源文件被编译和链接成可执行程序后，它们都会被替换成地址。找到这些地址，也就找到了代码或数据的存储单元。变量名和函数名为我们提供了方便，让我们在编写代码的过程中可以使用易于阅读和理解的英文字符串，不用直接面对二进制地址。

需要注意的是，虽然变量名、函数名、字符串名和数组名在本质上是一样的，它们都是地址的助记符，但在编写代码的过程中，变量名是数据本身，而函数名、字符串名和数组名是代码块或数据块的首地址。

我们可以将这些地址放到一个变量中加以保存，保存了地址的变量称为指针变量。由此定义可以看出，指针变量是一个变量，它和普通变量一样占用一定的存储空间。但是，它与普通变量的不同之处在于，指针变量的存储空间中存放的不是普通的数据，而是一个地址，例如：一个变量的首地址。

8.2 指针变量的定义和使用

和 int 型等普通变量的定义与使用一样，指针变量在使用之前必须进行定义，在指针变量定义的同时也可以进行初始化。

8.2.1 指针变量的定义

在 C 语言中，允许用一个变量来存放指针的变量称为指针变量。指针变量的值就是某份数据的地址，这样的一份数据可以是数组、字符串、函数，也可以是另外的一个普通变量或指针变量。

现在假设有一个 char 类型的变量 c，它存储了字符 'K'（ASCII 码为十进制数 75），并占用了地址为 0X11A 的内存（地址通常用十六进制表示）。另外有一个指针变量 p，它的值为 0X11A，正好等于变量 c 的地址，这种情况我们就称 p 指向了 c，或者说 p 是指向变量 c 的指针。

定义指针变量与定义普通变量非常类似，不过要在变量名前面加星号 *，格式为：

```
类型 * 指针变量名;
```

或者

```
类型 * 指针变量名 = value;
```

* 表示这是一个指针变量，“类型”表示该指针变量所指向的数据的类型 。例如：

```
int *p1;
```

p1 是一个指向 int 类型数据的指针变量，至于 p1 指向哪个数据，应该由赋予它的值决定。再如：

```
int a = 100;
int *p_a = &a;
```

8.2.2 指针变量的初始化

1. 指针变量赋值

初始化的意义是在操作程序前，对变量的第一次赋值。因为指针变量存放的是地址，所以指针的初始化就是给指针赋予一个地址。

如：

```
int a = 100;
int *p_a = &a;
```

在定义指针变量 p_a 的同时对它进行初始化，并将变量 a 的地址赋予它，此时 p_a 就指向了 a。值得注意的是，p_a 需要的是一个地址，a 前面必须要加取地址符 &，否则是不对的。

和普通变量一样，指针变量也可以被多次写入，且随时都能够改变指针变量的值，请看下面的代码：

```
//定义普通变量
float a = 99.5, b = 10.6;
char c = '@', d = '#';
//定义指针变量
float *p1 = &a;
char *p2 = &c;
//修改指针变量的值
p1 = &b;
p2 = &d;
```

* 是一个特殊符号，表明一个变量是指针变量，定义 p1、p2 时必须带 *。而给 p1、p2 赋值时，因为已经知道了它是一个指针变量，就不需要再带上 *，后面可以像使用普通变量一样来使用指针变量。也就是说，定义指针变量时必须带 *，给指针变量赋值时不能带 *。

2. 通过指针变量取得数据

指针变量存储了数据的地址，通过指针变量能够获得该地址上的数据，格式为：

```
*pointer;
```

这里的 * 称为指针运算符，用来取得某个地址上的数据，请看下面的例子：

```
#include <stdio.h>
int main()
{
    int a = 15;
    int *p = &a;
    printf("%d, %d\n",a, *p);   //两种方式都可以输出 a 的值
    return 0;
}
```

运行结果：

```
15, 15
```

假设 a 的地址是 0X1000，p 指向 a 后，p 本身的值也会变为 0X1000，*p 表示获取地址 0X1000 上的数据，也即变量 a 的值。从运行结果看，*p 和 a 是等价的。

8.2.3 指针变量的使用

对指针变量最简单地使用就是存取地址，取地址已经在上一节介绍了。熟悉指针变量的基本操作以后，我们来学习指针最重要的应用，即通过指针作为参数在函数间进行通信。

看一个问题，如果想通过自定义函数交换函数外的两个变量的值，怎么写呢？前面在自定义函数部分我们知道，如果只是需要修改一个变量的值，我们可以通过自定义函数返回结果来实现，但这个问题似乎需要修改两个变量的值，很显然无法通过返回值来实现。

稍加思考，我们可能会写出下面的代码：

```
#include <stdio.h>
void swap(int x,int y);
int main()
{
    int a=1,b=2;
    printf("交换前:a=%d,b=%d\n",a,b);
    swap(a,b);
    printf("交换后:a=%d,b=%d\n",a,b);
    return 0;
}
void swap(int x,int y)
{
    int temp;
    temp=x;
    x=y;
    y=temp;
}
```

这段代码能不能实现要求呢？

通过运行我们发现，a、b 的值并没有发生改变。为什么会出现这样的情形呢？因为实参 a、b 和形参 x、y 的地址不一样，各自有自己的存储单元，调用函数时实参 a、b 的值传递给形参 x、y。在自定义函数 swap 里面，形参 x、y 的值互换了，但 a、b 的值没有丝毫变化。当离开函数时，局部变量 x、y 的存储空间就释放了，而输出的还是主函数里变量 a、b 的值。那怎么样实现上面的目标呢？

如果能让实参 a 和形参 x、实参 b 和形参 y 分别存储在同一个单元中，也就是用变量 a、b 的地址作为实际参数进行传值。因为实参是地址，所以形参也要是可以接收这种地址的指针变量，因为实参、形参的地址是一样的，所以当我们在自定义函数里面修改形参指针指向单元内容时，实参指针所指单元内容就会跟着发生改变，这样就可以实现本题的目标。

例 8.1 编写程序通过指针作为函数参数访问函数外边变量内容。

本题参考代码及运行结果如图 8.1 所示：

```
1  #include <stdio.h>
2  void swap(int *p1,int *p2);
3  int main()
4  {
5      int a=1,b=2;
6      printf("交换前: a=%d,b=%d\n",a,b);
7      swap(&a,&b);
8      printf("交换后: a=%d,b=%d\n",a,b);
9      return 0;
10 }
11 void swap(int *p1,int *p2)
12 {
13     int temp;
14     temp=*p1;
15     *p1=*p2;
16     *p2=temp;
17 }
```

```
C:\Program Files (x86)\Dev-Cp
交换前: a=1, b=2
交换后: a=2, b=1
```

图 8.1　例题代码及运行结果

代码说明：

代码第 11～17 行自定义函数 swap 实

现交换函数外两个变量的值,形式参数用的是 int 型的指针变量,第 14～16 行,通过整型变量 temp 实现形参指针指向单元内容的互换。第 7 行函数调用,将主函数中的变量 a、b 的地址作为实参,传递给函数 swap 的形参,这样形参 p1、p2 分别指向变量 a、b,所以当在自定义函数里形参指针指向单元内容改变后,a、b 中的值也跟着发生改变。

如果需要通过自定义函数修改或访问函数外的多个变量值,实现步骤总结如下:

(1) 在主调函数中设 n 个变量,用 n 个指针变量指向它们;

(2) 设计一个函数,有 n 个指针形参,在这个函数中改变这 n 个形参指针指向单元的值;

(3) 在主调函数中调用这个函数,在调用时将这 n 个指针变量作实参,将它们的地址传给该函数的形参;

(4) 在执行该函数的过程中,通过形参指针变量,改变它们所指向的 n 个变量的值;

(5) 主调函数中就可以使用这些改变了值的变量。

注意:函数的调用可以(而且只可以)得到一个返回值(即函数值),而使用指针变量作参数,可以得到多个变化了的值,如果不用指针变量是难以做到这一点的。

8.3 指针运算

指针运算是以指针变量所具有的地址值为操作对象进行的运算。因此,指针运算的实质是地址的计算。C 语言具有自己的地址计算方法,正是这些方法赋予了 C 语言功能较强、快速灵活的数据处理能力,本节介绍指针所进行的运算及运算规则。

8.3.1 算术运算

指针变量保存的是地址,而地址本质上是一个整数,所以指针变量可以进行部分算术运算,例如加法、减法、比较等,请看下图 8.2 所示代码及运行结果:

```
1  #include <stdio.h>
2  int main()
3  {
4      int a=10,*pa=&a,*paa=&a;
5      double b=99.9,*pb=&b;
6      char c='@',*pc=&c;
7      printf("&a=%#X, &b=%#X, &c=%#X\n",&a,&b,&c);
8      printf("pa=%#X, pb=%#X, pc=%#X\n",pa,pb,pc);
9      pa++; pb++; pc++;
10     printf("pa=%#X, pb=%#X, pc=%#X\n",pa,pb,pc);
11     pa-=2; pb-=2; pc-=2;
12     printf("pa=%#X, pb=%#X, pc=%#X\n",pa,pb,pc);
13     if(pa==paa)
14     {
15         printf("%d\n",*paa);
16     }else
17     {
18         printf("%d\n",*pa);
19     }
20     return 0;
21 }
```

```
C:\Program Files (x86)\Dev-Cpp\ConsolePauser
&a=0X61FEEC, &b=0X61FEE0, &c=0X61FEDF
pa=0X61FEEC, pb=0X61FEE0, pc=0X61FEDF
pa=0X61FEF0, pb=0X61FEE8, pc=0X61FEE0
pa=0X61FEE8, pb=0X61FED8, pc=0X61FEDE
6422400
```

图 8.2 指针算术运算

从运算结果可以看出：pa、pb、pc 每次加 1，它们的地址分别增加 4、8、1，正好是 int、double、char 类型的长度；减 2 时，地址分别减少 8、16、2，正好是 int、double、char 类型长度的 2 倍。这很奇怪，指针变量加减运算的结果跟数据类型的长度有关，而不是简单地加 1 或减 1。

我们知道，数组中的所有元素在内存中是连续排列的，如果一个指针指向了数组中的某个元素，那么加 1 就表示指向下一个元素，减 1 就表示指向上一个元素，这样指针的加减运算就具有了现实的意义。不过 C 语言并没有规定变量的存储方式，如果连续定义多个变量，它们有可能是挨着的，也有可能是分散的，这取决于变量的类型、编译器的实现以及具体的编译模式。所以对于指向普通变量的指针，我们往往不进行加减运算，虽然编译器并不会报错，但这样做没有意义，因为不知道它后面指向的是什么数据。

两个指针之间可以进行减法运算是怎么样的呢？

分析下面代码的运行结果：

```
#include <stdio.h>
int main()
{
    int a = 1,b = 2;
    int *p1 = &a, *p2 = &b;
    printf("a 的地址 %#X\n",p1);
    printf("b 的地址 %#X\n",p2);
    printf("p1 - p2 的运算结果 %#X\n",p1 - p2);
    return 0;
}
```

通过测试大家会发现如下图 8.3 所示的运行结果：

图 8.3 代码运行结果

两个同类型的整型指针的减法运算可以表示为：(0X61FEF4－0X61FEF0)/4；结果为 1，表达的意思是这两个指针之间的整型单元数量，换句话说 a、b 这两个变量的单元正好是紧挨着的。如果是指针相加或者不同类型指针相减，就没有任何意义了。

8.3.2 逻辑运算

两个指向同一组数据类型相同的数据的指针之间可以进行各种关系运算，两指针之间的关系运算表示它们指向的地址位置之间的关系。假设数据在内存中的存储逻辑是由前向后，那么指向后方的指针大于指向前方的指针。对于两指针 p1 和 p2 间的关系表达式 p1＜p2。若 p1 指向位置在 p2 指向位置的前方，则该表达式的结果值为 1，反之为零。两指针相等的概念是两指针指向同一位置。

在上例中，因为 p1－p2 为 1，则表明 a 的存储单元在 b 的存储单元之前。

指针与整型数据、指针与不同类型指针的比较一般是没有意义的。

判断指针是否为空的方法为：

```
if(p == NULL)  P 为空指针
else P 不为空指针
```

8.4 高级指针

指针可以指向一份普通类型的数据，例如 int、double、char 等，也可以指向一份指针类型的数据，例如 int *、double *、char * 等。

如果一个指针指向的是另外一个指针，我们就称它为二级指针，或者指向指针的指针。

假设有一个 int 类型的变量 a，p1 是指向 a 的指针变量，p2 又是指向 p1 的指针变量，将这种关系转换为 C 语言代码如下：

```
int a = 100;
int *p1 = &a;
int **p2 = &p1;
```

指针变量也是一种变量，也会占用存储空间，也可以使用 & 获取它的地址。C 语言不限制指针的级数，每增加一级指针，在定义指针变量时就得增加一个星号 *。p1 是一级指针，指向普通类型的数据，定义时有一个 *；p2 是二级指针，指向一级指针 p1，定义时有两个 *。

如果我们希望再定义一个三级指针 p3，让它指向 p2，那么可以这样写：

```
int ***p3 = &p2;
```

四级指针也是类似的道理：

```
int ****p4 = &p3;
```

实际开发中会经常使用一级指针和二级指针，几乎用不到高级指针。

想要获取指针指向的数据时，一级指针加一个 *，二级指针加两个 *，三级指针加三个 *，以此类推。

分析下列代码的运行结果：

```
#include <stdio.h>
int main()
{
    int a = 100;
    int *p1 = &a;
    int **p2 = &p1;
    int ***p3 = &p2;
    printf("%d, %d, %d, %d\n",a, *p1, **p2, ***p3);
    printf("&p2 = %#X, p3 = %#X\n",&p2,p3);
    printf("&p1 = %#X, p2 = %#X, *p3 = %#X\n",&p1,p2, *p3);
    printf(" &a = %#X, p1 = %#X, *p2 = %#X, **p3 = %#X\n",&a,p1, *p2, **p3);
    return 0;
}
```

该程序的运行结果如图 8.4 所示：

```
100, 100, 100, 100
&p2 = 0X61FEF0, p3 = 0X61FEF0
&p1 = 0X61FEF4, p2 = 0X61FEF4, *p3 = 0X61FEF4
 &a = 0X61FEF8, p1 = 0X61FEF8, *p2 = 0X61FEF8, **p3 = 0X61FEF8
```

图 8.4 代码运行结果

以三级指针 p3 为例来分析上面的代码。***p3 等价于 *(*(*p3))。*p3 得到的是 p2 的值，也即 p1 的地址；*(*p3)得到的是 p1 的值，也即 a 的地址；经过三次“取值”操作后，*(*(*p3))得到的才是 a 的值。

将 p1 设为空指针，又通过 int **p2=&p1 将 p2 指向 p1。所以当我们想要输出 p2 和 p1 相关信息的时候会出现异常。操作指针就是在操作内存，当指针指向空时，通过 * 运算符按照一定规则访问该地址数据时，就会访问不到数据，当我们以后写的程序越来越大，使用的指针越来越多，一旦中间有一个指针为空指针时，后面指向这个指针的指针在不断向前访问的过程中就会访问到这个空指针从而报错，所以在使用多级指针的时候需要小心谨慎。

8.5 指针与一维数组

数组是一系列具有相同类型数据的有序集合，每一份数据叫作一个数组元素。数组中的所有元素在内存中是连续排列的，整个数组占用的是一块内存。

定义数组时，要给出数组名和数组长度，数组名可以认为是一个指针，它指向数组的首个元素。在 C 语言中，我们将首个元素的地址称为数组的首地址。

数组名的本意是想表示整个数组，也就是表示多份数据的集合，但在使用过程中经常会转换为指向数组首个元素的指针，所以数组名和数组首地址并不总是等价。初学者可以暂时忽略这个细节，把数组名当作指向第首个元素的指针使用即可。

下面图 8.5 所示的例子演示了如何以指针的方式遍历数组元素：

```
1  #include <stdio.h>
2  int main()
3  {
4      int arr[]={99,15,100,888,252};
5      int len=sizeof(arr)/sizeof(int);
6      int i;
7      for(i=0;i<len;i++)
8      {
9          printf("%d  ",*(arr+i));
10     }
11     printf("\n");
12     return 0;
13 }
```

```
C:\Program Files (x86)\Dev-Cpp\ConsolePaus
99  15  100  888  252
```

图 8.5　代码及运行结果

代码说明：

第 5 行代码用来求数组的长度，sizeof(arr)会获得整个数组所占用的字节数，sizeof(int)会获得一个数组元素所占用的字节数，它们相除的结果就是数组包含的元素个数，也即数组长度。第 9 行代码中我们使用了 *(arr+i)这个表达式，arr 是数组名，指向数组的首个元素，表示数组首地址，arr+i 指向数组的第 i 个元素，*(arr+i)表示取第 i 个元素的数据，它等价于 arr[i]。arr 是 int * 类型的指针，每次加 1 时它自身的值会增加 sizeof(int)，加 i 时自身的值会增加 sizeof(int) * i。

我们也可以定义一个指向数组的指针，例如：

```
int arr[] = { 99,15,100,888,252};
int * p = arr;
```

arr 本身就是一个指针，可以直接赋值给指针变量 p。arr 是数组首个元素的地址，所以 int *p = arr;也可以写作 int *p=&arr[0]。也就是说，arr、p、&arr[0]这三种写法都是等价的，它们都指向数组首个元素，或者说指向数组的开头。

强调一下，“arr 本身就是一个指针”这种表述并不准确，严格来说应该是“arr 被转换成了一个指针”。

如果一个指针指向了数组，我们就称它为数组指针。数组指针指向的是数组中的一个具体元素，而不是整个数组，所以数组指针的类型和数组元素的类型有关，上面的例子中，p 指向的数组元素是 int 类型，所以 p 的类型必须也是 int *。

反过来，p 并不知道它指向的是一个数组，p 只知道它指向的是一个整数，究竟如何使用 p 取决于程序员的编码。

下图 8.6 代码演示了使用数组指针来遍历数组元素：

```
1  #include <stdio.h>
2  int main()
3  {
4      int arr[] = {99,15,100,888,252};
5      int i,*p=arr,len=sizeof(arr)/sizeof(int);
6      for(i=0;i<len;i++)
7      {
8          printf("%d  ",*(p+i));
9      }
10     printf("\n");
11     return 0;
12 }
```

```
C:\Program Files (x86)\Dev-Cpp\ConsolePauser.exe
99  15  100  888  252
```

图 8.6 代码及运行结果

代码说明：

数组在内存中只是数组元素的简单排列，没有开始和结束标志，在求数组的长度时不能使用。第 5 行使用 sizeof(p)/sizeof(int)，因为 p 只是一个指向 int 类型的指针，编译器并不知道它指向的到底是一个整数还是一系列整数(数组)，所以 sizeof(p)求得的是 p 这个指针变量本身所占用的字节数，而不是整个数组占用的字节数。

也就是说，根据数组指针不能推出整个数组元素的个数，以及数组从哪里开始、到哪里结束等信息。不像字符串，数组本身也没有特定的结束标志，如果不知道数组的长度，那么就无法遍历整个数组。

前面曾经讲过，对指针变量进行加法和减法运算时，是根据数据类型的长度来计算的。如果一个指针变量 p 指向了数组的开头，那么 p+i 就指向数组的第 i 个元素；如果 p 指向了数组的第 n 个元素，那么 p+i 就是指向第 n+i 个元素；而不管 p 指向了数组的第几个元素，p+1 总是指向下一个元素，p−1 也总是指向上一个元素。

例 8.2 使用指针变量来遍历数组元素。

本题参考代码及运行结果如图 8.7 所示：

```
1  #include <stdio.h>
2  int main()
3  {
4      int arr[]={99,15,100,888,252};
5      int *p=&arr[2];
6      printf("%d,%d,%d,%d,%d\n",*(p-2),*(p-1),*p,*(p+1),*(p+2));
7      return 0;
8  }
```

```
C:\Program Files (x86)\Dev-Cpp\ConsolePauser.exe
99, 15, 100, 888, 252
```

图 8.7 代码及运行结果

代码说明：

代码第 5 行，让指针变量指向第三个元素，这行也可以写成 int ＊p＝arr＋2；第 6 行通过指针变量与整数的运算指向不同的单元，从而实现数组元素的访问。

引入数组指针后，我们就有两种方案来访问数组元素了，一种是使用下标，另一种是使用指针。

(1) 使用下标

也就是采用 arr[i]的形式访问数组元素。如果 p 是指向数组 arr 的指针，那么也可以使用 p[i]来访问数组元素，它等价于 arr[i]。

(2) 使用指针

也就是使用＊(p＋i)的形式访问数组元素。另外数组名本身也是指针，也可以使用＊(arr＋i)来访问数组元素，它等价于＊(p＋i)。

不管是数组名还是数组指针，都可以使用上面的两种方式来访问数组元素。不同的是，数组名是常量，它的值不能改变，而数组指针是变量(除非特别指明它是常量)，它的值可以任意改变。

更改上面的代码，得到如图 8.8 所示的借助自增运算遍历数组元素的代码：

```
1  #include <stdio.h>
2  int main()
3  {
4      int arr[]={99,15,100,888,252};
5      int i,*p=arr,len=sizeof(arr)/sizeof(int);
6      for(i=0;i<len;i++)
7      {
8          printf("%d  ",*p++);
9      }
10     printf("\n");
11     return 0;
12 }
```

```
C:\Program Files (x86)\Dev-Cpp\ConsolePauser.exe
99  15  100  888  252
```

图 8.8 代码及运行结果

第 8 行代码中，＊p ++应该理解为＊(p ++)，每次循环都会改变 p 的值，以使 p 指向下一个数组元素。该语句不能写为＊arr ++，因为 arr 是常量，而 arr ++会改变它的值，这显然是错误的。

关于数组指针的几个运算：

假设 p 是指向数组 arr 中第 n 个元素的指针，那么 *p ++、* ++ p、(* p)++分别是什么意思呢?

*p ++等价于 *(p ++)，表示先取得第 n 个元素的值，再将 p 指向下一个元素。

* ++ p 等价于 *(++ p)，会先进行++ p 运算，使得 p 的值增加，指向下一个元素，整体上相当于 *(p+1)，所以会获得第 n+1 个数组元素的值。

(* p)++就非常简单了，会先取得第 n 元素的值，再对该元素的值加 1。假设 p 指向首元素，并且首个元素的值为 99，执行完该语句后，首个元素的值就会变为 100。

8.6 指针与二维数组

二维数组在概念上是二维的，有行和列，但在内存中所有的数组元素都是连续排列的，它们之间没有"缝隙"。以下面的二维数组 a 为例：

```
int a[3][4] = {{0,1,2,3},{4,5,6,7},{8,9,10,11}};
```

从概念上理解，a 的分布像一个矩阵：

0 1 2 3

4 5 6 7

8 9 10 11

但在内存中，a 的分布是一维线性的，整个数组占用一块连续的内存。

8.6.1 二维数组的存储

C 语言中的二维数组是按行排列的，也就是先存放 a[0]行，再存放 a[1]行，最后存放 a[2]行；每行中的 4 个元素也是依次存放。数组 a 为 int 类型，每个元素占用 4 个字节，整个数组共占用 3×(4×4)=48 个字节。

C 语言允许把一个二维数组分解成多个一维数组来处理。对于数组 a，它可以分解成三个一维数组，即 a[0]、a[1]、a[2]。每一个一维数组又包含了 4 个元素，例如 a[0]包含 a[0][0]、a[0][1]、a[0][2]、a[0][3]。

为了更好地理解指针和二维数组的关系，我们先来定义一个指向 a 的指针变量 p：

```
int (*p)[4] = a;
```

括号中的 * 表明 p 是一个指针，它指向一个数组，数组的类型为 int [4]，这正是 a 所包含的每个一维数组的类型。

[ ]的优先级高于 *，()是必须要加的，如果写作 int * p[4]，那么应该理解为int *(p[4])，p 就成了一个指针数组，而不是二维数组指针。

对指针进行加法(减法)运算时，它前进(后退)的步长与它指向的数据类型有关，p+1 就前进 4×4=16 个字节，p-1 就后退 16 个字节，这正好是数组 a 所包含的每个一维数组的长度。也就是说，p+1 会使得指针指向二维数组的下一行，p-1 会使得指针指向数组的上一行。

数组名 a 在表达式中也会被转换为和 p 等价的指针！

8.6.2 二维数组指针的运算

下面我们就来探索一下如何使用指针 p 来访问二维数组中的每个元素。按照上面的定义：

(1) p 指向数组 a 的开头，也即第 0 行；p+1 前进一行，指向第 1 行。

(2) *(p+1)表示取地址上的数据，也就是整个第 1 行数据。注意是一行数据，是多个数据，不是第 1 行中的第 0 个元素，下面代码的运行结果有力地证明了这一点：

```
#include <stdio.h>
int main()
{
    int a[3][4] = {{0,1,2,3},{4,5,6,7}, {8,9,10,11}};
    int (*p)[4] = a;
    printf("%d\n", sizeof(*(p+1)));
    return 0;
}
```

运行结果：

```
0  1  2   3
4  5  6   7
8  9  10  11
```

(3) *(p+1)+1 表示第 1 行第 1 个元素的地址，如何理解呢？

*(p+1)单独使用时表示的是第 1 行数据 a[1]，放在表达式中会被转换为第 1 行数据的首地址，也就是第 1 行第 0 个元素的地址，因为使用整行数据没有实际的含义，编译器遇到这种情况都会转换为指向该行第 0 个元素的指针；就像一维数组的名字，在定义时或者和 sizeof、& 一起使用时才表示整个数组，出现在表达式中就会被转换为指向数组第 0 个元素的指针。

(4) *(*(p+1)+1)表示第 1 行第 1 个元素的值，很明显，增加一个 * 表示取地址上的数据。

根据上面的结论，可以很容易推出以下的等价关系：

```
a+i == p+i
a[i] == p[i] == *(a+i) == *(p+i)
a[i][j] == p[i][j] == *(a[i]+j) == *(p[i]+j) == *(*(a+i)+j) == *(*(p+i)+j)
```

下面的代码使用指向二维数组的指针遍历二维数组。

```
#include < stdio.h >
int main()
{
    int a[3][4] = {0,1,2,3,4,5,6,7,8,9,10,11};
    int(*p)[4];
    int i,j;
    p = a;
    for(i = 0;i < 3;i++)
    {
```

```
        for(j = 0;j<4;j + + ) printf(" % 2d  ", * ( * (p + i) + j));
        printf("\n");
    }
    return 0;
}
```

运行结果也是：

```
0  1  2   3
4  5  6   7
8  9  10  11
```

8.6.3 数组指针与指针数组

指针数组和二维数组指针在定义时非常相似，只是括号的位置不同。

```
int * (p1[5]);   //指针数组,可以去掉括号直接写作 int * p1[5];
int ( * p2)[5];  //二维数组指针,不能去掉括号。
```

指针数组和二维数组指针有着本质上的区别：指针数组是一个数组，只是每个元素保存的都是指针，以上面的 p1 为例，在 32 位环境下它占用 4×5＝20 个字节的内存。二维数组指针是一个指针，它指向一个二维数组，以上面的 p2 为例，它占用 4 个字节的内存。

8.7 指针函数和函数指针

8.7.1 指针函数

前文我们在讲述函数定义时，函数的返回值可以是 void，也可以是整型、浮点型、字符型等，其实 C 语言也允许函数的返回值是一个指针（地址），我们将这样的函数称为指针函数。指针函数，其本质是一个函数，只不过函数的返回值是一个指针。

声明格式为：* 类型标识符 函数名（参数表）

例 8.3 分析下图 8.9 所示代码，理解指针函数的定义。

```
1  #include <stdio.h>
2  #include <malloc.h>
3  int * works(int a,int b);
4  int main()
5  {
6      int *p=works(1,2);
7      printf("max=%d",*p);
8      return 0;
9  }
10 int *works(int a,int b)
11 {
12     int *res=(int *)malloc(sizeof(int));
13     if(a>b) *res=a;
14     else  *res=b;
15     return res;
16 }
```

```
C:\Program Files (x86)
max=2
```

图 8.9 指针函数代码及运行结果

代码说明：

代码第3行是一个int型指针函数works的声明，第10～16行是函数works的定义。其中第12行通过动态内存管理函数malloc申请有一个整型存储单元，并让指针变量res指向它。第13～14行将a、b中的大者保存到res指针指向的单元中。第15行返回res，因为res是整型的指针变量，所以该函数类型和res的类型一致，即第10行函数首部的类型。

用指针作为函数返回值时需要注意的一点是，函数运行结束后会销毁在它内部定义的所有局部数据，包括局部变量、局部数组和形式参数，函数返回的指针请尽量不要指向这些数据，C语言没有任何机制来保证这些数据会一直有效，它们在后续使用过程中可能会引发运行时错误。

请看下图8.10所示的代码及运行结果：

```
1   #include <stdio.h>
2   int *func()
3   {
4       int n=100;
5       return &n;
6   }
7   int main()
8   {
9       int *p=func(),n;
10      n=*p;
11      printf("value=%d\n",n);
12      return 0;
13  }
```

```
C:\Progra
value=100
```

图8.10　代码及运行结果

n是func()内部的局部变量，func()返回了指向n的指针，根据上面的观点，func()运行结束后n将被销毁，使用＊p应该获取不到n的值。但是从运行结果来看，推理好像是错误的，func()运行结束后，＊p依然可以获取局部变量n的值，这和上面的观点不是相悖吗？

为了进一步看清问题的本质，不妨将上面的代码稍做修改，在第9～10行之间增加一个函数调用，请看下图8.11代码及运行效果：

```
1   #include <stdio.h>
2   int *func()
3   {
4       int n=100;
5       return &n;
6   }
7   int main()
8   {
9       int *p=func(),n;
10      printf("www.jou.edu.cn\n");
11      n = *p;
12      printf("value=%d\n",n);
13      return 0;
14  }
```

```
C:\Program Files
www.jou.edu.cn
value=-2
```

图8.11　代码及运行结果

可以看到,现在 p 指向的数据已经不是原来 n 的值了,它变成了一个毫无意义的甚至有些怪异的值。与前面的代码相比,该段代码仅仅在 * p 之前增加了一个函数调用,这一细节的不同却导致运行结果有天壤之别。

函数运行结束后会销毁所有的局部数据,这个观点并没错。但是,这里所谓的销毁并不是将局部数据所占用的内存全部抹掉,而是程序放弃对它的使用权限,弃之不理,后面的代码可以随意使用这块内存。对于上面的两个例子,func()运行结束后 n 的内存依然保持原样,值还是 100,如果使用及时也能够得到正确的数据,如果有其他函数被调用就会覆盖这块内存,得到的数据就失去了意义。

例 8.4 编写一个函数 strlong(),用来返回两个字符串中较长的一个。

本题参考代码及运行结果如下图 8.12 所示:

```
1  #include <stdio.h>
2  #include <string.h>
3  char *strlong(char *str1,char *str2)
4  {
5      if(strlen(str1) >= strlen(str2))  return str1;
6      else  return str2;
7  }
8  int main()
9  {
10     char str1[30],str2[30],*str;
11     gets(str1);
12     gets(str2);
13     str=strlong(str1,str2);
14     printf("Longer string:%s\n",str);
15     return 0;
16 }
```

```
C:\Program Files (x86)\D
aaaaaa
bbb
Longer string:aaaaaa
```

图 8.12 例题代码及运行结果

代码说明:

第 3~7 行自定义函数 strlong 首部用两个字符指针变量作为形参,第 5~6 行返回指向较长字符串的起始地址,代码第 13 行用字符串指针变量保存函数的返回值,并在第 14 行输出该指针指向的字符串。

8.7.2 函数指针

函数指针,其本质是一个指针变量,该指针指向这个函数。总结来说,函数指针就是指向函数的指针。

一个函数总是占用一段连续的内存区域,函数名在表达式中有时也会被转换为该函数所在内存区域的首地址,这和数组名非常类似。我们可以把函数的这个首地址(或称入口地址)赋予一个指针变量,使指针变量指向函数所在的内存区域,然后通过指针变量就可以找到并调用该函数。这种指针就是函数指针,其本质是一个指针变量,该指针指向这个函数,也就是指向函数的指针。

函数指针的定义形式为:

类型 (* 变量名) (指向函数的参数);

类型为函数返回值类型,变量名为指针名称,指向函数的参数为函数参数列表。参数列表中可以同时给出参数的类型和名称，也可以只给出参数的类型，省略参数的名称，这一点和函数原型非常类似。

注意()的优先级高于 * ，第一个括号不能省略，如果写作：

```
类型 *变量名(指向函数的参数);
```

这样的话就成了指针函数，它表明函数的返回值类型为 returnType * 。

例 8.5 分析下图 8.13 所示代码及运行结果。

```c
#include <stdio.h>
int max(int a, int b)
{
    return a>b?a:b;
}
int main()
{
    int x,y,maxval;
    int (*pmax)(int,int)=max;
    printf("Input two numbers:");
    scanf("%d %d",&x,&y);
    maxval=(*pmax)(x, y);
    printf("Max value: %d\n", maxval);
    return 0;
}
```

```
C:\Program Files (x86)\Dev-C
Input two numbers:20 300
Max value: 300
```

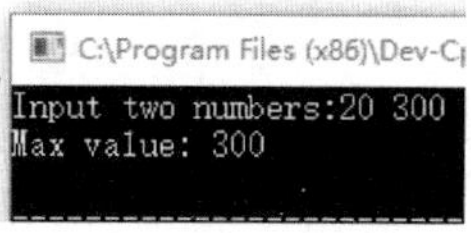

图 8.13 字符指针函数代码及运行结果

代码分析：

代码第 2～5 行定义一个自定义函数 max，第 9 行定义一个指向函数 max 的指针对它指向的函数进行调用，注意()的优先级高于 * ，第一个括号不能省略，第 12 行将实参传递给函数后返回结果。

理解指针可以从指针常量和指针变量两个方面来考虑：指针常量是一个地址值，指针变量是用来存放地址值的变量。通常所说的指针是指针变量的简称，它是简单类型的变量，存放的是地址数据。地址中存放数据的类型称为指针类型。在学习指针时，应时刻注意指针类型这个概念，它是理解和掌握指针的关键。另外在进行指针操作之前，应注意指针变量中的地址是否是一个有效的地址。

8.8 综合实例

合影效果问题。

问题描述：小云和朋友们去爬香山，为美丽的景色所陶醉，想合影留念。如果他们站成一排，男生全部在左(从拍照者的角度)，并按照从矮到高的顺序从左到右排，女生全部在右，并按照从高到矮的顺序从左到右排，请问他们合影的效果是什么样的(所有人的身高都不同)？

运行时第一行是人数 n(2≤n≤40，且至少有 1 个男生和 1 个女生)。后面紧跟 n 行，每行输入一个人的性别(男 male 或女 female)和身高(浮点数，单位米)，两个数据之间以空格分隔。输出 n 个浮点数，模拟站好队后，拍照者眼中从左到右每个人的身高。每个浮点数需保留到小数点后 2 位，相邻两个数之间用单个空格隔开。

问题分析：

本题的实质其实就是数组的排序。现在首先需要通过键盘读入一组数组，包括性别、身高。在本题的解决过程中，需要将不同性别学生的数据放在不同的数组中，然后按题目要求进行排序。可以通过定义不同的函数来实现数据写入数组及对数组进行排序。

合影效果问题流程图如下图 8.14 所示：

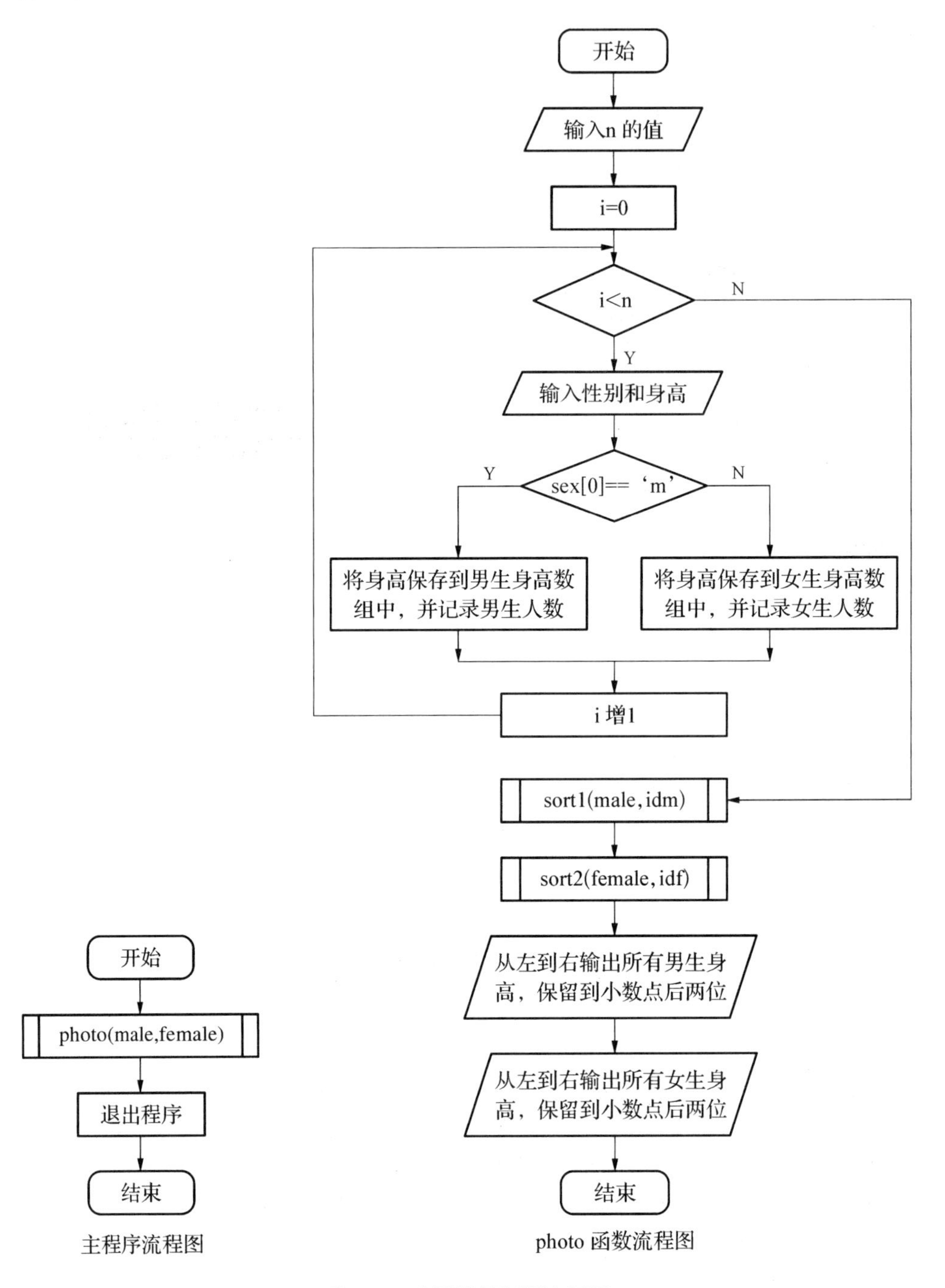

图 8.14 合影效果问题流程图

代码及运行结果如图8.15所示：

```
1  #include <stdio.h>
2  #define N 40
3  double male[N],female[N];
4  void sort1(double a[],int n)
5  {
6      int i,j;
7      double t;
8      for(i=0;i<n-1;i++)
9      {
10         for(j=0;j<n-1-i;j++)
11             if(a[j]>a[j+1])
12             {
13                 t=a[j];
14                 a[j]=a[j+1];
15                 a[j+1]=t;
16             }
17     }
18 }
19 void sort2(double *p,int n)
20 {
21     int i,j;
22     double t;
23     for(i=1;i<n;i++)
24     {
25         for(j=1;j<=n-i;j++)
26             if(*(p+(j-1))<*(p+j))
27             {
28                 t=*(p+(j-1));
29                 *(p+(j-1))=*(p+j);
30                 *(p+j)=t;
31             }
32     }
33 }
34 void photo(double a[],double b[])
35 {
36     int n,i,idm=0,idf=0;
37     char sex[10];
38     double height;
39     scanf("%d",&n);
40     getchar();
41     for(i=0;i<n;i++)
42     {
43         scanf("%s %lf",&sex,&height);
44         getchar();
45         if(sex[0]=='m')
46         {
47             male[idm]=height;
48             idm++;
49         }
50         else
51         {
52             female[idf]=height;
53             idf++;
54         }
55     }
56     sort1(male,idm);
57     sort2(female,idf);
58     for(i=0;i<idm;i++)
59         printf("%.2f ",male[i]);
60     for(i=0;i<idf;i++)
61         printf("%.2f ",female[i]);
62 }
63 int main()
64 {
65     photo(male,female);
66     return 0;
67 }
```

```
C:\Program Files (x86)\Dev-Cpp\Cor
6
male 1.72
male 1.78
female 1.61
male 1.65
female 1.70
female 1.56
1.65 1.72 1.78 1.70 1.61 1.56
```

图8.15 代码及运行结果

代码说明：

本题通过设计几个自定义函数来实现。第2行定义符号常量，作为学生的总人数，第3行的全局数组分别用来保存男生、女生的身高。第4～18行自定义函数使用数组作为函数参数，实现对男生按照从低到高进行排序。第19～33行自定义函数用指针变量作为函数参数，实现对女生按照从高到低进行排序。第34～62行自定义函数实现数据读入，并将数据分别写入到数组中，通过调用两个自定义排序函数，实现排序并完成输出。由于每个学生的信息分别是性别、身高，类型不同，所以需要使用第44行来实现换行符的吸收。第45行if语句的条件是对读入的性别字符串的第一个字符进行判断，区别是男生还是女生。

8.9 项目实训

8.9.1 猜拳游戏

1. 实训目的

通过"猜拳游戏"程序设计，加深对指针的认识，熟练掌握指针的定义方法和使用，掌握指针作为参数的传递方式。

2. 实训内容

本次游戏实例内容主要是将第七章的数组作为参数传递修改为指针方式传递。

分析：

针对第七章游戏实例提出的使用指针的改进目标，可以将玩家信息“playerInfo”函数、登录“login”函数的参数改为字符指针的方式。

3. 实训准备

硬件：PC 机一台

软件：Windows 系统、VS2012 开发环境

将第七章“游戏实例 7”文件夹复制一份，并将复制后的文件夹重命名为“游戏实例 8”。进入“游戏实例 8”找到“finger-guessing”文件双击，打开项目文件。

4. 实训代码

依据实例内容分析，在“finger-guessing.c”源文件中修改相关代码。具体修改的代码主要有玩家信息打印函数、用户登录函数以及密码显示，均通过指针作为函数参数来实现，该部分代码如下，完整代码部分请参考程序清单中的“游戏实例 8”。

```
//玩家信息
void playerInfo(char *userName)
{
    printf("%*s玩 家 信 息\n",24,"");
    printEq(58);
    printf("|%*s姓 名:%s%*s|\n",5,"",userName,40,"");
    printEq(58);
}
//登录模块
void login(char *userName,char *password)
{
    static int errorPasswd = 0;
    printf("%*s登   录\n",24,"");
    printEq(58);
    while(1)
    {
        printf("用户名:");
        scanf("%s",userName);
        printf("密  码:");
        pass(password);
        fflush(stdin); //清除输入
        if(strcmp(userName,"wang") == 0 && strcmp(password,"123") == 0)
        {
            system("cls"); //调用 system 函数执行清屏命令 cls
            break;
        }
```

```
        else{
            printf("用户名或密码不正确,请输入正确的用户和密码\n");
            errorPasswd++;
            if(errorPasswd == 3)
            {
                printf("您输入的用户名和密码错了3次,本程序将开启自毁程序\n");
                exit(0); //exit函数可以终止整个程序的执行,头文件为<stdlib.h>
            }
            else
                printf("您输入的用户名和密码错了%d次,还有%d次机会...\n",
                errorPasswd,3.errorPasswd);
            continue;
        }
    }
}
//输入密码时以*显示
void pass(char *buf)
{
    int i = 0;
    char t;
    buf[0] = 0;
    while(1)
    {
        t = getch();
        if(t == '\r')
            break;
        else if(t == '\b')
        {
            printf("\b \b");
            buf[--i] = 0;
        }
        else
        {
            printf("*");
            buf[i++] = t;
            buf[i] = 0;
        }
    }
    printf("\n");
}
```

5. 实训结果

按键盘上“F5”执行上述代码,将出现登录的模块,在游戏中的输入值请参考“游戏实例

7”,运行结果如图 8.16 所示:

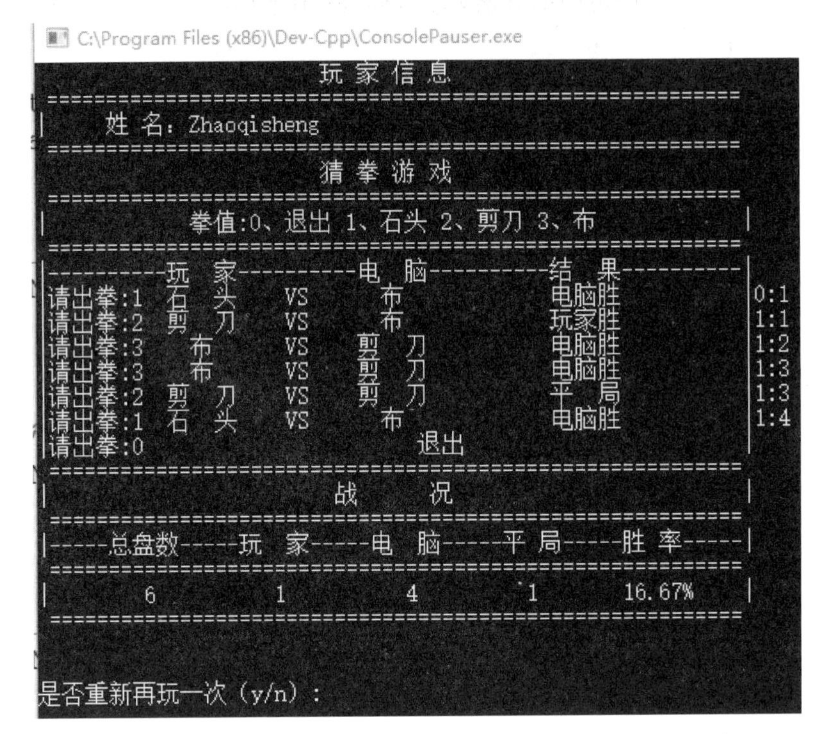

图 8.16 运行结果显示

6. 实训总结

在 C 程序中,指针是处理数据最常用的一种方式,必须要非常熟练指针的定义,指针的使用,掌握字符指针的使用方式。

7. 改进目标

在本次游戏实例程序中,玩家的信息只有一个姓名属性,假如玩家信息还有更多的信息属性,怎么完善玩家信息?如果用多个独立变量方法进行定义,将难以反映变量之间的内在联系,能否将多个属性定义成一种新的数据结构,可以反映内在关联,并方便使用?

读者可以带着问题进入后续 C 语言的学习,相信大家一定能找到解决的办法。

8.9.2 飞机打靶游戏

1. 在游戏程序中有时需要对玩家成绩等数据进行排序,请编写一个程序,实现对整型数组的排序,要求排序程序需通过自定义函数形式实现,分别以数组名作为实参,数组名作为形参;指针作为实参,指针作为形参;数组名作为形参,指针作为形参;指针作为实参,数组名作为形参;四种自定义函数。

参考代码如下：

```
#include <stdio.h>
#include <stdlib.h>
#define N 10
void Print_arr(int *a);
void Sel_sort_1(int *p);
void Sel_sort_2(int *p);
int main()
{
    int n[N],i,j,temp, *p;
    p=n;
    for(i=0;i<N;i++)
    {
        *(n+i)=rand()%101;
    }
    Print_arr(n);
    putchar(10);
    Sel_sort_1(n);
    Print_arr(n);
    return 0;
}
void Print_arr(int *a)
{
    int i;
    for(i=0;i<N;i++)
    {

        printf("%-4d", *(a+i));
    }
}
void Sel_sort_1(int *p)
{
    int i,j,k,temp;
    for(i=0;i<N-1;i++)
    {
        k=i;
        for(j=i+1;j<N;j++)
        {
            if(*(p+j)>*(p+k))
                k=j;
        }
        if(k!=i)
        {
```

```
                temp = *(p+k);
                *(p+k) = *(p+i);
                *(p+i) = temp;
            }
        }
}
void Sel_sort_2(int a[])
{
        int i,j,k,temp;
        for(i = 0;i < N-1;i++)
        {
            k = i;
            for(j = i+1;j < N;j++)
            {
                if(a[j]> a[k])
                    k = j;
            }
            if(k! = i)
            {
                temp = a[k];
                a[k] = a[i];
                a[i] = temp;
            }
        }
}
```

2. 使用malloc()函数开辟一个容量为10的整型变量空间,从键盘读取10个数,然后把他们都打印在屏幕上,打印完后将该空间释放。

参考代码如下:

```
#include <stdio.h>
#include <stdlib.h>
int main()
{
        int *p,i;
        p = (int *)malloc(sizeof(int) * 10);
        for(i = 0;i < 10;i++)
        {
            scanf("%d",p+i);
        }
        for(i = 0;i<10;i++)
        {
            printf("%4d", *(p+i));
        }
        free(p);
```

```
    return 0;
}
```

8.10 习 题

1. 若有定义语句：double a，* p=&a，以下叙述中错误的是(　　)。

A. 定义语句中的 * 号是一个说明符

B. 定义语句中的 p 只能存放 double 类型变量的地址

C. 定义语句中 * p= &a 把变量 a 的地址作为初值赋给指针变量 p

D. 定义语句中的 * 号是一个间址运算符

2. 有定义：int x = 0, * p;，紧接着的赋值语句正确的是(　　)。

A. * p = NULL;　　B. p = NULL;　　C. p = x;　　D. * p = x;

3. 若有定义语句：int year 2021, * p = &year;，以下不能使变量 year 中的值增至 2022 的语句是(　　)。

A. (* p) ++ ;　　B. ++ (* p);　　C. * p++ ;　　D. * p += 1;

4. 有以下程序

```
int main()
{
  int a = 1,b = 3,c = 5;
  int * p1 = &a, * p2 = &b, * p = &c;
  * p = * p1 * ( * p2);
  printf(" %d\n",c);
  return 0;
}
```

程序运行后的输出结果是(　　)。

A. 1　　B. 2　　C. 3　　D. 4

5. 以下叙述中正确的是(　　)。

A. 如果 p 是指针变量，则 * p 表示变量 p 的地址值

B. 如果 p 是指针变量，则 &p 是不合法的表达式

C. 在对指针进行加、减算术运算时，数字 1 表示 1 个存储单元的长度

D. 如果 p 是指针变量，则 * p+1 和 * (p+1)的效果是一样的

6. 有以下程序

```
#include <stdio.h>
int main()
{
  int m = 1,n = 2, * p = &m, * q = &n, * r;
  r = p;p = q;q = r;
  printf(" %d, %d, %d, %d\n",m,n, * p, * q);
  return 0;
}
```

程序运行后的输出结果是(　　)。

A. 1,2,1,2　　B. 1,2,2,1
C. 2,1,2,1　　D. 2,1,1,2

7. 有以下程序

```
#include<stdio.h>
int main()
{
  int n, *p = NULL;
  *p = &n;
  printf("Input n:"); scanf("%d",&p); printf("output n:");
  printf("%d\n",p);
  return 0;
}
```

该程序试图通过指针 p 为变量 n 读入数据并输出，但程序有多处错误，以下语句正确的是(　　)。

A. int n, *p = NULL;　　B. *p = &n;
C. scanf("%d",&p);　　D. printf("%d\n",p);

8. 下面选项中的程序段，没有编译错误的是(　　)。

A. char * sp,s[10];sp = "Hello";
B. char * sp, s[10];s = "Hello";
C. char str1[10] = "computer",str2[10];　str2 = str1;
D. char mark[];mark = "PROGRAM";

9. 设有定义 double a[10], *s = a;，以下能够代表数组元素 a[3]的是(　　)。

A. (*s)[3]　　B. *s[3]　　C. *s+3　　D. *(s+3)

10. 有以下程序

```
#include<stdio.h>
int main()
{
  int a[5] = {2,4,6,8,10}, *p, **k;
  p = a;
  k = &p;
  printf("%d", *(p++));
  printf("%d\n", **k);
  return 0;
}
```

程序运行后的输出结果是(　　)。

A. 4 4　　B. 2 4　　C. 2 2　　D. 4 6

11. 有以下程序(注：字符 a 的 ASCII 码值为 97)

```
int main()
{
  char *s = {"abc"};
  do
```

```
  {
      printf("%d", *s%10); ++s;
  }while(*s);
  return 0;
}
```

程序运行后的输出结果是(　　)。

A. abc　　B. 7890　　C. 979899　　D. 789

12. 以下函数按每行 8 个输出数组中的数据：

```
void fun(int *w,int n)
{
  int i;
  for(i=0;i<n;i++)
  {
      ____________
      printf("%d", w[i]);
  }
  printf("\n");
  return 0;
}
```

下划线处应填入的语句是(　　)。

A. `if(i%8==0) printf("\n");`　　B. `if(i/8==0) continue;`

C. `if(i/8==0) printf("\n");`　　D. `if(i%8==0) continue;`

13. 有以下程序

```
void fun(int*p, int*q){int t; t=*p; *p=*q; *q=t; *q=*p;}
int main()
{
  int a=0, b=9;
  fun(&a, &b);
  printf("%d %d\n",a,b);
  return 0;
}
```

程序运行后的输出结果是(　　)。

A. 0　0　　B. 9　9　　C. 9　0　　D. 0　9

14. 下列函数的功能是(　　)。

```
void fun(char *a,char*b){ while(*b=*a)!='\0'){a++;b++;}}
```

A. 使指针 b 指向 a 所指字符串

B. 将 a 所指字符串和 b 所指字符串进行比较

C. 将 a 所指字符串赋给 b 所指空间

D. 检查 a 和 b 所指字符串中是否有 '\0'

15. 有以下程序

```
#include <stdio.h>
```

```
void fun(char ** p)
{
   ++p; printf("%s\n", *p);
}
int main()
{
  char *a[ ] = {"Morning", "Afternoon", "Evening", "Night"};
  fun(a);
  return 0;
}
```

程序运行后的输出结果是(　　)。

A. fternoon　　B. Morning　　C. orning　　D. Afternoon

16. 程序填空。

要求:请在程序的下划线处填入正确的内容并把下划线删除,使程序得出正确的结果。

注意:不得增行或删行,也不得更改程序的结构。

(1) 给定程序中,函数 fun 的功能是:计算形参 x 所指数组中 N 个数的平均值(规定所有数均为正数),作为函数值返回;并将大于平均值的数放在形参 y 所指数组中,在主函数中输出。

例如,有 10 个正数:46 30 32 40 6 17 45 15 48 26,平均值为:30.500000

主函数中输出:46 32 40 45 48

```
#include <stdlib.h>
#include <stdio.h>
#define N 10
double fun(double x[ ],double *y)
{
     int i,j; double av;
/*********** found ***********/
     av = __①__;
/*********** found ***********/
     for(i = 0; i < N; i++)
     av = av + __②__;
     for(i = j = 0; i < N; i++)
/*********** found ***********/
     if(x[i]> av) y[__③__] = x[i];
            y[j] = -1;
     return av;
}
int main()
{
     int i; double x[N],y[N];
     for(i = 0; i < N; i++){x[i] = rand() % 50; printf("%4.0f ",x[i]);}
     printf("\n");
     printf("\nThe average is: %f\n",fun(x,y));
```

```
    for(i = 0; y[i]> = 0; i++ ) printf(" %5.1f ",y[i]);
    printf("\n");
    return 0;
}
```

(2) 给定程序中，函数 fun 的功能是：判定形参 a 所指的 N×N(规定 N 为奇数)的矩阵是否是"幻方"，若是，函数返回值为 1，不是，函数返回值为 0。"幻方"的判定条件是矩阵每行、每列、主对角线及反对角线上元素之和都相等。

例如，以下 3×3 的矩阵就是一个"幻方"：

```
        4  9  2
        3  5  7
        8  1  6
```

```
#include < stdio.h >
#define N 3
int fun(int ( * a)[N])
{
    int i,j,m1,m2,row,colum;
    m1 = m2 = 0;
    for(i = 0; i < N; i++ )
    {
        j = N - i - 1; m1 += a[i][i]; m2 += a[i][j];}
        if(m1! = m2) return 0;
        for(i = 0; i < N; i++ ) {
/********** found **********/
        row = colum = __①__;
        for(j = 0; j < N; j++ )
        {row += a[i][j]; colum += a[j][i];}
/********** found **********/
        if((row! = colum) __②__ (row! = m1)) return 0;
    }
/********** found **********/
    return __③__;
}
int main()
{
    int x[N][N],i,j;
    printf("Enter number for array:\n");
    for(i = 0; i < N; i++ )
        for(j = 0; j < N; j++ ) scanf(" %d",&x[i][j]);
    printf("Array:\n");
    for(i = 0; i < N; i++ )
    {
        for(j = 0; j < N; j++ ) printf(" %3d",x[i][j]);
```

```
            printf("\n");
            }
        if(fun(x)) printf("The Array is a magic square.\n");
        else printf("The Array isn't a magic square.\n");
        return 0;
}
```

(3) 给定程序中，函数 fun 的功能是：求 ss 所指字符串数组中长度最短的字符串所在的行下标，作为函数值返回，并把其串长放在形参 n 所指变量中。ss 所指字符串数组中共有 M 个字符串，且串长<N。请在程序的下划线处填入正确的内容并把下划线删除，使程序得出正确的结果。

```
#include <stdio.h>
#include <string.h>
#define M 5
#define N 20
int fun(char (*ss)[N], int *n)
{
    int i, k=0, len=N;
/********** found **********/
    for(i=0; i<____①____; i++)
    {
        len=strlen(ss[i]);
        if(i==0) *n=len;
/********** found **********/
        if(len ____②____ *n)
        {
            *n=len;
            k=i;
        }
    }
/********** found **********/
    return(____③____);
}
int main()
{
    char ss[M][N]={"shanghai","guangzhou","beijing", "tianjin","chongqing"};
    int n,k,i;
    printf("\nThe original strings are :\n");
    for(i=0;i<M;i++)puts(ss[i]);
    k=fun(ss,&n);
    printf("\nThe length of shortest string is : %d\n",n);
    printf("\nThe shortest string is : %s\n",ss[k]);
    return 0;
}
```

17. 程序改错。

要求:请改正程序中的错误,使它能得出正确结果。

注意:不得增行或删行,也不得更改程序的结构。

(1) 给定程序中 fun 函数的功能是:分别统计字符串中大写字母和小写字母的个数。

例如,给字符串 s 输入:AAaaBBb123CCccccd,则应输出结果:upper = 6,lower = 8。

```
#include <stdio.h>
/********** found ********** /
void fun (char *s, int a, int b)
{
    while ( *s)
    {
        if ( *s >= 'A' && *s <= 'Z')
/********** found ********** /
        *a=a+1 ;
        if ( *s >= 'a' && *s <= 'z')
/********** found ********** /
        *b=b+1;
        s++ ;
    }
}
int main()
{
    char s[100]; int upper = 0, lower = 0 ;
    printf("\nPlease a string : "); gets (s);
    fun (s,&upper,&lower);
    printf("\n upper = %d lower = %d\n", upper, lower);
    return 0;
}
```

(2) 函数 fun 的功能是:计算 s 所指字符串中含有 t 所指字符串的数目,并作为函数值返回。

请改正函数 fun 中指定部位的错误,使它能得出正确的结果。

```
#include <stdio.h>
#include <string.h>
#define N 80
int fun(char *s, char *t)
{
    int n;
    char *p , *r;
    n=0;
    while ( *s)
    {
        p=s;
```

```
        /********* found **********/
        r = p;
        while( *r)
            if( *r == *p) {r++ ; p++ ;}
            else break;
            /********* found **********/
            if( *r = 0)
                n++ ;
            s++ ;
    }
    return n;
}
int main()
{
    char a[N],b[N];
    int m;
    printf("\nPlease enter string a : ");
    gets(a);
    printf("\nPlease enter substring b : ");
    gets(b);
    m = fun(a, b);
    printf("\nThe result is : m =  %d\n",m);
return 0;
}
```

(3) 给定程序中，函数 fun 的功能是判断整数 n 是否是“完数”。当一个数的因子之和恰好等于这个数本身时，就称这个数为“完数”。例如，6 的因子包括 1、2、3，而 6=1+2+3，所以 6 是完数。如果是完数，函数返回值为 1，否则函数返回值为 0。数组 a 中存放的是找到的因子，变量 k 中存放的是因子的个数。

请改正函数 fun 中指定部位的错误，使它能得出正确的结果。

```
#include <stdio.h>
int fun(int n, int a[ ], int *k)
{
    int m = 0, i, t;
    t = n;
/********** found **********/
    for(i = 0;i < n;i++ )
    if(n % i == 0)
    {a[m] = i;m++ ;t = t - i;}
/********** found **********/
    k = m;
/********** found **********/
    if(t = 0) return 1;
```

```
    else return 0;
}
int main()
{
    int n,a[10],flag,i,k;
    printf("请输入一个整数: "); scanf("%d",&n);
    flag = fun(n,a,&k);
    if(flag)
    {
        printf("%d是完数,其因子是: ",n);
        for(i = 0;i < k;i++)
        printf(" %d ",a[i]);
        printf("\n");
    }
    else
    printf(" %d 不是完数.\n",n);
    return 0;
}
```

18. 程序设计

(1) 请编写函数 fun:在形参指针所指的 4 个整数中找出最大值和最小值,最大地放在 a 中,最小的放在 d 中。

注意:请勿改动主函数 main 和其他函数中的任何内容,仅在函数 fun 的花括号中填入所编写的若干语句。

```
#include <stdio.h>
void fun(int *a,int *b,int *c,int *d)
{


}
int main()
{
    int a, b, c, d;
    printf("请输入 4 个整数: ");
    scanf("%d%d%d%d",&a,&b,&c,&d);
    printf("原始顺序: %d, %d, %d, %d\n",a,b,c,d);
    fun(&a,&b,&c,&d);
    printf("处理后: %d, %d, %d, %d\n",a,b,c,d);
    return 0;
}
```

(2) 请编写函数 fun,它的功能是:求出 1 到 1 000 之间能被 7 或 11 整除、但不能同时被 7 和 11 整除的所有整数,并将它们放在 a 所指的数组中,通过 n 返回这些数的个数。

请勿改动主函数 main 和其他函数中的任何内容,仅在函数 fun 的花括号中填入你编写的若干语句。

```
#include <stdio.h>
void fun (int *a, int *n)
{

}
int main()
{
    int aa[1000], n, k ;
    fun (aa, &n);
    for (k=0 ; k<n ; k++ )
        if((k+1) % 10==0) printf("\n");
        else printf("%5d", aa[k]);
    return 0;
}
```

(3) 请编写函数 fun,其功能是:将所有大于 1 小于整数 m 的非素数存入 xx 所指数组中,非素数的个数通过 k 传回。

例如,若输入 17,则应输出 4 6 8 9 10 12 14 15 16。

```
#include <stdio.h>
void fun(int m, int *k, int xx[])
{

}
int main()
{
    int m, n, zz[100];
    printf("\nPlease enter an integer number between 10 and 100: ");
    scanf("%d", &n);
    fun(n, &m, zz);
    printf("\n\nThere are %d non-prime numbers less than %d:", m, n);
    for(n=0; n<m; n++ )
        printf("\n%4d", zz[n]);
    return 0;
}
```

(4) 假定输入的字符串中只包含字母和 * 号。请编写函数 fun,它的功能是:将字符串的前导 * 号全部删除,字符串中间和尾部的 * 号不删除。

例如,字符串中的内容为 *******A*BC*DEF*G****,删除后,字符串中的内容应当是 A*BC*DEF*G****。

在编写函数时,不得使用 C 语言提供的字符串函数。

```
#include <stdio.h>
void fun(char *a)
{
```

```
}
int main()
{
    char s[81];
    printf("Enter a string:\n");
    gets(s);
    fun(s);
    printf("The string after deleted:\n");
    puts(s);
    return 0;
}
```

【微信扫码】
本章游戏实例 & 习题解答

第 9 章

结构体与链表

本章思维导图如下：

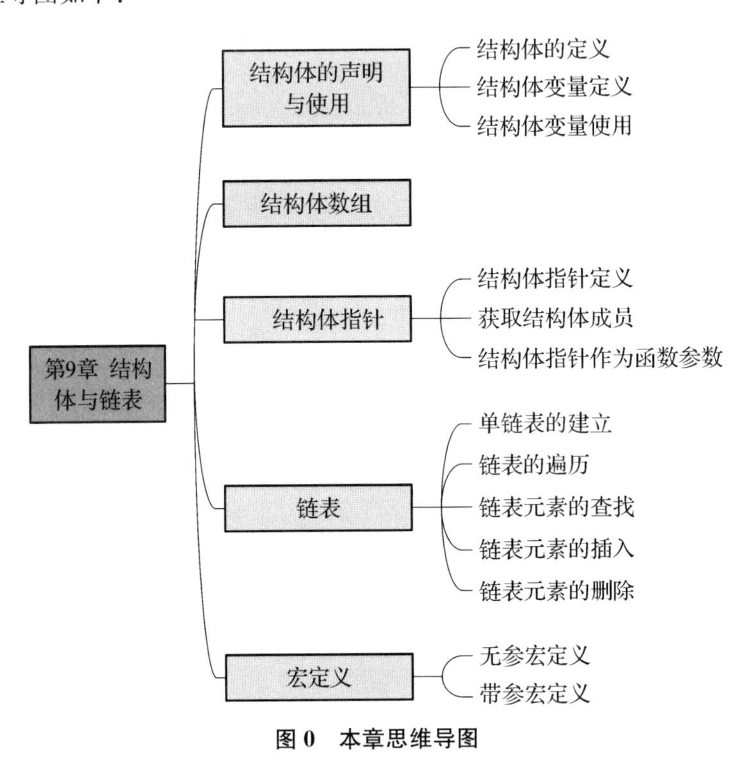

图 0　本章思维导图

在实际开发中，我们可以将一组类型不同的、但是用来描述同一件事物的变量放到结构体中。例如，在校学生有姓名、年龄、身高、成绩等属性，学了结构体后，我们就不需要再定义多个变量了，将它们都放到结构体中即可。C 提供了结构变量提高表示数据的能力，它能让程序员创造新的形式。C 语言结构体从本质上讲是一种自定义的数据类型，只不过这种数据类型比较复杂，由 int、char、float 或已经定义了的结构体类型等类型组成。可以认为结构体是一种聚合类型，本章将详细介绍 C 语言中的结构体。

9.1 结构体的声明与使用

9.1.1 结构体的定义

前面的教程中我们讲解了数组，它是一组具有相同类型的数据的集合。但在实际的编程过程中，我们往往还需要一组类型不同的数据，例如对于学生信息登记表，姓名为字符串，学号为整数，年龄为整数，所在的学习小组为字符，成绩为实数，因为数据类型不同，显然不能用一个数组来存放。

在C语言中，可以使用结构体来存放一组不同类型的数据。

结构体的定义形式为：

```
struct 结构体名
{
    结构体所包含的项
};
```

结构体是一种集合，里面包含了多个项，它们的类型可以相同，也可以不同，每个这样的项都称为结构体的成员(member)。请看下面的一个例子：

```
struct stu
{
    char * name;    //姓名
    int num;         //学号
    int age;       //年龄
    char group;    //所在学习小组
    float score; //成绩
};
```

stu为结构体名，包含了5个成员，分别是name、num、age、group、score。结构体成员的定义方式与变量和数组的定义方式相同，只是不能初始化。

注意大括号后面的分号";"不能少，这是一条完整的语句。

结构体也是一种数据类型，它由程序员自己定义，可以包含多个其他类型的数据。

像int、float、char等是由C语言本身提供的数据类型，不能再进行分拆，我们称之为基本数据类型；而结构体可以包含多个基本类型的数据，也可以包含其他的结构体，我们将它称为复杂数据类型或构造数据类型。

9.1.2 结构体变量定义

既然结构体是一种数据类型，那么就可以用它来定义变量。例如：

```
struct stu stu1, stu2;
```

定义了两个变量stu1和stu2，它们都是stu类型，由5个成员组成，注意关键字struct不能少。

stu就像一个"模板"，定义出来的变量都具有相同的性质。也可以将结构体比作"图纸"，将结构体变量比作"零件"，根据同一张图纸生产出来的零件的特性都是一样的。

也可以在定义结构体的同时定义结构体变量：

```
struct stu
{
    char * name;   //姓名
    int num;       //学号
    int age;       //年龄
    char group;    //所在学习小组
    float score;   //成绩
}stu1, stu2;
```

理论上结构体的各个成员在内存中是连续存储的，和数组非常类似，例如上面的结构体变量 stu1、stu2 的内存共占用 4＋4＋4＋1＋4＝17 个字节。

但是在编译器的具体实现中，各个成员之间可能会存在缝隙，对于 stu1、stu2，成员变量 group 和 score 间就存在 3 个字节的空白填充（如下图 9.1 所示），这样算来，stu1、stu2 其实占用了 17＋3＝20 个字节。

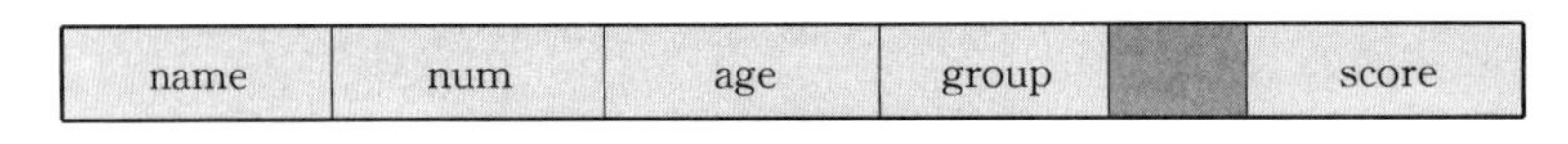

图 9.1　结构体变量存储

9.1.3　结构体变量使用

结构体和数组类似，也是一组数据的集合，整体使用没有太大的意义。数组使用下标[ ]获取单个元素，结构体使用点号“.”获取单个成员。它的一般格式为：

结构体变量名.成员名；

通过这种方式可以获取成员的值，也可以给成员赋值。

分析下图 9.2 所示代码及运行结果：

```
1  #include <stdio.h>
2  int main()
3  {
4      struct
5      {
6          char *name;
7          int num;
8          int age;
9          char group;
10         float score;
11     } stu1;
12     stu1.name="Zhangsan";
13     stu1.num=12;
14     stu1.age=18;
15     stu1.group='A';
16     stu1.score=136.5;
17     printf("%s的学号是%d，年龄是%d，在%c组，今年的成绩是%.1f！\n",
18         stu1.name,stu1.num,stu1.age,stu1.group,stu1.score);
19     return 0;
20 }
```

```
C:\Users\zhao\Desktop\sc\未命名1.exe
Zhangsan的学号是12，年龄是18，在A组，今年的成绩是136.5!
```

图 9.2　代码及运行结果

运行结果：

Zhangsan的学号是12，年龄是18，在A组，今年的成绩是136.5!

除了可以对成员进行逐一赋值，也可以在定义时整体赋值，例如：

```
struct
{
    char * name;   //姓名
    int num;       //学号
    int age;   //年龄
    char group;   //所在小组
    float score;   //成绩
} stu1,stu2 = {"Tom",12,18,'A',136.5};
```

不过整体赋值仅限于定义结构体变量时，在使用过程中只能对成员逐一赋值，这和数组的赋值非常类似。

9.2 结构体数组

所谓结构体数组，是指数组中的每个元素都是一个结构体。在实际应用中，C语言结构体数组常被用来表示一个拥有相同数据结构的群体，比如一个班的学生、一个车间的职工等。

在C语言中，定义结构体数组和定义结构体变量的方式类似，请看下面的代码：

```
struct stu
{
    char * name;   //姓名
    int num;      //学号
    int age;      //年龄
    char group;   //所在小组
    float score; //成绩
} stud [5];          //表示一个班级有5个学生.
```

结构体数组在定义的同时也可以初始化，如下面的代码：

```
struct stu
{
    char * name;
    int num;
    int age;
    char group;
    float score;
} stud [5] = { {"Li ping", 5, 18, 'C', 145.0},
    {"Zhang ping", 4, 19, 'A', 130.5},
    {"He fang", 1, 18, 'A', 148.5},
    {"Cheng ling", 2, 17, 'F', 139.0},
    {"Wang ming", 3, 17, 'B', 144.5}};
```

当对数组中全部元素赋值时，也可不给出数组长度，例如：

```
struct stu
{
    char * name;
    int num;
    int age;
    char group;
    float score;
} stud [ ] = { {"Li ping",5,18,'C',145.0},
    {"Zhang ping",4,19,'A',130.5},
    {"He fang",1,18,'A',148.5},
    {"Cheng ling",2,17,'F',139.0},
    {"Wang ming",3,17,'B',144.5}};
```

结构体数组的使用也很简单,例如,获取 Wang ming 的成绩:

```
stud [4]. score;
```

修改 Li ping 的学习小组:

```
stud[0].group = 'B';
```

例 9.1 针对上面的定义计算全班学生的总成绩、平均成绩以及 140 分以下的人数。本题参考代码及运行结果如图 9.3 所示:

```
1  #include <stdio.h>
2  struct
3  {
4      char *name;
5      int num;
6      int age;
7      char group;
8      float score;
9  }stud[5]={{"aaa",1101,20,'A',89.0},
10     {"Zhang ping",4,19,'A',130.5},
11     {"He fang",1,18,'A',148.5},
12     {"Cheng ling",2,17,'F',139.0},
13     {"Wang ming",3,17,'B',144.5}};
14
15 int main()
16 {
17     int i,num_140=0;
18     float sum=0;
19     for(i=0;i<5;i++)
20     {
21         sum+=stud[i].score;
22         if(stud[i].score<140) num_140++;
23     }
24     printf("sum=%.2f\naverage=%.2f\nnum_140=%d\n",
25         sum,sum/5,num_140);
26     return 0;
27 }
```

```
C:\Program Files
sum=651.50
average=130.30
num_140=3
```

图 9.3 例题代码及运行结果

代码说明：

代码第2～9行定义结构体类型的同时完成结构体数组的定义及初始化，第19～23行循环体完成总分及总分小于140的人数，第24行打印总分、平均分及总分小于140的人数。

9.3 结构体指针

9.3.1 结构体指针定义

前面我们讲过，对于一个变量，可以通过变量名直接进行访问，也可以通过保存该变量地址的指针变量来访问。当一个指针变量指向结构体时，我们就称它为结构体指针。C语言结构体指针的定义形式一般为：

```
struct 结构体名 *变量名;
```

下面是一个定义结构体指针的代码：

```
struct stu
{
    char *name;
    int num;
    int age;
    char group;
    float score;
}stu1 = {"Tom",12,18,'A',136.5};
struct stu *pstu = &stu1;
```

也可以在定义结构体的同时定义结构体指针：

```
struct stu
{
    char *name;
    int num;
    int age;
    char group;
    float score;
}stu1 = {"Tom",12,18,'A',136.5}, *pstu = &stu1;
```

注意，结构体变量名和数组名不同，数组名在表达式中会被转换为数组指针，而结构体变量名不会，无论在任何表达式中它表示的都是整个集合本身，要想取得结构体变量的地址，必须在前面加&，所以给pstu赋值只能写作：

```
struct stu *pstu = &stu1;
```

而不能写作：

```
struct stu *pstu = stu1;
```

还应该注意，结构体和结构体变量是两个不同的概念：结构体是一种数据类型，是一种创建变量的模板，编译器不会为它分配内存空间，就像int、float、char这些关键字本身不占用内存一样；结构体变量包含实实在在的数据，需要内存来存储。下面的写法是错误的，不可能去取一个结构体名的地址，也不能将它赋值给其他变量：

```
struct stu * pstu = &stu;或
struct stu * pstu = stu;
```

9.3.2 获取结构体成员

通过结构体指针可以获取结构体成员，一般形式为：

(* pointer).memberName 或者：

pointer -> memberName

第一种写法中，.的优先级高于 *，(* pointer)两边的括号不能少。如果去掉括号写作 * pointer.memberName，那么就等效于 *(pointer.memberName)，这样意思就完全不对了。

第二种写法中，->是一个新的运算符，习惯称它为“箭头”，有了它，可以通过结构体指针直接取得结构体成员。

上面的两种写法是等效的，我们通常采用后面的写法，这样更加直观。

例 9.2 通过指针访问结构体变量方法的使用。

本题参考代码及运行结果如下图 9.4 所示：

```
1  #include <stdio.h>
2  int main()
3  {
4      struct
5      {
6          char *name;
7          int num;
8          int age;
9          char group;
10         float score;
11     }stu1={"Tom",12,18,'A',136.5}, *pstu=&stu1;
12     printf("%s的学号是%d, 年龄是%d, 在%c组, 今年的成绩是%.1f! \n",
13     (*pstu).name,(*pstu).num,(*pstu).age,(*pstu).group,(*pstu).score);
14     printf("%s的学号是%d, 年龄是%d, 在%c组, 今年的成绩是%.1f! \n",
15     pstu->name,pstu->num,pstu->age,pstu->group,pstu->score);
16     return 0;
17 }
18
```

```
C:\Program Files (x86)\Dev-Cpp\ConsolePauser.exe
Tom的学号是12, 年龄是18, 在A组, 今年的成绩是136.5!
Tom的学号是12, 年龄是18, 在A组, 今年的成绩是136.5!
```

图 9.4 例题参考代码及运行结果

代码说明：

代码第 4～11 行定义结构体类型，第 11 行定义结构体变量并进行初始化，同时定义结构体指针变量指向该结构体变量。第 12～15 行分别使用.运算符、->运算符实现对结构体变量成员的访问。

下面的代码，实现的是访问结构体数组元素成员项。

```
#include < stdio.h >
struct stu
{
    char * name;
```

```
    int num;
    int age;
    char group;
    float score;
}stus[] = {{"Zhou ping", 5, 18, 'C', 145.0},
    {"Zhang ping", 4, 19, 'A', 130.5},
    {"Liu fang", 1, 18, 'A', 148.5},
    {"Cheng ling", 2, 17, 'F', 139.0},
    {"Wang ming", 3, 17, 'B', 144.5}}, *ps;
int main()
{
    int len = sizeof(stus) /sizeof(struct stu);
    printf("Name\t\tNum\tAge\tGroup\tScore\t\n");
    for(ps = stus; ps < stus + len; ps++)
    {
        printf("%s\t%d\t%d\t%c\t%.1f\n",
            ps->name, ps->num, ps->age, ps->group, ps->score);
    }
    return 0;
}
```

运行结果：

```
Name        Num   Age   Group   Score
Zhou ping   5     18    C       145.0
Zhang ping  4     19    A       130.5
Liu fang    1     18    A       148.5
Cheng ling  2     17    F       139.0
Wang ming   3     17    B       144.5
```

9.3.3 结构体指针作为函数参数

结构体变量名代表的是整个集合本身，作为函数参数时传递的整个集合，也就是所有成员，而不是像数组一样被编译器转换成一个指针。如果结构体成员较多，尤其是成员为数组时，传送的时间和空间开销会很大，影响程序的运行效率。所以最好的办法就是使用结构体指针，由实参传向形参的只是一个地址，非常快速。

例 9.3 计算全班学生的总成绩、平均成绩以及 140 分以下的人数。

本题参考代码及运行结果如图 9.5 所示：

```
1  #include <stdio.h>
2  struct stu
3  {
4      char *name;
5      int num;
6      int age;
7      char group;
8      float score;
9  }stus[]={{"Li ping", 5, 18, 'C', 145.0},
10     {"Zhang ping", 4, 19, 'A', 130.5},
11     {"He fang", 1, 18, 'A', 148.5},
12     {"Cheng ling", 2, 17, 'F', 139.0},
13     {"Wang ming", 3, 17, 'B', 144.5}};
14 void average(struct stu *ps, int len);
15 int main()
16 {
17     int len=sizeof(stus)/sizeof(struct stu);
18     average(stus,len);
19     return 0;
20 }
21 void average(struct stu *ps, int len)
22 {
23     int i,num_140=0;
24     float average,sum=0;
25     for(i=0;i<len;i++)
26     {
27         sum+=(ps+i)->score;
28         if((ps+i)->score<140) num_140++;
29     }
30     printf("sum=%.2f\naverage=%.2f\nnum_140=%d\n",
31     sum,sum/5,num_140);
32 }
```

```
C:\Program File
sum=707.50
average=141.50
num_140=2
```

图 9.5　例题及运行代码

代码说明：

代码第 2～9 行，进行结构体类型的定义，第 9～13 行进行结构体数组的定义并初始化。第 14 行是后面自定义函数的声明，第 21～32 行是自定义函数 average，该函数用结构体指针接收结构体作为第一个函数参数，在主函数中第 18 行被调用并接收传递进来的结构体数组首元素地址。第 25～29 行通过结构体指针求得所有元素成绩总和以及总分在 140 以下的学生人数，第 30 行打印输出。

9.4　链表

在学习链表之前，我们常用的存储数据的方式就是数组。数组元素即存储在一段连续的存储空间中，只要知道一个元素的地址，就可以快速知道其他元素的位置。使用数组存储数据的好处就是查询快，但是它的弊端也很明显：

（1）数组的长度固定；

（2）对数组元素的插入和删除操作因为需要移动大量元素，效率低下；

（3）只能存储一种数据格式。

而链表则可以克服以上这些数组所带来的缺陷，本节我们以单链表为例来学习一下链表的相关知识。

9.4.1　单链表的建立

单链表由一个个节点组成，每个节点包含 2 个部分：数据和指向下一个节点的指针，其中数据部分可以是有多个项组成的结构体类型的数据，指针域用来保存下一个元素地址。基本结构如下：

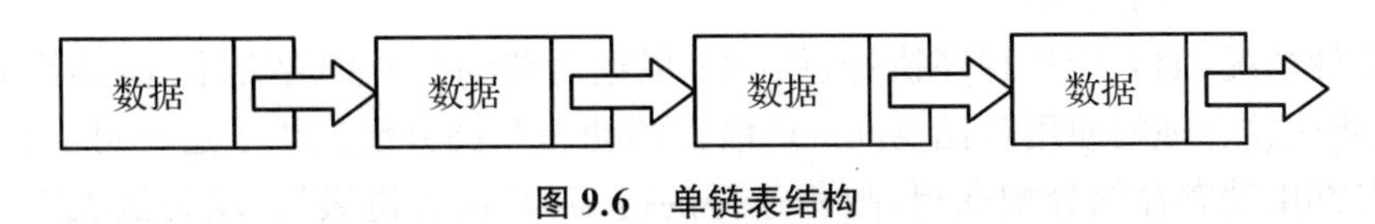

图 9.6　单链表结构

建立一个链表，我们需要先定义节点，然后把这些节点连接起来。结构体非常适合定义节点元素，假如结点的数据项由学号、成绩组成，则结点可定义为：

```
Struct node
{
    int num;
    float score;
    struct node * next;
};
```

链表可以采用静态方法建立，也可以通过动态方式建立。静态链表和动态链表是数据元素链式存储结构的两种不同的表示方式。

1. 静态链表

静态链表是用类似于数组方法实现的，是顺序的存储结构，在物理地址上是连续的，而且需要预先分配地址空间大小。动态链表是用内存申请函数动态申请内存的，所以在链表的长度上没有限制。

例 9.4　建立一个含有 3 个结点的静态链表，并依次输出每个结点的值。

本题参考代码及运行结果如图 9.7 所示：

代码说明：

代码第 2～7 行，定义链表结点类型。第 10 行定义一个结构体数组，用来保存结点数据。第 11 行定义两个指针变量，head 作为链表的头指针，p 指针指向将要输出数据的那个结点。第 12～22 行，完成结点初始化及静态链表结点的链接关系，并让 head 指针、p 指针均指向第一个结点。第 23～26 行循环实现依次打印各个结

```
1  #include <stdio.h>
2  struct node
3  {
4      int num;
5      float score;
6      struct node *next;
7  };
8  int main()
9  {
10     struct node stu[3];
11     struct node *head, *p;
12     stu[0].num=1001;
13     stu[0].score=85;
14     stu[1].num = 1002;
15     stu[1].score=97;
16     stu[2].num = 1003;
17     stu[2].score=78;
18     head=&stu[0];
19     stu[0].next = &stu[1];
20     stu[1].next = &stu[2];
21     stu[2].next = NULL;
22     p = head;
23     do{
24         printf("%d %.1f\n", p->num,p->score);
25         p=p->next;
26     } while(p!=NULL);
27     return 0;
28 }
```

```
C:\Program Files (x86)\Dev-Cpp\Cc
1001 85.0
1002 97.0
1003 78.0
```

图 9.7　例题代码及运行结果

点的数据，直到链表结束。

2. 动态链表

到目前为止，凡是遇到处理“批量”数据时，我们都是利用数组来存储。定义数组必须指明元素的个数，从而也就限定了一个数组中存放的数据量。在实际应用中，一个程序在每次运行时要处理的数据数目通常并不确定。如果数组定义的小了，就没有足够的空间存放数据，定义大了又浪费存储空间。

对于这种情况，如果能在程序执行过程中，根据需要随时开辟存储空间，不需要时再随时释放，就能比较合理的使用存储空间。C语言的动态存储分配提供了这种可能性，由于链表每个结点都由动态存储分配获得，故称这样的链表为“动态链表”。动态链表因为是动态申请内存，所以每个节点的物理地址不连续，要通过指针来实现顺序访问。

例 9.5　建立一个动态链表，并依次输出每个结点的值。

本题参考代码及运行结果如图9.8所示：

```
1  #include <stdio.h>
2  #include <stdlib.h>
3  #define LEN sizeof(struct node)
4  struct node
5  {
6      int num;
7      float score;
8      struct node *next;
9  };
10 int n;
11 struct node *creat()
12 {
13     struct node *head=NULL,*p1,*p2;
14     n=0;
15     p1=p2=(struct node*)malloc(LEN);
16     scanf("%d%f",&p1->num,&p1->score);
17     while(p1->num!=0)
18     {
19         n=n+1;
20         if(n==1) head=p1;
21         else  p2->next=p1;
22         p2=p1;
23         p1=(struct node*)malloc(LEN);
24         scanf("%d%f",&p1->num,&p1->score);
25     }
26     p2->next=NULL;
27     return(head);
28 }
29 int main()
30 {
31     struct node *pt;
32     pt=creat();
33     printf("\nnum:%d\nscore:%5.1f\n",
34         pt->num,pt->score);
35     return 0;
36 }
```

```
C:\Program Fil
1101 80
1102 95
1103 69
0 0

num:1101
score: 80.0
```

图 9.8　例题代码及运行结果

代码分析：

代码4～9行定义了链表的节点结构，第10行定义了一个全局变量纪录链表结点总数，

11～28 行自定义函数创建链表。第 13 行定义三个指针变量，head 为头指针，指向头结点，p1 指针指向新生成的结点，p2 指针指向尾结点。第 15～16 行完成头结点的初始化，第 17～25 行循环实现尾插法插入新结点，第 22 行修改 p2 指针使得其指向尾结点，第 26 行将链表尾结点的指针置空，第 27 行将生成链表的头指针作为函数返回值返回。主函数中第 32 行用 pt 指针接收 creat 函数生成链表的头指针，并在第 33 行完成链表头结点的输出。

9.4.2　链表的遍历

链表的遍历与数组的遍历相似，不同的是数组可以通过数组元素下标实现随机访问，而链表一定要通过遍历的方式访问，如果要知道第 n 个节点的内容，就需要从头开始遍历前面的 n－1 个节点。我们把上个例题中主函数中的输出语句改写为链表输出函数，代码如下：

```
void print(struct node *p)
{
    while(p)    //一直循环直到结束
    {
        printf("\nnum: %d score: %5.1f", p->num,p->score);
        p=p->next; //让 p 指针指向下一个结点
    }
}
```

9.4.3　链表元素的查找

链表元素的查找，可以按结点的键值来查找，也可以按序号来查找。这里的查找运算实现按序号进行查找的功能。在头节点为 * head 的单链表中顺序查找序号为 i(1≤i≤n，其中 n 为数据节点个数)的节点。若找到了该节点，则返回其指针，否则返回 NULL。函数代码如下：

```
struct node *get_node(struct node * head,int i)
{
    int j=1;              //j 累计扫描节点的个数
    struct node *p=head;   //从第 1 个数据节点开始扫描
    if(i<1) return NULL;      //i<1 时返回 NULL
    while(p! =NULL && j<i)
    {
        p=p->next;     //沿 next 指针方向移动指针变量 p
        j++;
    }
    if(p!=NULL)     //若 p 不为空,表示查找成功
        return p;   //找到了第 i 个节点,返回其指针
    else
        return NULL; //当 i>n 时,找不到第 i 个节点,返回 NULL
}
```

9.4.4　链表元素的插入

在以 head 为头指针的单链表中，如果想在序号为 i 的结点位置上插入一个结点，就需要

先找到前一个结点的编号。如果 i 为 1，表示插入的是首结点，如果 i 为 n+1，表示插入的结点是最后一个结点。在插入之前需要先调用上面的 getnode 函数找到编号为 i−1 的结点指针。

插入前的状态如图 9.9(a)所示，为了插入节点 * s，第一步是将结点 * s 的指针域指向 * p 节点之后的结点，如图 9.9(b)所示；第二步是将 * p 的指针域指向 * s 结点，如图 9.9(c)所示，插入后的最后状态如图 9.9(d)所示。

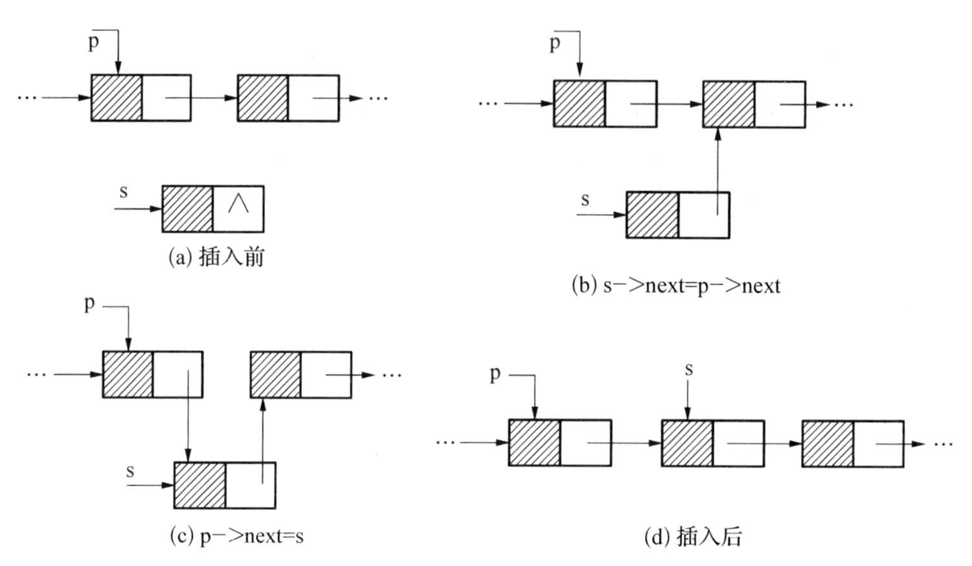

图 9.9 单链表的插入

上述指针修改用语句描述为：

```
s->next = p->next;
p->next = s;
```

插入函数代码如下：

```
int insert_node(struct node * head, int i)
{       //在 head 单链表中第 i 个节点前插入 data 域为 x 的节点 */
    struct node * p, * s;
    s = (struct node * )malloc(LEN);
    scanf("%d%f",&s->num,&s->score);
    if(i==1)            //插入作为首节点 */
    {
        s->next = head->next;
        head->next = s;
        return 1;
    }
    p = get_node(head,i-1);     //找第 i-1 个节点,由 p 指向它 */
    if(p == NULL)               //i<1 或 i>n+1 时插入位置 i 有错 */
        return 0;
    else
    {
        s->next = p->next;     //将 * s 插入在 * p 之后 * /
```

```
        p->next=s;              //将*p的指针域指向*s节点*/
        return 1;
    }
}
```

9.4.5 链表元素的删除

在单链表中删除序号为i的结点，首先需要找点编号为i－1结点的指针，然后删除编号为i的结点。假设p指针指向被删除结点的前一个结点，q指针指向被删节点(q=p－>next)，然后让*p的指针域指向*q节点的后续结点，即把*q节点从单链表上摘下来。最后释放节点*q的空间，将其归还给"存储池"。删除单链表节点的过程如下图9.10所示，(a)是删除前的状态，(c)是删除后的状态。

上述指针修改用语句描述为：

p->next=q->next。

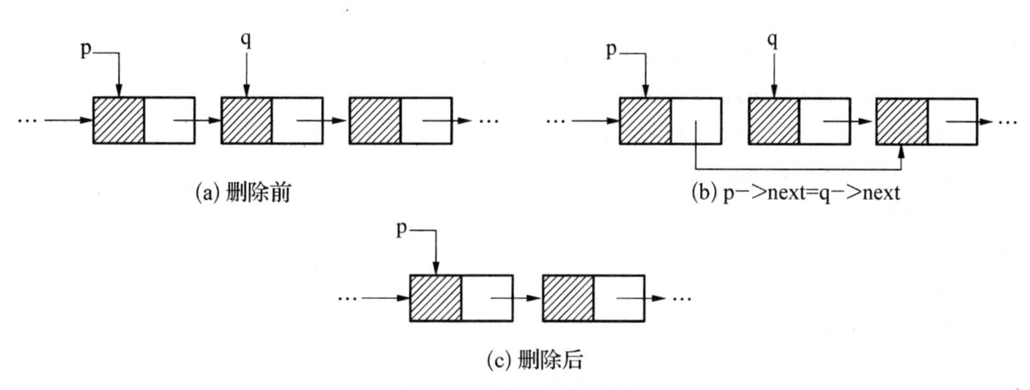

图9.10　单链表的删除

删除函数代码如下：

```
int delete(struct node *head, int i)
{
    struct node *p, *q;
    if(i==1)                    //删除首节点
    {
        if(head->next!=NULL)          //存在首节点
        {
            p=head->next;
            head->next=p->next;
            free(p);    //释放p指针指向的结点
        }
        else return 0;          //不存在首节点
    }
    p=getnode(head,i-1);                //找第i-1个节点,由p指向它
    if(p==NULL||p->next==NULL)        //i<1或i>n时删除位置有错
        return 0;
```

```
    else
    {
        q=p->next;              //让q指向被删节点
        p->next=q->next;              //删除*q节点
        free(q);              //释放*q节点
        return 1;
    }
}
```

例 9.6 编写程序，实现单链表的建立、输出、查找、插入及删除。

本题参考代码如下：

```
#include <stdio.h>
#include <stdlib.h>
#define LEN sizeof(struct node)
struct node *creat();
struct node *get_node(struct node *head,int i);
int insert_node(struct node *head,int i);
int delete_node(struct node *head , int i);
void print(struct node *pt);
struct node
{
    int num;
    float score;
    struct node *next;
};
int n;
struct node *creat()
{
    struct node *head=NULL, *p1, *p2;
    n=0;
    p1=p2=(struct node*)malloc(LEN);
    scanf("%d%f",&p1->num,&p1->score);
    while(p1->num!=0)
    {
        n=n+1;
        if(n==1) head=p1;
        else p2->next=p1;
        p2=p1;
        p1=(struct node*)malloc(LEN);
        scanf("%d%f",&p1->num,&p1->score);
    }
    p2->next=NULL;
    return(head);
```

```
}
struct node * get_node(struct node *  head, int i)
{
    int j = 1;
    struct node  * p = head;
    if(i < 1) return NULL;
    while(p! = NULL&&j < i)
    {
        p = p -> next;
        j ++ ;
    }
    if(p!= NULL)
        return p;
    else
        return NULL;
}
int insert_node(struct node  * head, int i)
{
    struct node  * p, * s;
    s = (struct node * )malloc(LEN);
    scanf(" % d % f", &s -> num, &s -> score);
    if(i == 1)
    {
        s -> next = head -> next;
        head -> next = s;
        return 1;
    }
    p = get_node(head, i - 1);
    if(p == NULL)
        return 0;
    else
    {
        s -> next = p -> next;
        p -> next = s;
        return 1;
    }
}
int delete_node(struct node  * head , int i)
{
    struct node  * p, * q;
    if(i == 1)
    {
        if(head -> next! = NULL)
```

```
            {
                p = head -> next;
                head -> next = p -> next;
                free(p);
            }
            else return 0;
    }
    p = get_node(head, i - 1);
    if(p == NULL||p -> next == NULL)
    return 0;
    else
    {
            q = p -> next;
            p -> next = q -> next;
            free(q);
            return 1;
    }
}
void print(struct node *p)
{
    while(p)
    {
        printf("\nnum: %d score: %5.1f", p -> num,p -> score);
        p = p -> next;
    }
}
int main()
{
    struct node *pt;
    pt = creat();
    print(pt);
    printf("\n");
    printf("\nnum: %d score: %5.1f\n",get_node(pt,2) -> num,get_node(pt,2) -> score);
    if(insert_node(pt,2)) printf("插入成功!\n");
    else printf("插入失败!\n");
    print(pt);
    printf("\n");
    if(delete_node(pt,2)) printf("删除成功!\n");
    else printf("删除失败!\n");
    print(pt);
    printf("\n");
    return 0;
}
```

程序的运行结果如下图 9.11 所示：

```
1101 80
1102 90
1103 78
1104 67
0 0

num:1101 score: 80.0
num:1102 score: 90.0
num:1103 score: 78.0
num:1104 score: 67.0

num:1102 score: 90.0
1108 95
插入成功!

num:1101 score: 80.0
num:1108 score: 95.0
num:1102 score: 90.0
num:1103 score: 78.0
num:1104 score: 67.0
删除成功!

num:1101 score: 80.0
num:1102 score: 90.0
num:1103 score: 78.0
num:1104 score: 67.0
```

图 9.11　代码运行结果

9.5　宏定义

所谓宏定义，就是用一个标识符来表示一个字符串，如果在下面的程序代码中出现了该标识符，那么在程序编译前就会被全部替换成指定的字符串。本书第 2.2 节曾提到的符号常量定义，用的 # define 就是宏定义命令，它也是 C 语言预处理命令的一种。宏定义分为无参宏定义和有参宏定义两种。

9.5.1　无参宏定义

无参宏定义的一般语法形式如下：

```
#define 宏名 宏定义字符串
```

功能：用一个标识符来表示一个字符串。编译预处理阶段，在该宏定义命令后面的程序中所有出现的宏名，将使用其对应的宏定义字符串来原样替换该过程，通常称为“宏替换”或“宏展开”。需要注意的是“宏替换”过程仅做简单的原样替换，不会引发编译器的语法检查。

下面代码定义一个圆周率的符号常量并用于计算圆面积。

```
#include <stdio.h>
#define PI 3.14
int main()
{
    float r = 1;
```

```
    printf("%f",PI*r*r);
    return 0;
}
```

以上程序中的PI就是宏名，这里实际是符号常量，而3.14就是该宏定义对应的宏定义字符串，程序被编译前会自动将后面程序中所有的PI字符串替换为字符串3.14。需要注意的是宏定义字符串后面一般不用加分号结尾，否则会将分号作为宏定义字符串的一部分，经过宏替换后反而会出现语法错误。当程序很多地方要用到这个3.14或需要调整3.14精度时，这种方法不失为一种好方法，不仅可以增加程序的可读性，也有利于后期程序的维护管理。

当然，这里顺便提一下C语言定义常量还有一种方法，如下：

```
const double PI = 3.14;
```

用该语句替换上面程序中的#define PI 3.14将获得同样的结果。他们的区别主要有以下几个方面：

(1) 就起作用的阶段而言：#define是在编译的预处理阶段起作用，而const是在编译、运行的时候起作用。

(2) 就起作用的方式而言：#define只是简单的字符串替换，没有类型检查。而const有对应的数据类型，是要进行判断的，可以避免一些低级的错误。

(3) 就存储方式而言：#define只是进行展开，有多少地方使用，就替换多少次，它定义的宏常量在内存中有若干个备份；const定义的只读变量在程序运行过程中只有一份备份，可节省空间，避免不必要的内存分配，提高效率。

(4) 从代码调试的方便程度而言：const常量可以进行调试的，#define不能进行调试，因为在预编译阶段就已经替换掉了。

9.5.2 带参宏定义

C语言允许宏定义带有参数。其中的参数称为“形式参数”，在宏调用中的参数称为“实际参数”，这和C语言普通函数定义类似。

对带参数的宏，在展开过程中不仅要进行字符串替换，还要用实参去替换形参。

带参宏定义的一般形式为：

```
#define 宏名(形参列表) 宏定义字符串
```

调用形式为：

```
宏名(实参列表);
```

例如：利用带参数的宏定义求两个数乘积。

```
#include <stdio.h>
#define SUM(a,b) a*b   /* 宏定义a和b为形参 */
int main() {
    int z;
    z = SUM(3+2,4);      /* 宏调用3+2和4是实参 */
    printf("%d",z);
    return 0;
}
```

以上程序运行结果是11，可能你会表示怀疑，不应该是20吗？

解析：宏调用 SUM(3+2,4)中，用实参 3+2、4 分别代替宏定义中的形参 a、b，即用 3+2 * 4 代替 SUM(3+2,4)，赋值语句展开为 z = 3+2 * 4，结果就是 11。

带参数的宏定义使用时须注意以下几点

(1) 千万不要先把实参中的表达式 3+2 算出来后代入；

(2) 千万不要人为的加括号，如 c=(3+4) * 2，这样违反了原样替换原则；

(3) 宏定义末尾一般不加分号，除非特殊情况；

(4) 宏名和括号之间不能有空格，例如：#define SUM (a,b) a*b，这是错误的；

(5) 实际项目开发中对于带参宏定义不仅要在参数两侧加括号，还应该在整个字符串外加括号，避免该宏出现在比较复杂的表达式中出现歧义，例如以上程序中的宏定义建议定义为：#define SUM(a,b) ((a) * (b))。

9.6 综合实例

问题描述：假如以单链表表示集合，且集合中的元素不重复。请编写一个程序输出这两个集合 A、B，求集合的差 A－B。所谓集合的差，是指在一个集合中存在而在另外一个集合不存在的元素集合。

问题分析：已经知道两个集合 A、B，根据集合运算的规则可以知道集合 A－B 中包含所有属于集合 A 而不属于集合 B 的元素。因此为了求 A－B，需先分别建立表示集合 A 和 B 的带头结点的单链表。然后对 A 单链表中的每个结点，在 B 中进行遍历，如果在 B 中出现，则将该结点放入链表 C 中。

该问题的流程图如图 9.12 所示：

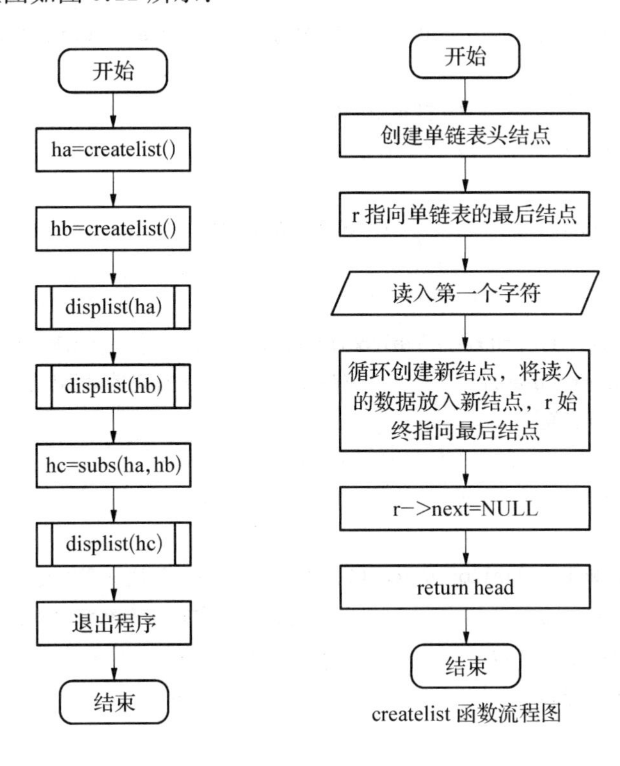

createlist 函数流程图

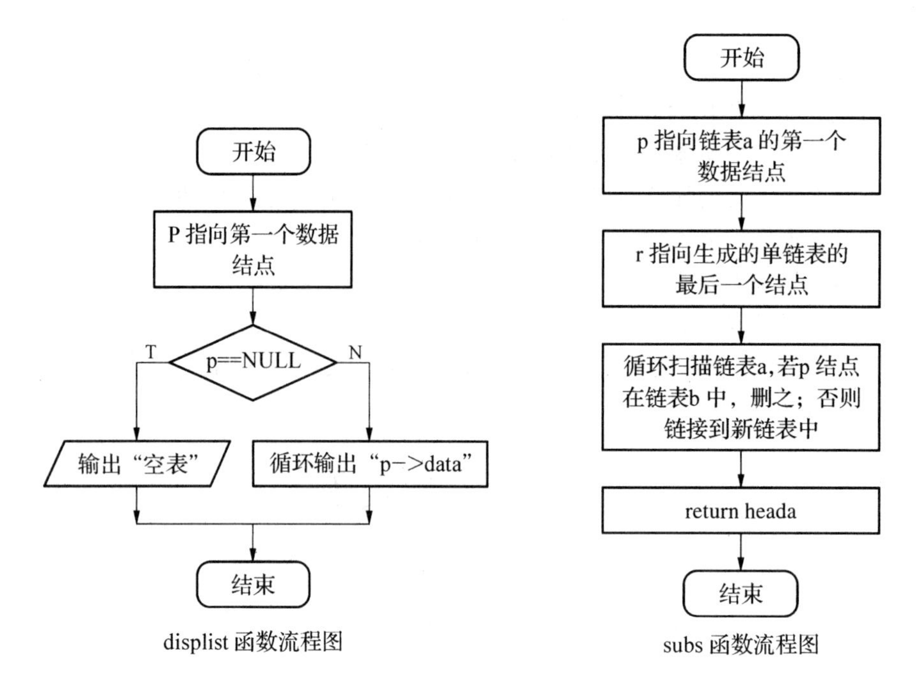

图9.12 集合差问题流程图

参考代码如下：

```
#include <stdio.h>
#include <stdlib.h>
#include <malloc.h>
typedef struct node             /* 用 typedef 语句定义 ListNode 为 node 结构体类型 */
{
    char data;                  /* 数据域 */
    struct node *next;          /* 指针域 */
} ListNode;
ListNode *createlist()                 /* 该函数最后返回单链表的头结点的指针 */
{
    char ch;
    ListNode *head = (ListNode *)malloc(sizeof(ListNode)); /* 创建头结点 */
    ListNode *s, *r = head;               /* r 始终指向单链表的最后结点 */
    printf("输入结点值:");
    ch = getchar();                       /* 读第 1 个字符 */
    while (ch! = '\n')
    {
        s = (ListNode *)malloc(sizeof(ListNode));   /* 创建一个新结点 */
        s->data = ch;                     /* 将读入的数据放入新结点的数据域中 */
        r->next = s;r = s;                /* 在 *r 之后插入 *s,并将 s 赋给 r */
        ch = getchar();                   /* 读入下一字符 */
    }
```

```
    r->next=NULL;
    return head;                        /* 返回头结点的指针 */
}
ListNode *getnode(ListNode *head,int i)
{
    int j=0;
    ListNode *p;
    p=head;                              /* 从头开始扫描 */
    while (p->next!=NULL && j<i)      /* 顺 next 指针方向移动指针变量 p */
    {
        p=p->next;
        j++;
    }
    if (p!=NULL)                        /* 若 p 不为空,表示查找成功 */
        return p;                        /* 找到了第 i 个结点 */
    else
        return NULL;                     /* 当 i<0 或 i>n 时,找不到第 i 个结点 */
}
void displist(ListNode *head)
{
    ListNode *p=head->next;             /* p 指向第一个数据结点 */
    if (p==NULL)
        printf("空表\n");
    else
    {
        while (p!=NULL)                 /* 沿 next 顺序扫描每个结点,并输出其 data 域 */
        {
            printf(" %c ",p->data);
            p=p->next;
        }
        printf("\n");
    }
}
void insertnode(ListNode *head,char x,int i)
{
    ListNode *p,*s;
    s=(ListNode *)malloc(sizeof(ListNode));  /* 创建新插的结点 */
    s->data=x;
    if (i==1)                            /* *s 作为 1 号数据结点 */
    {
        s->next=head->next;
        head->next=s;
    }
```

```
    else
    {
        p=getnode(head,i-1);                    /*查找指向第 i-1 个结点的指针*/
        if (p==NULL)                            /*i<1 或 i>n+1 时插入位置 i 有错*/
        {
            printf("i 取值有错\n");
            exit(0);
        }
        s->next=p->next;                        /*将*s 插入在*p 之后*/
        p->next=s;                              /*将*p 的指针域指向*s 结点*/
    }
}
void deletenode(ListNode *head,int i)
{
    ListNode *p,*r;
    p=getnode(head,i-1);                        /*找第 i-1 个结点*/
    if (p==NULL || p->next==NULL)               /*i<1 或 i>n 时删除位置有错*/
    {
        printf("i 取值有错\n");
        exit(0);
    }
    r=p->next;                                  /*令 r 指向被删结点*/
    p->next=r->next;                            /*将*r 从链上摘下*/
    free(r);                                    /*释放结点*r,将所占用的空间归还给存储池*/
}
void freelist(ListNode *head)
{
    ListNode *p=head,*q=p->next;
    while (q!=NULL)
    {
        free(p);
        p=q;q=q->next;
    }
    free(q);
}
ListNode *subs(ListNode *heada,ListNode *headb)
{
    ListNode *p,*q,*r,*s;
    p=heada->next;                              /*p 指向第一个数据结点*/
    r=heada;r->next=NULL;                       /*r 指向生成的单链表的最后一个结点*/
    while (p!=NULL)                             /*扫描 A*/
    {
        q=headb;
```

```
        while (q!=NULL && q->data!=p->data)
            q=q->next;
        if (q!=NULL)                        /* 若p结点在B中,则要删除 */
        {
            s=p->next;
            free(p);p=s;
        }
        else                    /* 若p结点不在B中,则链接到新单链表中 */
        {
            r->next=p;s=p->next;
            r=p;r->next=NULL;
            p=s;
        }
    }
    return heada;
}
int main()
{
    ListNode *ha, *hb, *hc;
    ha=createlist();                /* 调用单链表基本运算函数创建A集合 */
    hb=createlist();                /* 调用单链表基本运算函数创建B集合 */
    printf("A集合:");
    displist(ha);       /* 调用单链表基本运算函数输出单链表ha */
    printf("B集合:");
    displist(hb);       /* 调用单链表基本运算函数输出单链表hb */
    hc=subs(ha,hb);
    printf("A-B:");displist(hc);      /* 调用单链表基本运算函数输出单链表hc */
    return 0;
}
```

运行结果如图9.13所示：

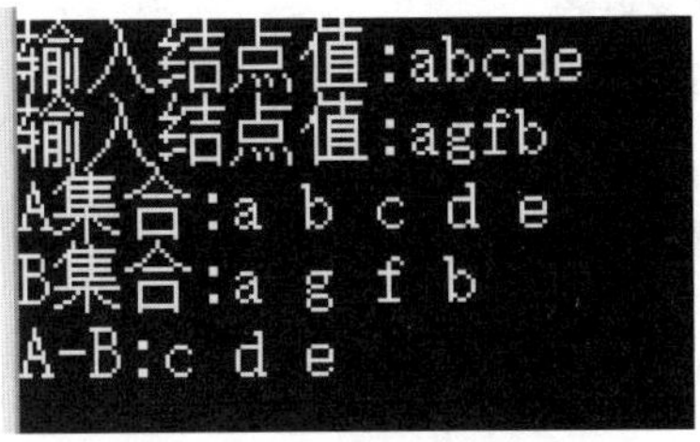

```
输入结点值:abcde
输入结点值:agfb
A集合:a b c d e
B集合:a g f b
A-B:c d e
```

图9.13　集合差运算结果

9.7 项目实训

9.7.1 猜拳游戏

1. 实训目的

通过“猜拳游戏”程序设计，加深对结构体的认识，熟练掌握结构体的定义方法和使用。

2. 实训内容

本次游戏实例内容主要是使用结构体来完善玩家的信息属性。

分析：

针对第八章游戏实例完善玩家信息的改进目标，可以使用关键字“struct”定义一个“playerInfo”结构体数据类型，包括成员变量如下：

```
struct playerInfo{
    int sno; //玩家编号
    char userName[20]; //玩家姓名
    char password[6]; //玩家密码
};
```

3. 实训准备

硬件：PC机一台

软件：Windows系统、VS2012开发环境

将第八章“游戏实例8”文件夹复制一份，并将复制后的文件夹重命名为“游戏实例9”。进入“游戏实例9”找到“finger-guessing”文件双击，打开项目文件。

4. 实训代码

依据实例内容分析，在“finger-guessing.c”源文件中修改相关代码。具体修改的代码如下，完整代码部分请参考程序清单中的“游戏实例9”。

```
struct playerInfo{
    int sno; //玩家编号
    char userName[20]; //玩家姓名
    char password[6]; //玩家密码
};
void displayPlayerInfo(struct playerInfo player);
void pass(char * buf);
struct playerInfo login(struct playerInfo player);
int main()
{
    int computerVal,playerVal;
    int flagExcep,flagEnd,flagContinue;
    int score[3] = {0,0,0};
    struct playerInfo player1 = {1,"",""}; //定义一个 player1
```

```
    player1 = login(player1); //登录
    displayPlayerInfo(player1);
    initMenu();
    srand((unsigned)time(NULL));
    while(1)
    {
        computerVal = (int)(rand() % (3.1 + 1) + 1);
        playerVal = input();
        flagExcep = exceptiont(playerVal);
        if(flagExcep == 1)
            continue;
        flagEnd = end(playerVal);
        if(flagEnd == 1)
        {
            displayTotalResult(score);
            flagContinue = playAgain();
            if(flagContinue == 1)
            {
                system("cls");
                displayPlayerInfo(player1);
                initMenu();
                continue;
            }
            else{
                printf("欢迎下次再来玩!\n");
                break;
            }
        }
        displayFist(computerVal,playerVal);
        displayResult(computerVal,playerVal,score);
    }
    return 0;
}
void displayPlayerInfo(struct playerInfo player)
{
    printf("% *s玩 家 信 息\n",24,"");
    printEq(58);
    printf("|% *s姓 名:%s% *s|\n",5,"",player.userName,40,"");
    printEq(58);
}
struct playerInfo login(struct playerInfo player)
{
    static int errorPasswd = 0;
```

```
        printf("%*s登  录\n",24,"");
        printEq(58);
        while(1){
            printf("用户名:");
            scanf("%s",player.userName);
            printf("密  码:");
            pass(player.password);
            fflush(stdin); //清除输入
            if(strcmp(player.userName,"wang")==0 && strcmp(player.password,"123")==0)
            {
                system("cls"); //调用 system 函数执行清屏命令 cls
                break;
            }
            else{
                printf("用户名或密码不正确,请输入正确的用户和密码\n");
                errorPasswd++;
                if(errorPasswd==3){
                    printf("您输入的用户名和密码错了3次,本程序将开启自毁程序\n");
                    exit(0); //exit 函数可以终止整个程序的执行,头文件为<stdlib.h>
                }
                else
                    printf("您输入的用户名和密码错了%d次,还有%d次机会...\n",
errorPasswd,3.errorPasswd);
                continue;
            }
        }
        return player;
    }
```

5. 实训结果

按键盘上“F5”执行上述代码,将出现登录的模块,在游戏中的输入值请参考“游戏实例 8”,运行结果如图 9.14 所示:

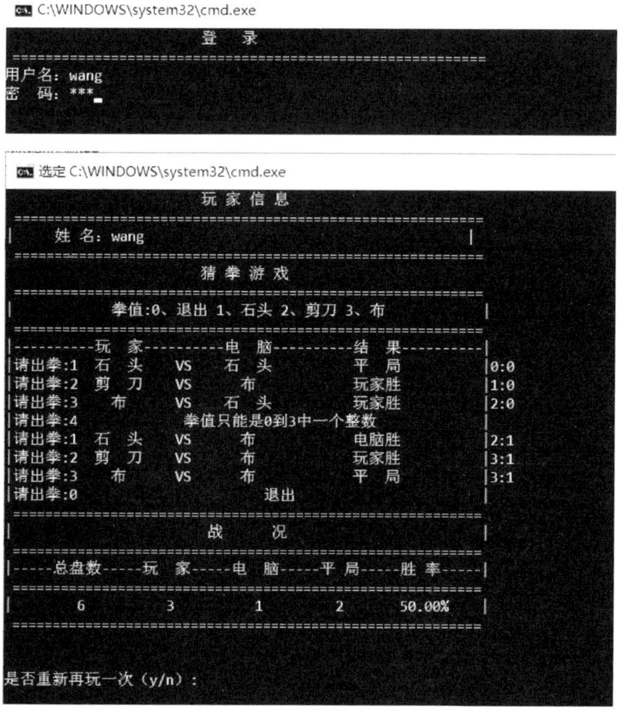

```
C:\WINDOWS\system32\cmd.exe
                          登  录
==========================================================
用户名: wang
密  码: ***
```

```
选定 C:\WINDOWS\system32\cmd.exe
                          玩 家 信 息
==========================================================
|    姓 名: wang                                          |
==========================================================
                          猜 拳 游 戏
==========================================================
|           拳值:0、退出 1、石头 2、剪刀 3、布             |
==========================================================
|----------玩  家----------电  脑----------结  果----------|
|请出拳:1  石 头     VS     石 头          平  局        |0:0
|请出拳:2  剪 刀     VS      布            玩家胜        |1:0
|请出拳:3   布       VS     石 头          玩家胜        |2:0
|请出拳:4               拳值只能是0到3中一个整数          |
|请出拳:1  石 头     VS      布            电脑胜        |2:1
|请出拳:2  剪 刀     VS      布            玩家胜        |3:1
|请出拳:3   布       VS      布            平  局        |3:1
|请出拳:0                    退出                        |
==========================================================
|                       战      况                        |
==========================================================
|-----总盘数-----玩  家-----电  脑-----平 局-----胜 率-----|
==========================================================
|         6          3          1          2      50.00%   |
==========================================================

是否重新再玩一次 (y/n) :
```

图 9.14　结果显示

6. 实训总结

在 C 程序中,使用结构体允许用户自己用不同类型数据组成组合型的数据结构,将独立的变量组合在一起,形成有内在联系的数据结构,方便使用。

7. 改进目标

在本次游戏实例程序中,玩家的

信息名称必须是“wang”，密码必须是“123”，是写死在程序中的，能否让玩家自行注册用户名，并将用户信息写入文件中，当下次登录时，将玩家信息再从文件中读出，然后使用注册的用户名进行登录呢？

读者可以带着问题进入后续C语言的学习，相信大家一定能找到解决的办法。

9.7.2　飞机打靶游戏

1. 在飞机打靶游戏中需要对玩家的数据进行处理，因为玩家信息繁多，如玩家的昵称、得分、剩余弹药、命中率等，这时就要用结构体来对玩家的信息进行处理；飞机和靶子的坐标x，y同样可以组成一个结构体，这样在后续进行文件读写时就不至于杂乱。

试编写一个程序，要求：创建一个结构体，结构体内可用于保存玩家的昵称，得分，剩余弹药，命中率。创建一个容量为3的结构体数组，从键盘上读取玩家的昵称，得分，剩余弹药（命中率由得分与剩余弹药计算出，故不用直接读入，注意得分与剩余弹药的合理性），最后将该数组所有信息打印在屏幕上。

参考代码如下：

```
#include <stdio.h>
struct Player
{
    struct Player *last;
    char name[20];
    int score;
    int ammo;
    float accu;
    struct Player *next;
};
int main()
{
    struct Player M[3];
    int i;
    for(i=0;i<3;i++)
    {
        scanf("%s%d%d",M[i].name,&M[i].score,&M[i].ammo);
        M[i].accu=(M[i].score*1.0)/(100-M[i].ammo);
    }
    for(i=0;i<3;i++)
    {
        printf("%s %d %d %2.1f%%\n",M[i].name,M[i].score,M[i].ammo,M[i].accu*100);
    }
    return 0;
}
```

2. 与结构体数组相比，链表可以充分利用空间，且链表可以在不移动数据存储位置的情况下直接进行插入与删除操作，更有利于数据的处理。单向链表无法向上索引，通过在结构体中增加一个结构体指针用于指向上一个节点，形成双向链接。请根据上述描述创建一个双向链接的节点为 3 的链表，通过键盘读取三组玩家数据并打印在屏幕上。

参考代码如下：

```
#include < stdio.h >
#include < stdlib.h >
struct Player
{
    struct Player * last;
    char name[20];
    int score;
    int ammo;
    float accu;
    struct Player * next;
};
struct Player * Creat();
int main()
{
    struct Player * p;
    p = Creat();
    do
    {
        printf(" %s %d %2.1f% %\n",p -> name,p -> score,p -> accu * 100);
        p = p -> next;
    }while(p! = NULL);
    return 0;
}
struct Player * Creat()
{
    FILE * fp;
    struct Player * p1, * p2, * p, * head = NULL, * temp;
    int n = 0; //n 为链表长度
    if((fp = fopen("Ranking_list.dat","rb")) == NULL)
      {
          if((fp = fopen("Ranking_list.dat","wb")) == NULL)
          {
              printf("error!");
              exit(0);
          }
      }
    while(n < 3)
    {
        p1 = (struct Player * )malloc(sizeof(struct Player));
        scanf(" %s%d%d",p1 -> name,&p1 -> score,&p1 -> ammo);
```

```
        p1->accu=(p1->score*1.0)/(100-p1->ammo);
        if(n==0)
        {
            head=p1;
            p1->last=NULL;
        }
        else
        {
            p2->next=p1;
            p1->last=p2;
        }
        p2=p1;
        n++;
    }
    p2->next=NULL;
    fclose(fp);
    return head;
}
```

9.8　习　题

1. 下面结构体的定义语句中,错误的是(　　)。

A. struct ord {int x;int y;int z;}; struct ord a;

B. struct ord (int x;int y;int z;} struct ord a;

C. struct ord {int x;int y;int z;} a;

D. struct {int x;int y;int z;} a;

2. 以下叙述中正确的是(　　)。

A. 结构体类型中的成员只能是C语言中预先定义的基本数据类型

B. 在定义结构体类型时,编译程序就为它分配了内存空间

C. 结构体类型中各个成员的类型必须是一致的

D. 一个结构体类型可以由多个称为成员(或域)的成分组成

3. 以下叙述中正确的是(　　)。

A. 函数的返回值不能是结构体类型

B. 函数的返回值不能是结构体指针类型

C. 在调用函数时,可以将结构体变量作为实参传给函数

D. 结构体数组不能作为参数传给函数

4. 以下叙述中错误的是(　　)。

A. 可以用typedef将已存在的类型用一个新的名字来代表

B. 可以通过typedef增加新的类型

C. 用typedef定义新的类型名后,原有类型名仍有效

D. 用typedef可以为各种类型起别名,但不能为变量起别名

5. 设有定义：

```
struct complex { int real,unreal;}
datal = {1,8},data2;
```

则以下赋值语句中错误的是(　　)。

A. data2 = (2,6);

B. data2 = datal;

C. data2. real = datal. real;

D. data2. real = datal. unreal;

6. 有以下程序

```
#include <stdio.h>
#include <string.h>
struct A
{
    int a; char b[10]; double c;
};
struct A  f(struct A  t);
int main()
{
    struct A  a = {1001,"ZhangDa",1098.0};
    a = f(a) ;
    printf("%d, %s, %6.1f\n",a.a,a.b,a.c);
    return 0;
}
struct A  f(struct A t)
{
    t.a = 1002;strcpy(t.b,"ChangRong"); t.c = 1202.0; return  t;
}
```

程序运行后的输出结果是(　　)。

A. 1002,ZhangDa,1202.0

B. 1002,ChangRong,1202.0

C. 1001,ChangRong,1098.0

D. 1001,ZhangDa,1098.0

7. 以下叙述中正确的是(　　)。

A. 结构体变量的地址不能作为实参传给函数

B. 结构体数组名不能作为实参传给函数

C. 即使是同类型的结构体变量,也不能进行整体赋值

D. 结构体中可以含有指向本结构体的指针成员

8. 有以下程序段

```
Typedef struct NODE
{
    int num;
    struct NODE * next;.
}OLD;
```

以下叙述中正确的是(　　)。

A. 以上的说明形式非法

B. NODE是一个结构体类型

C. OLD是一个结构体类型　　D. OLD是一个结构变量

9. 有以下定义和语句

```
struct workers
{
    int num;char name[20];char c;
    struct
    { int day;int month;int year;
    }s;
};
struct workers w, * pw;
pw = &w;
```

能给w中year成员赋值1980的语句是(　　)。

A. `w.year = 1980;`　　B. `pw -> year = 1980;`

C. `w.s.year = 1980;`　　D. `*pw.year = 1980;`

10. 有以下程序段

```
struct st (int x; int * y;} * pt;
int a[] = {1,2},b[] = {3,4};
struct st c[2] = {10,a,20,b};
pt = c;
```

以下选项中表达式的值为11的是(　　)。

A. `pt -> x`　　B. `* pt -> y`　　C. `++ pt -> x`　　D. `(pt ++) -> x`

11. 有以下程序

```
#include <stdio.h>
#include <string.h>
typedef struct stu {char * name, gender; int score; } STU;
void f(char * p) { p = (char * )malloc(10); strcpy(p,"Qian"); }
int main()
{
    STU a = {NULL, 'm', 290}, b;
    a.name = (char * )malloc(10);
    strcpy( a.name, "Zhao");
    b = a; f(b.name);
    b.gender = 'f'; b.score = 350;
    printf("%s, %c, %d,", a.name, a.gender, a. score);
    printf("%s, %c, %d\n",b.name,b.gender,b.score);
    return 0;
}
```

则程序的输出结果是(　　)。

A. Zhao,m,290,Qian,f,350　　B. Qian,f,350,Qian,f,350

C. Qian,m,290,Qian,f,350　　D. Zhao,m,290,Zhao,f,350

12. 有以下程序

```
#include <stdio.h>
```

```
struct S{int n;int a[20];};
void f(struct S *p)
{
    int i,j,t;
    for(i=0; i<p->n-1;i++)
    for(j=i+1;j<p->n;j++)
    if(p->a[i]>p->a[j])
    {t=p->a[i]; p->a[i]=p->a[j]; p->a[j]=t;}
}
int main()
{
    int i; struct S s={ 10, {2,3,1,6,8,7,5,4,10,9}};
    f(&s);
    for(i=0;i<s.n;i++) printf("%d,",s.a[i]);
    return 0;
}
```

程序运行后的输出结果是(　　)。

A. 10,9,8,7,6,5,4,3,2,1,　　B. 2,3,1,6,8,7,5,4,10,9,

C. 10,9,8,7,6,1,2,3,4,5,　　D. 1,2,3,4,5,6,7,8,9,10,

13. 假定已建立以下链表结构,且指针 p 和 q 已指向如图所示的节点:

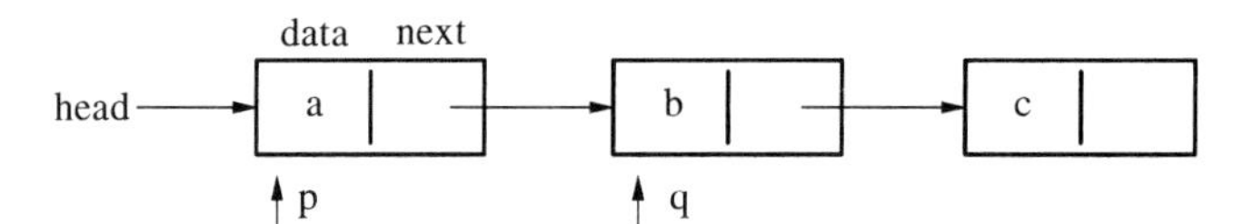

则以下选项中可将 q 所指节点从链表中删除并释放该节点的语句组是(　　)。

A. `p=q->next; free(q);`　　B. `p=q;free(q);`

C. `(*p).next=(*q).next; free(p);`　　D. `p->next=q->next; free(q);`

14. 程序中已构成如下图所示的不带头结点的单向链表结构,指针变量 s、p、q 均已正确定义,并用于指向链表结点,指针变量 s 总是作为头指针指向链表的第一个结点。若有以下程序段:

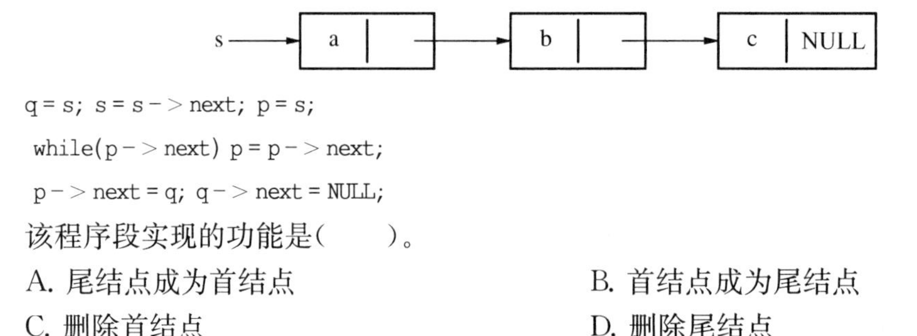


```
q=s; s=s->next; p=s;
while(p->next) p=p->next;
p->next=q; q->next=NULL;
```

该程序段实现的功能是(　　)。

A. 尾结点成为首结点　　B. 首结点成为尾结点

C. 删除首结点　　D. 删除尾结点

15. 若已建立以下链表结构,指针 p、s 分别指向如图所示结点

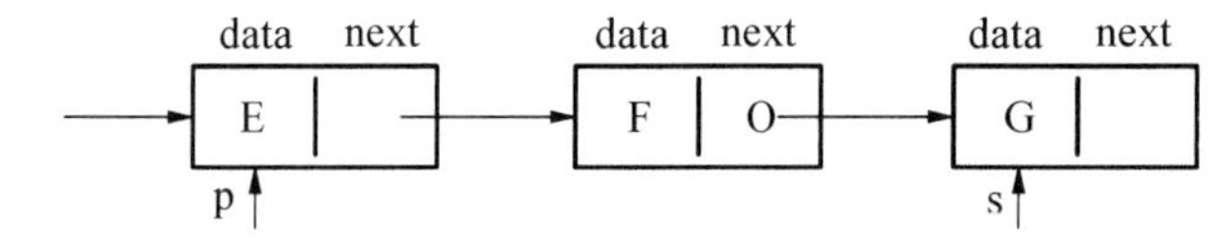

则不能将s所指节点插入到链表末尾的语句组是(　　)。

A. `s->next='\0'; p=p->next; p->next=s;`

B. `p=p->next; s->next=p; p->next=s;`

C. `p=p->next; s ->next=p->next; p->next=s;`

D. `p=(*p).next; (*s).next=(*p).next; (*p).next=s;`

16. 已知某程序如下

```
float p=1.5;
#define p 2.5
main()
{
    printf("%f",p);
}
```

则main函数中标识符p代表的操作数是(　　)。

A. float型变量　　　　B. double型变量

C. float型常量　　　　D. double型常量

17. 以下程序的输出结果为(　　)。

```
#define ADD(x) x*x
main()
{
    int a=4,b=6,c=7,d=ADD(a+b)*c;
    printf("d=%d",d);
}
```

A. d=70　　　　B. d=80

C. d=140　　　　D. d=700

18. 程序填空。

要求:请在程序的下划线处填入正确的内容并把下划线删除,使程序得出正确的结果。

注意:不得增行或删行,也不得更改程序的结构。

(1) 人员的记录由编号和出生年、月、日组成,N名人员的数据已在主函数中存入结构体数组std中。函数fun的功能是:找出指定出生年份的人员,将其数据放在形参k所指的数组中,由主函数输出,同时由函数值返回满足指定条件的人数。

```
#include <stdio.h>
#define N 8
typedef struct
{
    int num;
    int year,month,day ;
}STU;
int fun(STU *std, STU *k, int year)
{
    int i,n=0;
    for (i=0; i<N; i++)
```

```
/********** found **********/
        if(____①____ == year)
/********** found **********/
            k[n++] = ____②____;
/********** found **********/
    return (____③____);
}
int main()
{
    STU std[N] = { {1,1984,2,15},{2,1983,9,21},{3, 1984,9,1},{4,1983,7,15},
    {5,1985,9,28},{6,1982,11,15},{7,1982,6,22},{8,1984,8,19}};
    STU k[N]; int i,n,year;
    printf("Enter a year : "); scanf("%d",&year);
    n = fun(std,k,year);
    if(n == 0)
          printf("\nNo person was born in %d \n",year);
    else
    {
          printf("\nThese persons were born in %d \n",year);
          for(i = 0; i < n; i++)
               printf("%d  %d-%d-%d\n",k[i].num,k[i].year, k[i].month,k[i].day);
    }
    return 0;
}
```

(2) 程序通过定义学生结构体变量,存储了学生的学号、姓名和3门课的成绩。函数fun的功能是对形参b所指结构体变量中的数据进行修改,最后在主函数中输出修改后的数据。例如:b所指变量t中的学号、姓名和三门课的成绩依次是:10002、"ZhangQi"、93、85、87,修改后输出t中的数据应为:10004、"LiJie "、93、85、87。

请在程序的下划线处填入正确的内容并把下划线删除,使程序得出正确的结果。

```
#include  <stdio.h>
#include  <string.h>
struct student
{
     long sno;
     char name[10];
     float score[3];
};
void fun(struct student *b)
{
/********** found **********/
     b____①____ = 10004;
/********** found **********/
```

```
    strcpy(b____②____, "LiJie");
}
int main()
{
    struct student t = {10002,"ZhangQi", 93, 85, 87};
    int i;
    printf("\n\nThe original data :\n");
    printf("\nNo: %ld Name: %s\nScores: ",t.sno, t.name);
    for (i = 0; i < 3; i++) printf(" %6.2f ", t.score[i]);
    printf("\n");
/********** found **********/
    fun(____③____);
    printf("\nThe data after modified :\n");
    printf("\nNo: %ld Name: %s\nScores: ",t.sno, t.name);
    for (i = 0; i < 3; i++) printf(" %6.2f ", t.score[i]);
    printf("\n");
    return 0;
}
```

(3) 给定程序中,函数 fun 的功能是将带头节点的单向链表结点数据域中的数据从小到大排序。即若原链表结点数据域从头至尾的数据为 10、4、2、8、6,排序后链表结点数据域从头至尾的数据为 2、4、6、8、10。

请在程序的下划线处填入正确的内容并把下划线删除,使程序得出正确的结果。

```
#include <stdio.h>
#include <stdlib.h>
#define N 6
typedef struct node {
    int data;
    struct node *next;
} NODE;
void fun(NODE *h)
{
    NODE *p, *q; int t;
    /********** found **********/
    p = ____①____;
    while (p)
    {
        /********** found **********/
        q = ____②____;
        while (q)
        {
            /********** found **********/
            if (p->data ____③____ q->data)
            {t = p->data; p->data = q->data; q->data = t;}
```

```
            q = q->next;
        }
        p = p->next;
    }
}
NODE *creatlist(int a[])
{
    NODE *h, *p, *q; int i;
    h = (NODE *)malloc(sizeof(NODE));
    h->next = NULL;
    for(i=0; i<N; i++)
    {
        q=(NODE *)malloc(sizeof(NODE));
        q->data=a[i];
        q->next = NULL;
        if (h->next == NULL) h->next = p = q;
        else {p->next = q; p = q;}
    }
    return h;
}
void outlist(NODE *h)
{
    NODE *p;
    p = h->next;
    if (p==NULL) printf("The list is NULL!\n");
    else
    {
        printf("\nHead ");
        do
        {
            printf("->%d", p->data); p=p->next;
        }while(p!=NULL);
        printf("->End\n");
    }
}
int main()
{
    NODE *head;
    int a[N]= {0, 10, 4, 2, 8, 6 };
    head=creatlist(a);
    printf("\nThe original list:\n");
    outlist(head);
    fun(head);
```

```
    printf("\nThe list after sorting :\n");
    outlist(head);
    return 0;
}
```

19. 程序改错。

要求:请改正程序中的错误,使它能得出正确结果。

注意:不得增行或删行,也不得更改程序的结构。

(1) 给定程序中,函数 fun 的功能是:在有 n 名学生,2 门课成绩的结构体数组 std 中,计算出第 1 门课程的平均分,作为函数值返回。例如,主函数中给出了 4 名学生的数据,则程序运行的结果为第 1 门课程的平均分是:76.125000

```
#include <stdio.h>
typedef struct
{
    char num[8];
    double score[2];
}STU;
double fun(STU std[ ], int n)
{
    int i;
/********** found **********/
    double sum ;
/********** found **********/
    for(i = 0;i < 2;i++ )
/********** found **********/
    sum += std[i].score[1];
    return sum /n;
}
int main()
{
    STU std[ ] = {"N1001",76.5,82.0 ,"N1002", 66.5,73.0,
        "N1005",80.5,66.0,"N1006", 81.0,56.0};
    printf("第 1 门课程的平均分是: %lf\n",fun(std,4));
    return 0;
}
```

(2) 给定程序中函数 fun 的功能是:对 N 名学生的学习成绩,按从高到低的顺序找出前 m(m≤10)名学生来,并将这些学生数据存放在一个动态分配的连续存储区中,此存储区的首地址作为函数值返回。请改正函数 fun 中指定部位的错误,使它能得出正确的结果。

```
#include <stdio.h>
#include <stdlib.h>
#include <string.h>
#define N 10
```

```
typedef struct ss
{
    char num[10];
    int s;
}STU;
STU * fun(STU a[ ], int m)
{
    STU b[N], * t;
    int i,j,k;
/*********** found **********/
    t = (STU * )calloc(sizeof(STU),m)
    for(i = 0; i < N; i++ ) b[i] = a[i];
          for(k = 0; k < m; k++ )
          {
              for(i = j = 0; i < N; i++ )
              if(b[i].s > b[j].s) j = i;
/*********** found **********/
              t(k) = b(j);
              b[j].s = 0;
          }
    return t;
}
void outresult(STU a[ ], FILE * pf)
{
    int i;
    for(i = 0; i < N; i++ )
    fprintf(pf,"No  =  %s Mark  =  %d\n", a[i].num,a[i].s);
    fprintf(pf,"\n\n");
}
int main()
{
    STU a[N] = { {"A01",81},{"A02",89},{"A03",66}, {"A04",87},{"A05",77},
        {"A06",90},{"A07",79},{"A08",61},{"A09",80},{"A10",71} };
    STU * pOrder;
    int i, m;
    printf(" *****  The Original data  ***** \n");
    outresult(a, stdout);
    printf("\nGive the number of the students who have better score: ");
    scanf(" %d",&m);
    while(m > 10)
    {
        printf("\nGive the number of the students who have better score: ");
        scanf(" %d",&m);
```

```
    }
    pOrder = fun(a,m);
    printf(" ***** THE RESULT ***** \n");
    printf("The top :\n");
    for(i = 0; i < m; i++ )
        printf(" %s   %d\n",pOrder[i].num , pOrder[i].s);
    free(pOrder);
    return 0;
}
```

(3) 给定程序的主函数中,将 a、b、c 三个结点链成一个单向链表,并给各结点的数据域赋值,函数 fun()的作用是:累加链表结点数据域中的数据作为函数值返回。请改正函数 fun 中指定部位的错误,使它能得出正确的结果。

```
#include < stdio.h >
typedef struct list
{
    int data;
    struct list *next;
}LIST;
int fun(LIST *h)
{
    LIST *p;
/********** found **********/
    int t;
    p = h;
/********** found **********/
    while( *p)
    {
/********** found **********/
        t = t + p.data;
        p = ( *p).next;
    }
    return  t;
}
int main()
{
     LIST a,b,c, *h;
     a.data = 34;b.data = 51;
     c.data = 87;c.next = '\0';
     h = &a;a.next = &b;b.next = &c;
     printf("总和  =  %d\n",fun(h));
     return 0;
}
```

20. 程序设计(请勿改动主函数 main 和其他函数中的任何内容,仅在函数 fun 的花括号中填入编写的若干语句)。

(1) 学生的记录由学号和成绩组成,N 名学生的数据已在主函数中放入结构体数组 s 中,请编写函数 fun,它的功能是:把高于等于平均分的学生数据放在 b 所指的数组中,高于等于平均分的学生人数通过形参 n 传回,平均分通过函数值返回。

```
#include <stdio.h>
#define N 12
typedef struct
{
    char num[10];
    double s;
} STREC;
double fun(STREC *a, STREC *b, int *n)
{


}
int main()
{
    STREC s[N] = {{"GA05",85},{"GA03",76}, {"GA02",69},{"GA04",85},{"GA01",91},
    {"GA07",72},{"GA08",64},{"GA06",87},{"GA09",60},{"GA11",79},{"GA12",73},{"GA10",90}};
    STREC h[N], t;FILE *out ;
    int i,j,n; double ave;
    ave = fun(s,h,&n);
    printf("The %d student data which is higher than %7.3f:\n",n,ave);
    for(i = 0;i < n; i++)
          printf("%s   %4.1f\n",h[i].num,h[i].s);
    printf("\n");
    out = fopen("out.dat","w");
    fprintf(out, "%d\n%7.3f\n", n, ave);
    for(i = 0;i < n-1;i++)
          for(j = i+1;j < n;j++)
                if(h[i].s < h[j].s) {t = h[i] ;h[i] = h[j]; h[j] = t;}
    for(i = 0;i < n; i++)
          fprintf(out,"%4.1f\n",h[i].s);
    fclose(out);
    return 0;
}
```

(2) 学生的记录由学号和成绩组成,N 名学生的数据已在主函数中放入结构体数组 s 中,请编写函数 fun,它的功能是:按分数的高低排列学生的记录,高分在前。

```
#include <stdio.h>
#define N 16
typedef struct
{
```

```
    char num[10];
    int s;
} STREC;
void fun(STREC a[ ])
{


}
int main()
{
    STREC s[N] = {{"GA005",85},{"GA003",76}, {"GA002",69},{"GA004",85},{"GA001",91},
{"GA007",72},{"GA008",64},{"GA006",87},{"GA015",85},{"GA013",91},{"GA012",64},{"GA014",
91},{"GA011",66},{"GA017",64},{"GA018",64},{"GA016",72}};
    int i;FILE *out ;
    fun(s);
    printf("The data after sorted :\n");
    for(i=0;i<N; i++)
    {
          if((i)%4==0)printf("\n");
          printf("%s   %4d ",s[i].num,s[i].s);
    }
    printf("\n");
    out = fopen("out.dat","w");
    for(i=0;i<N; i++)
    {
          if((i)%4==0 && i) fprintf(out, "\n");
          fprintf(out, "%4d ",s[i].s);
    }
    fprintf(out,"\n");
    fclose(out);
    return 0;
}
```

(3) N名学生的成绩已在主函数中放入一个带头节点的链表结构中，h指向链表的头节点。请编写函数fun，它的功能是：求出平均分，由函数值返回。

```
#include <stdio.h>
#include <stdlib.h>
#define N 8
struct slist
{
     double s;
     struct slist *next;
};
typedef struct slist STREC;
double fun(STREC *h)
```

```
{

}
STREC * creat(double *s)
{
    STREC *h, *p, *q;
    int i=0;
    h=p=(STREC*)malloc(sizeof(STREC));
    p->s=0;
    while(i<N)
    {
        q=(STREC*)malloc(sizeof(STREC));
        q->s=s[i];
        i++;
        p->next=q;
        p=q;
    }
    p->next=0;
    return h;
}
void outlist(STREC *h)
{
    STREC *p;
    p=h->next; printf("head");
    do
    {
         printf("->%4.1f",p->s);p=p->next;
    }while(p!=0);
    printf("\n\n");
}
int main()
{
    double s[N]={85,76,69,85,91,72,64,87},ave;
    STREC *h;
    h=creat(s);
    outlist(h);
    ave=fun(h);
    printf("ave= %6.3f\n",ave);
    return 0;
}
```

【微信扫码】
本章游戏实例 & 习题解答

第10章

文　　件

本章思维导图如下图所示：

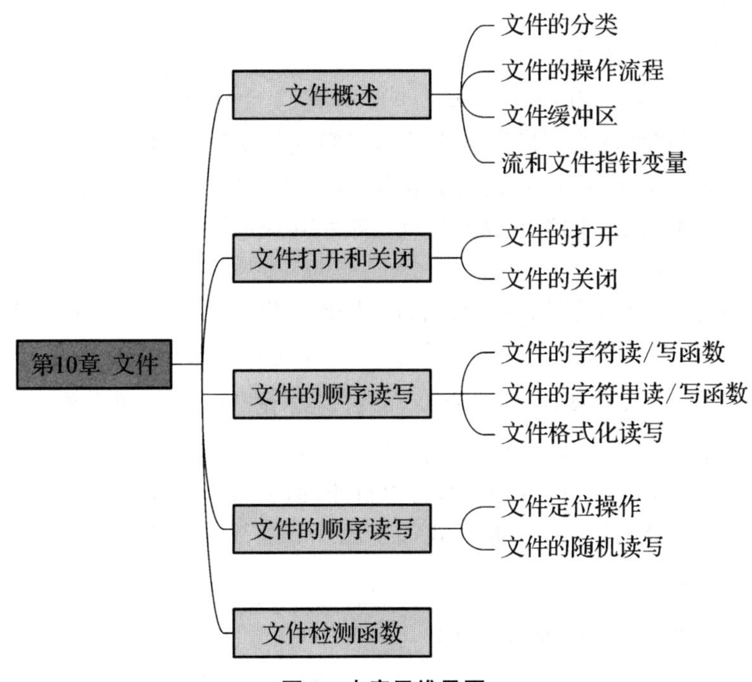

图0　本章思维导图

存储在外存储器(如磁盘、磁带等)上一组相关数据的集合称为文件，例如，程序文件就是程序代码的集合；数据文件是数据的集合。

文件是C程序设计中的一个重要概念，在程序运行时数据存放在内存中，运行结束后存放在内存中的数据就被释放，如果需要长期保存程序运行所需的原始数据或程序运行产生的结果，就必须将它们以文件形式存储到外存储器上。

10.1 文件概述

10.1.1 文件的分类

1. 从用户的角度看,文件可分为磁盘文件和设备文件

磁盘文件是指一般保存在磁介质(如软盘、硬盘)上的文件。可以是源程序文件、目标文件、可执行程序等。

操作系统还经常将与主机相连接的 I/O 设备(如键盘—输入文件、显示器、打印机—输出文件)也看作文件,即设备文件。

通过它们进行的输入、输出等同于对磁盘文件的读和写。例如,C 中常用的标准设备文件名如下:

CON 或 KYBD:键盘。

CON 或 SCRN:显示器。

PRN 或 LPT1:打印机。

AUX 或 COM1:异步通信口。

2. 从文件的读写方式来看,文件可分为顺序读写文件和随机读写文件

顺序读写文件是指按从头到尾的顺序读出或写入的文件。例如,要从一个学生成绩数据文件中读取数据时,顺序存取方式是先读取第一个学生的成绩数据,再读取第二个数据…,而不能随意读取第 i 个同学的成绩信息。顺序存取通常不用来更新已有的某个数据,而是用来重写整个文件。

随机读写文件的记录通常具有固定的长度,因而可以直接访问文件中的特定记录,也可以把数据插入到文件中,即覆盖当前位置的记录,从而达到数据修改的目的。

3. 从文件编码的方式来看,文件可分为 ASCII 码文件和二进制码文件

ASCII 文件也称为文本文件,由文本行组成,在磁盘中存放时每个字节存放一个 ASCII 码,代表一个字符。ASCII 文件可以阅读,可以打印,但它与内存数据交换时需要转换。

例如,123456 的 ASCII 文件存储形式如下图 10.1 所示:(数字 1 的 ASCII 码为 49 即 0011001,依次类推):

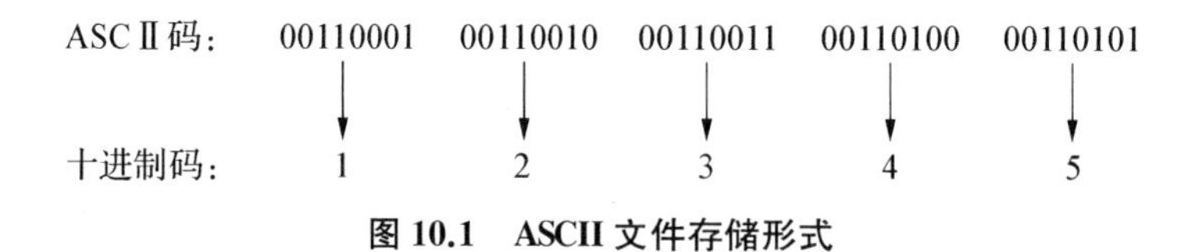

图 10.1 ASCII 文件存储形式

可见,共占用 5 个字节。

二进制文件是按二进制的编码方式来存放文件的,也就是说,和在内存中数据的表示是一致的。例如,123456 的存储形式为 00000000 00000001 11100010 01000000,占用 4 个字节(采用 int 型数据存储方式)。二进制文件占用空间少,内存数据和磁盘数据交换时无须转换,但是二进制文件不可阅读和打印。

10.1.2 文件的操作流程

通过程序对文件进行操作,达到从文件中读数或向文件中写数据的目的,涉及的操作有建立文件,打开文件,从文件中读数据或向文件中写数据,关闭文件等。一般遵循的步骤如下:

1. 建立/打开文件。
2. 从文件中读取数据或向文件中写数据。
3. 关闭文件。

10.1.3 文件缓冲区

从用户角度看,文件的写操作是将程序的执行结果,即某个变量或数组的内容输出到文件中,而实际上,在计算机系统中,数据是从内存中的程序数据区到输出数据缓冲区暂存,当该缓冲区放满后,数据才被整块送到外存储器上的文件中。

在进行文件的读操作时,将磁盘文件中的一块数据一次读到输入数据缓冲区中,然后从该缓冲区中取出程序所需的数据,送入程序数据区中的指定变量或数组元素所对应的内存单元中,下图10.2表示了程序从磁盘文件中读数据的过程。

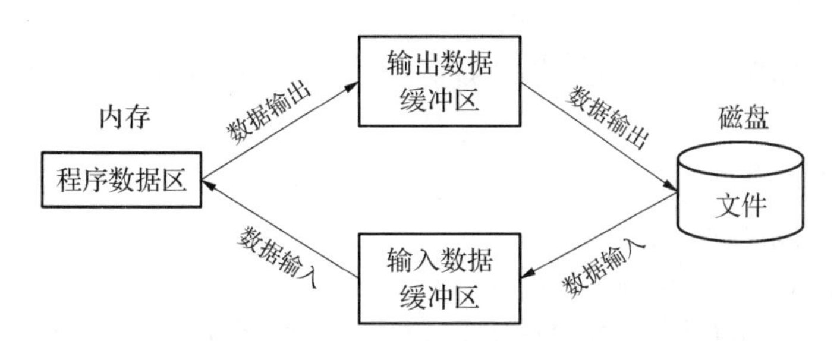

图 10.2 从磁盘文件中读/写数据的过程

10.1.4 流和文件指针变量

在C语言中,输入/输出数据是一些从源到目标的字符序列。流分为两种类型,输入流是从输入设备到计算机的字符序列,输出流是从计算机到输出设备的字符序列。流实际上是文件输入输出的一种动态形式,所以,C语言中文件不是由记录组成,而是被看作一个字符(字节)的序列,称为流式文件。

文件指针变量是指向一个结构体类型FILE的指针变量。FILE结构体类型中包含有诸如缓冲区的地址、在缓冲区中当前存取的字符位置、对文件是"读"还是"写"、是否出错等信息。它在stdio.h头文件中声明,其代码如下:

```
typedef struct
{
    shortlevel;              /* 缓冲区"满"或"空"的程度 */
    unsignedflags;           /* 文件状态标志 */
    charfd;                  /* 文件描述符 */
    unsigned char hold;      /* 如无缓冲区不能读取字符 */
```

```
    shortbsize;              /* 缓冲区大小 */
    unsigned char *buffer;   /* 数据缓冲区位置 */
    unsigned char *curp;     /* 当前活动指针 */
    unsignedistemp;          /* 临时文件指示器 */
    shorttoken;              /* 用于有效性检查 */
} FILE;
```

定义文件类型指针变量的一般使用格式为：

```
FILE *文件指针变量;
```

通过文件指针变量能够找到与它相关的文件流，对已打开的文件进行输入输出操作是通过指向该文件的文件指针变量实现的。

10.2 文件打开和关闭

在对文件操作之前，必须要打开文件，然后通过文件指针变量对文件实现输入输出操作，当操作完毕后应关闭文件。

10.2.1 文件的打开

打开文件就是把程序中要读、写的读文件与磁盘上实际的数据文件联系起来，打开文件的函数是 fopen()。

1. 打开文件的语法格式

fopen()函数的原型如下：

```
FILE *fopen(char *filename,char *mode)
```

其中，filename 指出要打开文件的文件名，它可以是字符串常量或字符数组，如 filename 设为"C:\\abc.txt"表示打开 C 盘下的 abc.txt 文件。mode 指出文件使用模式，mode 的取值及含义如表 10.1 所示。

表 10.1 打开文件模式

文件使用模式	处理方式	指定文件不存在时	指定文件存在时
"r"	只读(文本文件)	出错	正常打开
"w"	只写(文本文件)	建立新文件	清除文件原有内容
"a"	追加(文本文件)	建立新文件	在文件原有内容末尾追加
"rb"	只读(二进制文件)	出错	正常打开
"wb"	只写(二进制文件)	建立新文件	文件原有内容丢失
"ab"	追加(二进制文件)	建立新文件	在文件原有内容末尾追加
"r+"	读写(文本文件)	出错	正常打开
"w+"	写读(文本文件)	建立新文件	清除文件原有内容

续 表

文件使用模式	处理方式	指定文件不存在时	指定文件存在时
"a+"	读写(文本文件)	建立新文件	在文件原有内容末尾追加
"rb+"	读写(二进制文件)	出错	正常打开
"wb+"	读写(二进制文件)	建立新文件	清除文件原有内容
"ab+"	读写(二进制文件)	建立新文件	在文件原有内容末尾追加

fopen 函数的功能是以 mode 指定的模式打开指定的文件,并用一个文件指针变量指向它,之后的文件操作直接通过该文件指针变量实现。

注意:执行本函数时,若成功,则返回 FILE 类型的文件指针,若失败,则返回 NULL。

2. 说明

(1) 文件使用方式由 r,w,a,b 和"+"五个字符拼成,各字符的含义是:

r(read):读操作

w(write):写操作

a(append):添加操作

b(binary):二进制文件

+:读和写操作

(2) 凡用"r"打开一个文件时,该文件必须已经存在,且只能从该文件读出数据。

(3) 用"w"打开的文件只能向该文件写入数据。若打开的文件不存在,则以指定的文件名建立该文件;若打开的文件已经存在,则将该文件删除,重建一个新文件。

(4) 若要向一个已存在的文件追加新的信息,只能用"a"方式打开文件。

(5) 关于文件名要注意:文件名中包含文件扩展名,路径要用"\\"表示(\\是转义字符,实际上表示一个\)。

(6) 在打开一个文件时,如果出错(例如不能打开指定的文件或不能不创建指定的文件等),fopen 函数将返回一个空指针值 NULL。在程序中可以用这一信息来判别是否完成打开文件的工作,并进行相应的处理。因此常用以下程序段打开文件:

```
if ((fp = fopen("D:\\Data\\stud.dat","r")) = = NULL)
{
    printf("不能打开文件\n');
    exit(0);        /* 该函数原型声明在 stdlib.h 头文件中 */
}
else
    …          /* 从文件中读取数据 */
fclose(fp);
```

上述代码的含义是,如果返回的指针为空,表示不能打开 D 盘中 Data 目录下的stud.dat 文件,则给出相应的提示信息,执行 exit(0)退出程序运行。

例 10.1 编写一个程序，打开 C:\dev 目录下的文本文件 abc.txt 用于文件读操作。

参考代码如下图 10.3 所示：

```
1  #include <stdio.h>
2  #include <stdlib.h>
3  int main()
4  {
5      FILE *fp;
6      if ((fp=fopen("c:\\dev\\abc.txt","r"))==NULL)
7      {
8          printf("abc.txt文件不存在\n");
9          exit(0);
10     }
11     fclose(fp);
12     return 0;
13 }
```

```
C:\Program Files (x86)\Dev-Cpp\ConsolePauser.exe
abc.txt文件不存在
```

图 10.3 例题代码及运行结果

程序说明：

第 5 行，定义一个文件指针变量。第 6 行用 fopen 函数打开文本文件 abc.txt，若返回 NULL，表示因为文件不存在不能打开，否则表示文件打开成功。exit 函数退出程序的执行，该函数定义在 stdlib.h 头文件里；第 11 行用 fclose 函数关闭已经使用过的文件。

10.2.2 文件的关闭

当对文件的读/写操作完成之后，必须将它关闭，使文件指针变量与关联的文件脱离联系，以便可以将文件指针变量指向其他文件。若对文件的使用模式为“写”方式，则系统首先把文件缓冲区中剩余数据全部输出到文件中，然后使两者脱离联系。由此可见，在完成了对文件的操作之后，应当关闭文件，否则文件缓冲区中的剩余数据就会丢失。

使用 fclose()函数关闭文件，其原型如下：

```
int fclose(FILE * stream);
```

说明：

如果指定的文件流成功关闭，则返回 0，否则返回 EOF 表示出现一个错误。关闭的文件必须是已打开过的文件。

10.3 文件的顺序读写

文件的顺序读写是指将文件从头至尾逐个数据读出或写入。文件的读写是通过读写函数实现的，下面将分别介绍这些函数。

10.3.1 文件的字符读/写函数

字符读写函数是以字符为单位的读写函数，每次可从文件读出或向文件写入一个字符。

1. 读字符函数 fgetc()

fgetc()函数的功能是从指定的文件中读一个字符，读取的文件必须是以只读或读写方式打开的。其函数原型如下：

```
int fgetc(FILE * stream);
```

其中,stream 表示前面打开过的文件指针变量。例如:

```
char ch;
ch=fgetc(fp);
```

其功能是从 fp 指向的文件中读取一个字符并送入变量 ch 中。

例 10.2　编写一个程序,用于显示指定的文本文件的内容。

参考代码及运行结果如下图 10.4 所示:

```
1  #include <stdio.h>
2  #include <stdlib.h>
3  int main()
4  {
5      char fname[80],ch;
6      FILE *fp;
7      printf("文件名:");
8      scanf("%s",fname);
9      if ((fp=fopen(fname,"r"))==NULL)
10     {
11         printf("不能打开%s文件\n",fname);
12         exit(0);
13     }
14     printf("%s文件的内容如下:\n",fname);
15     while((ch=fgetc(fp))!=EOF)
16         printf("%c",ch);
17     fclose(fp);
18     return 0;
19 }
```

```
C:\Program Files (x86)\Dev-Cpp\
文件名:test.txt
test.txt文件的内容如下:
It is a testing.
```

图 10.4　例题代码及运行结果

代码说明:

第 2 行加载 stdlib.h,其中包含了第 12 行使用的 exit()函数的定义;第 5 行定义一个字符数组,用来接收打开的文件名。第 9 行以"r"模式打开指定的文件,第 15～16 行采用循环方式,从指定的文件中读出一个一个的字符并输出到屏幕上,直到文件结束。

2. 写字符函数 fputc()

fputc 函数的功能是把一个字符写入指定的文件中,其函数原型如下:

```
int fputc(int ch,FILE * stream);
```

其中,stream 指已打开过的文件指针变量,待写入的字符 ch 可以是字符常量或变量。例如:

```
fputc('a',fp);
```

其功能是把字符 'a' 写入 fp 所指向的文件中。

例 10.3　编写一个程序,用于两个指定文件之间的复制。

参考代码及运行结果如图 10.5 所示:

```
1  #include <stdio.h>
2  #include <stdlib.h>
3  int main()
4  {
5      char ch,sfile[80],tfile[80];
6      FILE *fp1,*fp2;
7      printf("源文件名:");
8      scanf("%s",sfile);
9      printf("目标文件名:");
10     scanf("%s",tfile);
11     if((fp1=fopen(sfile,"r"))==NULL)
12     {
13         printf("不能打开%s文件\n",sfile);
14         exit(0);
15     }
16     if((fp2=fopen(tfile,"w"))==NULL)
17     {
18         printf("不能建立%s文件\n",tfile);
19         exit(0);
20     }
21     while((ch=fgetc(fp1))!=EOF)
22         fputc(ch,fp2);
23     printf("%s->%s复制完毕\n",sfile,tfile);
24     fclose(fp1);
25     fclose(fp2);
26     return 0;
27 }
```

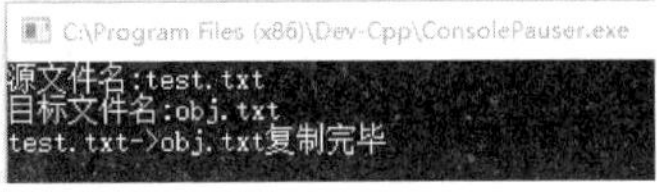

```
C:\Program Files (x86)\Dev-Cpp\ConsolePauser.exe
源文件名:test.txt
目标文件名:obj.txt
test.txt->obj.txt复制完毕
```

图 10.5 例题代码及运行结果

代码说明：

第 5 行定义 2 个字符数组，分别用来接收拷贝过程中用到的源文件名、目标文件名，第 6 行定义两个文件指针变量分别指向源文件、目标文件。第 8 行先读入源文件名，第 10 行读入目标文件名。第 11～15 行打开源文件，第 16～20 行建立目标文件，第 21～22 行的循环是从源文件中读取一个字符并写到目标文件中。因为本程序是一个一个字符的拷贝，这种文件复制方式效率较低。

10.3.2 文件的字符串读/写函数

1. 读字符串函数 fgets()

与文件的读字符一样，读字符串是指从文件中读出一个字符串并将其保存到内存变量中。函数 fgets()用于读取一个字符串，其原型如下：

```
char * fgets(char * string, int n, FILE * stream);
```

其中，stream 指已打开过的文件指针变量。n 为正整数，该函数从指定的文件中只读出 n−1 个字符，将其保存到指定的字符串 string 中，并在最后加一个串结束标记，因此得到的字符串共有 n 个字符。当满足下列条件之一时，读取过程结束：

（1）已读取了 n−1 个字符。

（2）当前读取的字符是回车符。

（3）已读取到文件末尾。

2. 写字符串函数 fputs()

与文件的写字符一样，文件的写字符串是指将一个存放在内存变量中的字符串写到文件中。函数 fputs()用于写一个字符串，其原型如下：

int fputs(char * string,FILE * stream);

其中,stream 指已打开过的文件指针变量。该函数把指定的字符串 string 写入到指定的文件中去。

例 10.4 编写一个程序,使用 fgets()/fputs 函数实现文件复制。

参考代码及运行结果如图 10.6 所示:

代码说明:

这个程序要比例 10.3 的文件复制程序具有更高的效率。第 22 行使用 fgets 函数一次读取文件的一行,如果不为空,则执行循环,即第 23 行使用 fputs 函数进行行写,使用 fgets 函数读取一行后,读指针会自动指向下一行行首指针。

```
1  #include <stdio.h>
2  #include <stdlib.h>
3  int main()
4  {
5      char buff[256];
6      char sfile[20],tfile[20];
7      FILE *fp1,*fp2;
8      printf("源文件名:");
9      scanf("%s",sfile);
10     printf("目标文件名:");
11     scanf("%s",tfile);
12     if((fp1=fopen(sfile,"r"))==NULL)
13     {
14         printf("不能打开%s文件\n",sfile);
15         exit(0);
16     }
17     if((fp2=fopen(tfile,"w"))==NULL)
18     {
19         printf("不能建立%s文件\n",tfile);
20         exit(1);
21     }
22     while(fgets(buff,256,fp1))
23         fputs(buff,fp2);
24     printf("%s->%s复制完毕\n",sfile,tfile);
25     fclose(fp1);
26     fclose(fp2);
27     return 0;
28 }
```

```
C:\Program Files (x86)\Dev-Cpp\
源文件名:test.txt
目标文件名:obj.txt
test.txt->obj.txt复制完毕
```

图 10.6 例题代码及运行结果

10.3.3 文件格式化读写

文件格式化读写是指不仅读写文件中的数据,还需要指定读写数据的格式。

1. 格式化写函数 fprintf()

格式化写函数 fprintf()按指定的格式将内存中的数据转换成对应的字符,并以 ASCII 码形式输出到指定的文件中。它与 printf 函数相似,只是输出的内容按格式存放在磁盘文件中。其原型如下:

int fprintf(FILE * stream,char * format[,argument]…);

其中,stream 指已打开过的文件指针变量。format 指格式串,argument 指输出项表。其中,格式串和输出项表的用法与 printf 函数的相同。

例 10.5 编写一个程序,建立一个名称为 stud.txt 的文本文件,向其中格式化写入一组姓名和成绩。

参考代码及运行结果如图 10.7 所示:

```
1  #include <stdio.h>
2  #include <stdlib.h>
3  int main()
4  {
5      FILE *fp;
6      char name[][10]={"张雄","李平","孙兵","刘军","王伟"};
7      int i,score[]={60,72,80,88,92};
8      if ((fp=fopen("stud.txt","w"))==NULL)
9      {
10         printf("不能建立stud.txt文件\n");
11         exit(0);
12     }
13     for (i=0;i<5;i++)
14         fprintf(fp,"%s %d",name[i],score[i]);    /*格式化写入*/
15     printf("数据写入完毕\n");
16     fclose(fp);
17     return 0;
18 }
```

```
C:\Users\zhao\
数据写入完毕
```

```
stud - 记事本
文件(F) 编辑(E) 格式(O) 查看(V) 帮助(H)
张雄 60李平 72孙兵 80刘军 88王伟 92
```

图 10.7 例题代码及运行结果

代码说明：

程序执行完后打开默认路径下的 stud.txt 文件进行功能验证。第 6 行定义一个二维字符数组作为写入文件的姓名数据源，第 7 行定义的 score 数组写入文件的分数数据。第 8 行以"w"模式打开 stud.txt 文本文件，第 13～14 行循环使用 fprintf 函数向其中格式化写入姓名 name[i]数组元素和成绩 score[i]数组元素。

2. 格式化读函数 fscanf()

格式化读函数 fscanf()只能按指定的格式从指定的文件读取数据存储到指定的变量中。fscanf 函数和 scanf 函数相似，只是读取的是磁盘文件的数据而不是从键盘获取用户输入的数据。其原型如下：

```
int fscanf(FILE * stream,char * format[,argument]…)
```

其中，stream 指已打开过的文件指针变量。format 指格式串，argument 指输入项表。其中，格式串和输入项表的用法与 scanf 函数的相同。

例 10.6 编写一个程序，用于读取并输出例 10.5 所建立的 stud.txt 文件。

参考代码及运行结果如下图 10.8 所示：

```
1  #include <stdio.h>
2  #include <stdlib.h>
3  int main()
4  {
5      FILE *fp;
6      char name[10];
7      int score;
8      if ((fp=fopen("stud.txt","r"))==NULL)
9      {
10         printf("不能读取stud.txt文件\n");
11         exit(0);
12     }
13     printf("姓名    成绩\n");
14     printf("-----------\n");
15     while (!feof(fp))
16     {
17         fscanf(fp,"%s %d",name,&score);
18         printf("%s    %d\n",name,score);
19     }
20     fclose(fp);
21     return 0;
22 }
```

```
C:\Users\zha
姓名   成绩
----------
张雄   60
李平   72
孙兵   80
刘军   88
王伟   92
```

图 10.8 例题代码及运行结果

代码说明：

第 8 行以"r"模式打开 stud.txt 文本文件，第 15～19 行循环，当 15 行读取成功时，使用第 17 行 fscanf 函数从其中格式化读取姓名（存入 name 字符数组中）和成绩（存入 score 整型变量中），并立即输出到屏幕上。

10.4 文件的随机读写

前面介绍的对文件的读写方式都是顺序读写，也就是说读写操作从文件头开始，依次顺序读写各个数据，但在实际问题中有时需要只读写文件中某一指定的部分。

为了解决这个问题，需要移动文件内部的位置指针到需要读写的位置，再进行读写，这种方式称为随机读写。

实现随机读写的关键是要按要求移动位置指针，这称为文件的定位。

10.4.1　文件定位操作

1. 文件的组织结构

由于内存中的数据都是采用二进制编码，所以把一个文本文件读入内存时，要将 ASCII 码转换成二进制码，而把文件以文本方式写入磁盘时，也要把二进制码转换成 ASCII 码，因此文本文件的读写要花费较多的转换时间，而对二进制文件的读写不存在这种转换。

例如，使用以下语句创建一个文本文件 abc.txt：

```
fp = fopen("abc.txt","w+");
```

通过以下语句向文件中写入数据：

```
fputs("abcd\n",fp);
fputs("1234",fp);
```

其中有两行字符串，第一行末尾有一个换行符(0xA)。在写入文本文件 abc.txt 时，需将换行符转换成回车换行符对(即 0xD 和 0xA 两个字符)，而在读取文件数据时，再将文件中的回车换行符对转换成一个换行符。

2. 文件位置指针

文件指针变量是指在程序中定义的 FILE 类型的指针变量，通过 fopen 函数调用给文件指针变量赋值，使文件指针变量和某个操作系统文件建立联系，C 程序中通过文件指针变量实现对操作系统文件的各种操作。

除了文件指针外，还有一个文件位置指针，如同文件指针，每个打开的文件只有一个文件位置指针。文件位置指针用来指向文件的当前读写字节。应该注意文件指针和文件位置指针不是一回事。文件指针是指向整个文件的，需在程序中显式定义，只要不重新赋值，文件指针的值是不变的。文件位置指针用以指示文件内部的当前读写位置，它不需在程序中定义，而是由系统自动设置。

当通过 fopen 函数打开文件时，文件位置指针总是指向文件的开头，即位置 0，也就是文件中第一个数据之前。当文件位置指针指向文件末尾(即文件最后一个字符的后面)时，表示文件结束。当进行读操作时，总是从文件位置指针处读取一个数据，然后文件位置指针移到下一个位置，以便指示下一次的读(或写)操作。当进行写操作时，总是从文件位置指针处去写，然后移到下一个位置。

3. 取文件位置指针的当前值

ftell()函数用于获取文件位置指针的当前值，其原型如下：

```
long  ftell(FILE *stream);
```

其中，stream 指已打开过的文件指针，该函数返回的当前位置指针相对于文件首的位移量。

例 10.7 编写一个程序,用于统计一个文本文件的大小。

参考代码及运行结果如图 10.9 所示:

```
1  #include <stdio.h>
2  #include <stdlib.h>
3  int main()
4  {
5      FILE *fp;
6      char name[10];
7      int score;
8      if ((fp=fopen("stud.txt","r"))==NULL)
9      {
10         printf("不能读取stud.txt文件\n");
11         exit(0);
12     }
13     printf("%d\n",ftell(fp));
14     printf("姓名    成绩\n");
15     printf("-----------\n");
16     while (!feof(fp))
17     {
18         fscanf(fp,"%s%d",name,&score);
19         printf("%s     %d\n",name,score);
20     }
21     printf("%d\n",ftell(fp));
22     fclose(fp);
23     return 0;
24 }
```

```
C:\Users\zh
0
姓名   成绩
-----------
张雄   60
李平   72
孙兵   80
刘军   88
王伟   92
35
```

图 10.9 例题代码及运行结果

代码说明:

第 13 行使用 ftell 函数,返回打开文件的起始地址。第 16～20 行循环依次读取文件内容并打印输出。循环结束后读指针指向文件结尾,第 21 行使用 ftell 函数返回当前读指针所在位置,即当前文件的大小。

4. 移动文件位置指针

fseek()函数用来移动文件的位置指针到指定的位置上,然后从该位置进行读或写操作。从而实现对文件的随机读写功能。其一般原型如下:

```
int fseek(FILE * stream, long offset, int origin);
```

其中,stream 指被移动的文件指针。offset 指移动的字节数,要求位移量是 long 型数据,以便在文件长度大于 64KB 时不会出错。当用常量表示位移量时,要求加后缀"L"。origin 指起始点,即表示从何处开始计算位移量,规定的起始点有 3 种:文件首、当前位置和文件尾,下表给出代表起始点的符号常量和数字,在 fseek 中符号常量和数字均可使用。

表 10－2 fseek()参数

数字	符号常量	代表的起始点
0	SEEK_SET	文件首
1	SEEK_CUR	文件当前位置
2	SEEK_END	文件末尾

例 10.8　编写一个程序,计算指定文件的长度。

参考代码及运行结果如下图 10.10 所示:

```c
#include <stdio.h>
#include <stdlib.h>
int main()
{
    FILE *fp;
    char fname[80];
    printf("文件名:");
    scanf("%s",fname);
    if ((fp=fopen(fname,"r"))==NULL)
    {   printf("不能打开文件%s\n",fname);
        exit(0);
    }
    fseek(fp,0,SEEK_END);
    printf("======================================\n");
    printf("%s文件长度:%d字节\n",fname,ftell(fp));
    printf("======================================\n");
    fclose(fp);
    return 0;
}
```

```
C:\Program Files (x86)\Dev-Cpp\Console
文件名:test.txt
==================================
test.txt文件长度:16字节
```

```
test - 记事本
文件(F) 编辑(E) 格式(O) 查看(V) 帮
It is a testing.
```

图 10.10　例题代码及运行结果

程序说明:

第 9 行先打开用户指定的文件,第 13 行将文件位置指针移到文件末尾,此处返回的文件位置指针值即为该文件的长度。

5. 置文件位置指针于文件首

rewind()函数用于将位置指针置于文件首。其原型如下:

```c
void rewind(FILE * stream);
```

其中,stream 指已打开过的文件指针。该函数将文件位置指针重新指向文件的开头位置,没有返回值。

10.4.2　文件的随机读写

1. 文件的组织结构

C 语言中把文件看作是无结构的字节流,所以记录的说法在这里是不存在的。而程序员为满足特定应用程序要求,提供的文件结构往往具有记录结构。

随机读写文件的记录通常具有固定的长度,这样才能够做到直接而快速地访问到指定的记录。随机读写文件的意义可以用下图 10.11 反映。

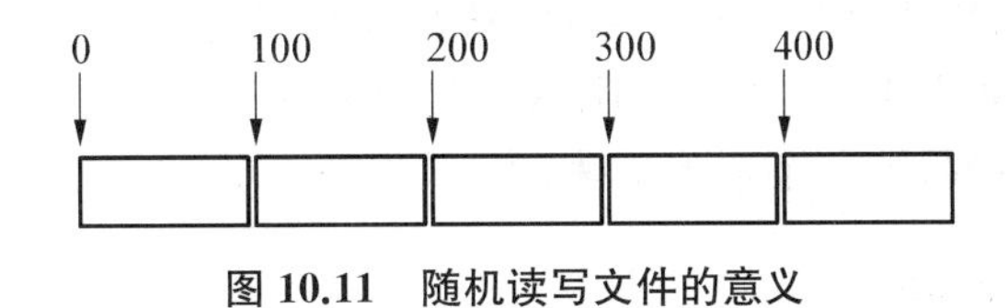

图 10.11　随机读写文件的意义

可以看到,每个记录为固定的 100 字节,这样,可以用 fseek 函数迅速定位到指定的某一个记录，实现对文件中指定记录的存取。C提供的fread()函数用于从文件中读取等长的数据块，fwrite()函数用于将一个固定长度的数据块写入文件中。fseek()和fwrite()两个函数是以二进制方式读写数据的。

1. 写数据块函数 fwrite()

写数据块函数 fwrite()的原型如下：

```
size_t fwrite(void * buffer,size_t size,size_t count,FILE * stream);
```

其中，buffer指要写入文件的数据在内存中存放的起始地址，即数据块指针；size是要写入文件的字节数，即每个数据块的字节数；count用来指定每次写入数据块的个数(每个数据块具有size个字节)；stream指已打开过的文件指针。size_t是无符号整数类型，即为unsigned int。

fwrite()函数的功能是从buffer为首地址的内存中取出count个数据块(每个数据块为size个字节)，写入到指定的文件中。

例 10.9 编写一个程序，建立一个名为stud1.bin的二进制文件，向其中写入若干个学生数据。

参考代码及运行结果如下图10.12所示：

```
1  #include <stdio.h>
2  #include <stdlib.h>
3  int main()
4  {
5      FILE *fp;
6      struct Student
7      {
8          char name[10];
9          int score;
10     }stud[]={{"张雄",90},{"李平",72},{"孙兵",78},{"刘军",88}
11     ,{"王伟",92}};
12     int i;
13     if ((fp=fopen("stud1.bin","wb"))==NULL)
14     {
15         printf("不能建立文件stud1.bin\n");
16         exit(0);
17     }
18     for (i=0;i<5;i++)
19         fwrite(&stud[i],sizeof(struct Student),1,fp);
20     printf("文件建立完毕\n");
21     fclose(fp);
22     return 0;
23 }
```

```
C:\Program Files (x86)\Dev-Cpp\ConsolePauser.exe
文件建立完毕
```

图 10.12 例题代码及运行结果

代码说明：

第6～10行定义结构体及结构体数组，将结构体数组数据作为写入文件的数据源。第13～17行以写二进制模式打开文件stdu1.txt。第18～19行进行5次循环，使用fwrite函数向其中写入5个数据块，即5个学生记录。

2. 读数据块函数 fread()

读数据块函数 fread()的一般使用格式如下：

size_t fread(void * buffer, size_t size, size_t count, FILE * stream);

其中，buffer 指从文件中读出的数据在内存中存放的起始地址；size 是要读取的字节数，即每个数据块的字节数；count 用来指定每次读取数据块的个数（每个数据块具有 size 个字节）；stream 指已打开过的文件指针。

fread()函数的功能是在指定的文件中读取 count 个数据块（每个数据块为 size 个字节），存放到 buffer 指定的内存单元地址中去。

例 10.10 编写一个程序，用于输出前例中建立的 stud1.bin 文件。

参考代码及运行结果如下图 10.13 所示：

```
1  #include <stdio.h>
2  #include <stdlib.h>
3  int main()
4  {
5      FILE *fp;
6      struct
7      {
8          char name[10];
9          int score;
10     }stud;
11     if ((fp=fopen("stud1.bin","rb"))==NULL)
12     {
13         printf("不能读取stud1.bin文件\n");
14         exit(0);
15     }
16     printf("姓名    成绩\n");
17     printf("----------\n");
18     while (1)
19     {
20         if (fread(&stud,sizeof(stud),1,fp)>0)
21             printf("%s   %d\n",stud.name,stud.score);
22         else break;
23     }
24     fclose(fp);
25     return 0;
26 }
```

```
C:\Users\zha
姓名  成绩
----------
张雄  90
李平  72
孙兵  78
刘军  88
王伟  92
```

图 10.13 例题代码及运行结果

程序说明：

第 6～10 行定义一个结构体及结构体变量，用来接收第 20 行从文件中读取的一条记录。第 11 行以"rb"模式打开 stud1.bin 二进制文件，此时文件位置指针在文件首，第 18～23 行循环使用 fread()函数读取其中的数据块存放到 stud 结构体变量，若 fread()函数执行成功，则输出 stud 变量的所有成员，否则退出循环。

10.5 文件检测函数

文件结束检测函数 feof()用于确定位置指针是否到达文件末尾。其原型如下：

int feof(FILE * stream);

其中，stream 指已打开过的文件指针，feof 函数既可用于判断二进制文件又可用于判断文本文件。

例 10.11 编写一个程序,用于显示指定的文本文件的内容。

参考代码及运行结果如下图 10.14 所示:

```
1  #include <stdio.h>
2  #include <stdlib.h>
3  int main()
4  {
5      FILE *fp;
6      char c,fname[20];
7      printf("文件名:");
8      scanf("%s",fname);
9      if ((fp=fopen(fname,"r"))==NULL)
10     {
11         printf("不能打开文件%s\n",fname);
12         exit(0);
13     }
14     while(!feof(fp))
15     {       c=fgetc(fp);
16             putchar(c);
17     }
18     fclose(fp);
19 }
```

```
C:\Program Files (x86)\Dev-Cpp
文件名:test.txt
It is a testing.
```

图 10.14 例题代码及运行结果

程序说明:

实现过程与例 10.2 功能相似,在这里第 14 行用 feof 函数检测读字符是否结束。

10.6 综合实例

问题描述:

编写一个程序,设计一个文件 student.bin,其结构如下:

```
struct student
{
    int no;                /* 学号 */
    char name[10];         /* 姓名 */
    int score;             /* 成绩 */
}
```

要求实现学生记录的添加、输出、查找等功能。

问题分析: 本题需要用到文件对数据进行存储,存储的数据由一条一条格式化的记录组成,实现的功能可以设计成相应的函数来实现,当然还需要设计一个菜单。

该问题的流程图如图 10.15 所示:

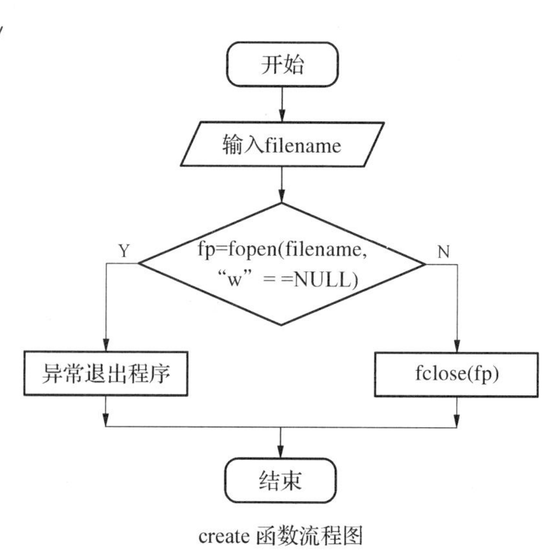

create 函数流程图

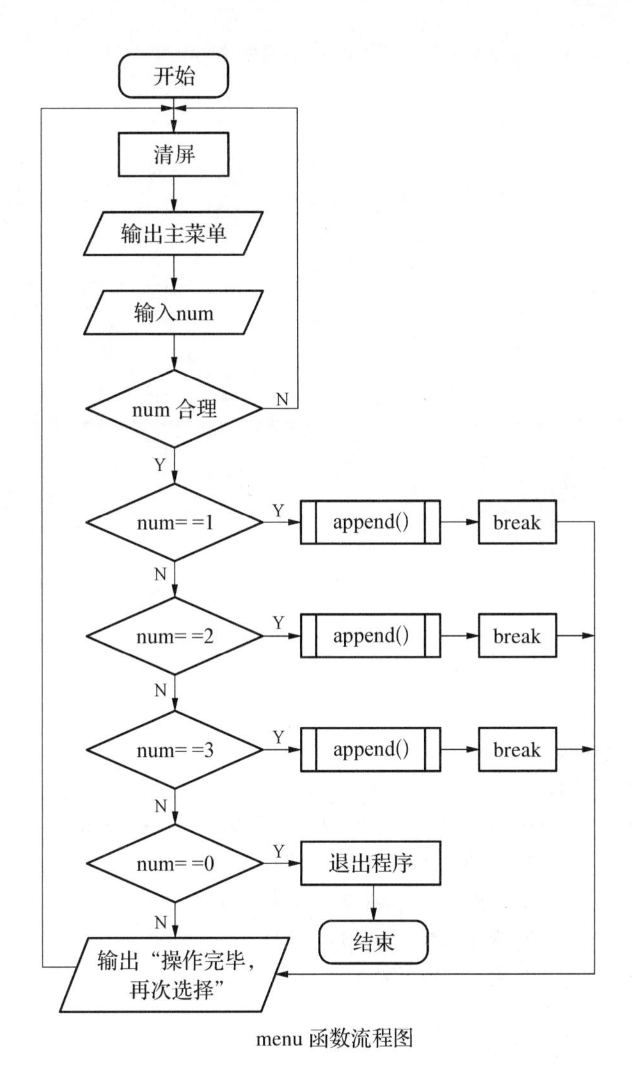

menu 函数流程图

图 10.15 综合实例流程图

参考代码及运行结果：

```
#include<stdio.h>
#include<stdlib.h>
#include<string.h>
struct student
{
    char no[10];
    char name[10];
    char score[10];
};
char filename[100];
FILE *fp;
void creat();
void append();
```

```
void search();
void output();
void menu();
int main()
{
    int num;
    creat();
    while(1)
    {
        menu();
    }
    return 0;
}
void menu()
{
    int num;
    while(1)
    {
        system("pause");
        system("cls");
        printf("\n>> ******* 欢迎使用学生成绩系统 *******\n\n");
        printf("    >> * 1.添加记录,请按 1 * \n");
        printf("    >> * 2.输出记录,请按 2 * \n");
        printf("    >> * 3.查找记录,请按 3 * \n");
        printf("    >> * 0.退出系统,请按 0 * \n");
        printf("    >>选择:");
        scanf("%d",&num);
        if(num>=0&&num<=5)
        {
            switch(num)
            {
                case 1:append();break;
                case 2:output();break;
                case 3:search();break;
                case 0:exit(1);
            }
            printf("\n\n>>操作完毕,请再次选择!");
        }
        else
            printf("\n\n>>选择错误,请再次选择!");
    }
}
void creat()
```

```
{
    struct student one;
    printf("\n>>请输入文件名称:");
    scanf("%s",filename);
    if((fp=fopen(filename,"w"))==NULL)
    {
        printf("\n>>对不起,不能建立文件!");
        exit(1);
    }
    fclose(fp);
}
void append()
{
    struct student one;
    if((fp=fopen(filename,"a"))==NULL)
    {
        printf("\n>>对不起,不能打开文件!");
        exit(1);
    }
    printf("\n>>请输入要添加的学号、姓名及成绩\n");
    scanf("%s%s%s",one.no,one.name,one.score);
    fprintf(fp,"%10s%10s%10s\n",one.no,one.name,one.score);
    fclose(fp);
}
void output()
{
    struct student one;
    if((fp=fopen(filename,"r"))==NULL)
    {
        printf("\n>>对不起,不能打开文件!");
        exit(1);
    }
    while(!feof(fp))
    {
        fscanf(fp,"%s%s%s\n",one.no,one.name,one.score);
        printf("%10s%15s%10s\n",one.no,one.name,one.score);
    }
    fclose(fp);
}
void search()
{
    int k=0;
    char nokey[10];
```

```
    struct student one;
    printf("\n>>请输入学号:");
    scanf("%s",nokey);
    if((fp=fopen(filename,"r"))==NULL)
    {
        printf("\n>>对不起,不能打开文件!");
        exit(1);
    }
    while(!feof(fp))
    {
        fscanf(fp,"%s%s%s\n",one.no,one.name,one.score);
        if(!strcmp(nokey,one.no))
        {
            printf("\n%10s%15s%10s",one.no,one.name,one.score);
            k=1;
        }
    }
    if(!k)
    printf("\n\n>>对不起,文件中没有此人记录.");
    fclose(fp);
}
```

代码分析:

上述代码中,定义了几个自定义函数分别实现相应的功能。menu函数实现程序主菜单的输出并接收选择。creat函数以w模式打开一个文件,保存写入的数据。append函数以"a"模式打开文件,在文件尾部追加新的纪录。output函数以"r"模式打开文件,依次读出文件中的记录并进行屏幕输出。Search函数以"r"模式打开文件,以记录为单位读出,并对学号进行比较,如找到就输出,如果找完了都还没有找到就报告没有找到。运行结果如图10.16所示:

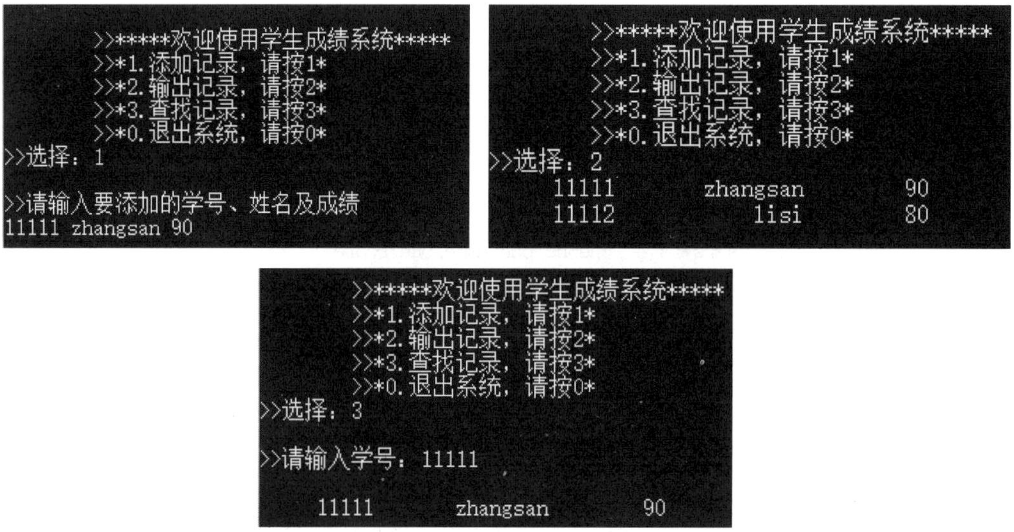

```
        >>*****欢迎使用学生成绩系统*****
        >>*1.添加记录，请按1*
        >>*2.输出记录，请按2*
        >>*3.查找记录，请按3*
        >>*0.退出系统，请按0*
>>选择：1

>>请输入要添加的学号、姓名及成绩
11111 zhangsan 90
```

```
        >>*****欢迎使用学生成绩系统*****
        >>*1.添加记录，请按1*
        >>*2.输出记录，请按2*
        >>*3.查找记录，请按3*
        >>*0.退出系统，请按0*
>>选择：2
     11111       zhangsan        90
     11112           lisi        80
```

```
        >>*****欢迎使用学生成绩系统*****
        >>*1.添加记录，请按1*
        >>*2.输出记录，请按2*
        >>*3.查找记录，请按3*
        >>*0.退出系统，请按0*
>>选择：3

>>请输入学号：11111

     11111       zhangsan        90
```

图10.16 综合实例运行结果

10.7 项目实训

10.7.1 猜拳游戏

1. 实训目的

通过“猜拳游戏”程序设计，加深对文件读写的认识，熟练掌握打开文件、读文件、写文件和关闭文件的方法。

2. 实训内容

本次游戏实例内容主要是将玩家的信息写入文件进行永久保存，方便登录时使用。

分析：

针对第九章游戏实例中要求保存玩家信息的改进目标，可以使用文件来完成，新添加读文件、写文件的函数功能。

3. 实训准备

硬件：PC 机一台

软件：Windows 系统、VS2012 开发环境

将第九章“游戏实例 9”文件夹复制一份，并将复制后的文件夹重命名为“游戏实例 10”。进入“游戏实例 10”找到“finger-guessing”文件双击，打开文件。

4. 实训代码

依据实例内容分析，在“finger-guessing.c”源文件中修改相关代码。主要涉及读、写玩家信息的两个函数 readUserFile 和 writeUserFile，这两个函数代码如下，完整代码部分请参考程序清单中的“游戏实例 10”。

```
//读用户文件
void readUserFile()
{
    FILE * fp;
    char * filename = "users.txt";
    if((fp = fopen(filename,"r")) == NULL)
    {
        printf("\n用户文件不存在\n",filename);
        exit(0);
    }
//将用户文件中所有用户信息读写到数组 playerBuffer 数据中,并记录用户的个数在 countUser 中
    while(fscanf(fp,"%s %s %f",playerBuffer[countUser].userName,playerBuffer[countUser].
password,&playerBuffer[countUser].win)! = EOF)
        countUser ++;
    fclose(fp);
}
```

```
//将 playerBuffer 数组内容写入到用户文件中
void writeUserFile()
{
    FILE * fp;
    int i;
    char * filename = "users.txt";
    if((fp = fopen(filename,"w")) == NULL)
    {
        printf("\n 用户文件不存在\n",filename);
        exit(0);
    }
    for(i = 0;i<countUser;i++)
fprintf(fp,"%s %s %f\n",playerBuffer[i].userName,playerBuffer[i].password,playerBuffer
[i].win);
    fclose(fp);
}
```

5. 实训结果

按键盘上“F5”执行上述代码，将出现登录模块，注册一个新账号，运行结果如图 10.17 所示：

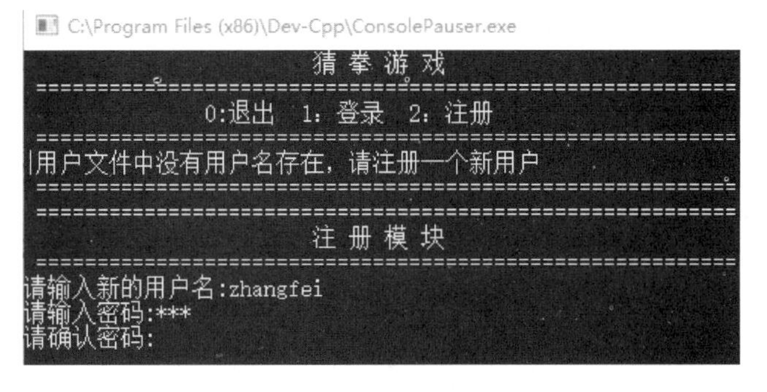

图 10.17 项目实训运行结果

6. 实训总结

在C程序中，要想数据永久保存在电脑外存储器上，可以使用文件读写功能。

7. 改进目标

在本次游戏实例程序中，并没有对玩家的胜率进行排名，请同学们参考相关资料，完成胜率的排名并显示功能。本实例未做图形化显示、声效处理，界面还不够友好，读者可以进一步学习C语言图形化设计，完善本实例的界面。

10.7.2 飞机打靶游戏

在游戏中时常要对玩家的游戏数据进行保存与读取，也就是最常说的存档与读档。前文介绍了fwrite()与fprintf()之间的差距与优劣，建议读者在进行读档、存档时采用二进制。

1. 试编写一个程序实现对上一章定义的玩家的基本数据以及己方飞机和靶子的坐标，自行初始化己方飞机和靶子的位置，最后将他们保存在二进制文件中。注意坐标的合理性，即在游戏画面之中，这里统一规定在(0,0)至(24,49)的矩形框中。

参考代码如下：

```
#include <stdio.h>
#include <stdlib.h>
#define high 25
#define width 50
struct Plane
{
    int x;
    int y;
    int status;
}P,D[7];
struct Player
{
    struct Player *last;
    char name[20];
    int score;
    int ammo;
    float accu;
    struct Player *next;
}M;
void Keep_date();
int main()
{
    int i;
    scanf("%s%d%d",M.name,&M.score,&M.ammo);
    M.accu=(M.score*1.0)/(100-M.ammo);
    P.x=high-1;
    P.y=width/2;
```

```
    for(i=0;i<7;i++)
    {
        D[i].x=rand()%3;
        D[i].y=rand()%width;
    }
    Keep_date();
    return 0;
}
void Keep_date()
{
    FILE *fp;
    int i;
    if((fp=fopen("Player_date.dat","wb"))==NULL)
    {
        printf("Save error!");
        exit(0);
    }
    fwrite(&M,sizeof(struct Player),1,fp);
    fwrite(&P,sizeof(struct Plane),1,fp);
    for(i=0;i<7;i++)
    {
        fwrite(&D[i],sizeof(struct Plane),1,fp);
    }
    printf("保存成功!");
    fclose(fp);
}
```

2. 编写一个程序将上题中保存的文件中的数据读取出来并打印在屏幕上。

参考代码如下：

```
#include<stdio.h>
#include<stdlib.h>
#define high 25
#define width 50
struct Plane
{
    int x;
    int y;
    int status;
}P,D[7];
struct Player
{
    struct Player *last;
    char name[20];
    int score;
```

```
    int ammo;
    float accu;
    struct Player *next;
}M;
void Read_file();
int main()
{
    int i;
    Read_file();
    printf("玩家:%s 得分:%d 命中率;%2.1f%%\n 飞机坐标(%d,%d)",
        M.name,M.score,M.accu*100,P.x,P.y);
    printf("靶子坐标:");
    for(i=0;i<7;i++)
    {
        printf("(%d,%d)",D[i].x,D[i].y);
    }
    return 0;
}
void Read_file()
{
    FILE *fp;
    int i;
    if((fp=fopen("Player_date.dat","rb"))==NULL)
    {
        printf("Read error!");
        exit(0);
    }
    fread(&M,sizeof(struct Player),1,fp);
    fread(&P,sizeof(struct Plane),1,fp);
    for(i=0;i<7;i++)
    {
        fread(&D[i],sizeof(struct Plane),1,fp);
    }
    printf("读取成功!");
    fclose(fp);
}
```

10.8 习 题

1. 下列关于C语言文件的叙述中正确的是(　　)。

A. 文件由结构序列组成,可以构成二进制文件或文本文件

B. 文件由一系列数据依次排列组成,只能构成二进制文件

C. 文件由数据序列组成，可以构成二进制文件或文本文件
D. 文件由字符序列组成，其类型只能是文本文件

2. 下面选项中关于“文件指针”概念的叙述正确的是(　　)。
A. 文件指针就是文件位置指针，表示当前读写数据的位置
B. 文件指针指向文件在计算机中的存储位置
C. 文件指针是程序中用 FILE 定义的指针变量
D. 把文件指针传给 fscanf 函数，就可以向文本文件中写入任意的字符

3. 以下叙述中正确的是(　　)。
A. 打开一个已存在的文件并进行了写操作后，原有文件中的全部数据必定被覆盖
B. 在一个程序中，当对文件进行了写操作后，必须先关闭该文件然后再打开，才能读到第 1 个数据
C. C 语言中的文件是流式文件，因此只能顺序存取数据
D. 当对文件的读(写)操作完成之后，必须将它关闭，否则可能导致数据丢失

4. 设 fp 已定义，执行语句 `fp=fopen("file","w");` 后，以下针对文本文件 file 操作叙述的选项中正确的是(　　)。
A. 写操作结束后可以从头开始读
B. 只能写不能读
C. 可以在原有内容后追加写
D. 可以随意读和写

5. 以下函数不能用于向文件中写入数据的是(　　)。
A. fwrite　　B. fputc　　C. ftell　　D. fprintf

6. 有以下程序

```
#include <stdio.h>
int main()
{
    FILE *fb;int i,a[6]={1,2,3,4,5,6};
    fb=fopen("d2.date","w+");
    for(i=0;i<6;i++)  fprintf(fb,"%d\n",a[i]); rewind(fb);
    for(i=0;i<6;i++)  fscanf(fb,"%d",&a[5-i]); fclose(fb);
    for(i=0;i<6;i++)  printf("%d",a[i]);
    return 0;
}
```

程序的运行结果是(　　)。
A. 123456　　B. 654321
C. 456123　　D. 123321

7. 读取二进制文件的函数调用形式为：`fread(buffer,size,count,fp);`，其中 buffer 代表的是(　　)。
A. 一个整型变量，代表待读取的数据的字节数
B. 一个内存块的首地址，代表读入数据存放的地址
C. 一个文件指针，指向待读取的文件
D. 一个内存块的字节数

8. 执行以下程序后，test.txt 文件的内容是(若文件能正常打开)(　　)。

```
#include <stdio.h>
int main()
{
    FILE *fb;
    char *s1 = "Fortran", *s2 = "Basic";
    if((fb = fopen("test.txt","wb")) == NULL)
    {
        printf("Can't open test.txt file\n");exit(1);
    }
    fwrite(s1,7,1,fb);    /* 把从地址 s1 开始的 7 个字符写到 fb 所指文件中 */
    fseek(fb,0L,SEEK_SET);    /* 文件位置指针移到文件开头 */
    fwrite(s2,5,1,fb);
    fclose(fb);
    return 0;
}
```

A. Basican　　B. BasicFortran　　C. Basic　　D. FortranBasic

9. 有下列程序：

```
#include <stdio.h>
int main()
{
    FILE *fp; int a[10] = {1,2,3},i,n;
    fp = fopen("d1.dat","w");
    for(i = 0;i < 3;i++) fprintf(fp,"%d",a[i]);
    fprintf(fp,"\n");
    fclose(fp);
    fp = open("d1 .dat","r");
    fscanf(fp,"%d",&n);
    fclose(fp);
    printf("d\n",n);
    return 0;
}
```

程序的运行结果是(　　)。

A. 12300　　B. 123　　C. 1　　D. 321

10. 以下叙述中错误的是(　　)。

A. gets 函数用于从终端读入字符串

B. getchar 函数用于从磁盘文件读入字符

C. fputs 函数用于把字符串输出到文件

D. fwrite 函数用于以二进制形式输出数据到文件

11. 有以下程序

```
#include <stdio.h>
int main()
```

```
{
    FILE *pf;
    char *sl = "China", *s2 = "Beijing";
    pf = fopen("abc.dat","wb+");
    fwrite(s2,7,1,pf);
    rewind(pf); /* 文件位置指针回到文件开头 */
    fwrite(sl,5,1,pf);
    fclose(pf);
    return 0;
}
```

以上程序执行后 abc.dat 文件的内容是（　　）。

A. Chinang　　B. China　　C. ChinaBeijing　　D. BeijingChina

12. 有以下程序

```
#include <stdio.h>
int main()
{
    FILE *fp; int a[10] = {1,2,3,0,0),i;
    fp = fopen("d2.Eat","wb");
    fwrite(a,sizeof(int),5,fp);
    fwrite(a,sizeof(int),5,fp);
    fclose(fp);
    fp = fopen("d2.dat","rb");
    fread(a,sizeof(int), 10,fp);
    fclose(fp);
    for(i = 0;i < 10;i++) printf(" %d",a[i]);
    return 0;
}
```

程序的运行结果是（　　）。

A. 1,2,3,1,2,3,0,0,0,0,　　B. 1,2,3,0,0,1,2,3,0,0,

C. 1,2,3,0,0,0,0,123,0,0,0,0,　　D. 1,2,3,0,0,0,0,0,0,0,

13. 设 fp 为指向某二进制文件的指针，且已读到此文件末尾，则函数 feof(fp)的返回值为（　　）。

A. '\0'　　B. 0　　C. NULL　　D. 非零值

14. 下面关于“EOF”的叙述，正确的是（　　）。

A. EOF 的值等于 0

B. 文本文件和二进制文件都可以用 EOF 作为文件结束标志

C. EOF 是在库函数文件中定义的符号常量

D. 对于文本文件，fgetc 函数读入最后一个字符时，返回值是 EOF

15. 以下程序用来统计文件中字符的个数（函数 feof 用以检查文件是否结束，结束时返回非零）

```
#include <stdio.h>
int main()
```

```
{
    FILE * fp;
    long num = 0;
    fp = fopen("filename.dat","r");
    while(________)
    {fgetc(fp); num++;}
    printf("num = %d\n",nun);
    fclose(fp);
    return 0;
}
```

下面选项中,填入横线处不能得到正确结果的是(　　)。

A. feof(fp)　　B. feof(fp)== NULL　C. ! feof(fp)　　D. feof(fp)== 0

16. 程序填空。

要求:请在程序的下划线处填入正确的内容并把下划线删除,使程序得出正确的结果。

注意:不得增行或删行,也不得更改程序的结构!

(1) 程序通过定义学生结构体变量,存储了学生的学号、姓名和3门课的成绩。所有学生数据均以二进制方式输出到文件中。函数 fun 的功能是从形参 filename 所指的文件中读入学生数据,并按照学号从小到大排序后,再用二进制方式把排序后的学生数据输出到 filename 所指的文件中,覆盖原来的文件内容。

```
#include <stdio.h>
#define N 5
typedef struct student {
    long sno;
    char name[10];
    float score[3];
} STU;
void fun(char * filename)
{
    FILE * fp; int i, j;
    STU s[N], t;
/********** found **********/
    fp = fopen(filename, __①__);
    fread(s, sizeof(STU), N, fp);
    fclose(fp);
    for (i = 0; i < N - 1; i++)
        for (j = i + 1; j < N; j++)
/********** found **********/
            if (s[i].sno __②__ s[j].sno)
            {t = s[i]; s[i] = s[j]; s[j] = t;}
    fp = fopen(filename, "wb");
/********** found **********/
    __③__(s, sizeof(STU), N, fp); /* 二进制输出 */
```

```
    fclose(fp);
}
int main()
{
    STU t[N] = { {10005,"ZhangSan", 95, 80, 88}, {10003,"LiSi", 85, 70, 78},
        {10002,"CaoKai", 75, 60, 88}, {10004,"FangFang", 90, 82, 87},{10001,"MaChao", 91,
        92, 77}}, ss[N];
    int i,j; FILE *fp;
    fp = fopen("student.dat", "wb");
    fwrite(t, sizeof(STU), 5, fp);
    fclose(fp);
    printf("\n\nThe original data :\n\n");
    for (j=0; j<N; j++)
    {
          printf("\nNo: %ld Name: %-8s Scores: ",t[j].sno, t[j].name);
          for (i=0; i<3; i++) printf("%6.2f ", t[j].score[i]);
          printf("\n");
    }
    fun("student.dat");
    printf("\n\nThe data after sorting :\n\n");
    fp=fopen("student.dat", "rb");
    fread(ss, sizeof(STU), 5, fp);
    fclose(fp);
    for (j=0; j<N; j++)
    {
          printf("\nNo: %ld Name: %-8s Scores: ",ss[j].sno, ss[j].name);
          for (i=0; i<3; i++) printf("%6.2f ", ss[j].score[i]);
          printf("\n");
    }
    return 0;
}
```

(2) 给定程序中,函数 fun 的功能是将参数给定的字符串、整数、浮点数写到文本文件中,再用字符串方式从此文本文件中逐个读入,并调用库函数 atoi 和 atof 将字符串转换成相应的整数、浮点数,然后将其显示在屏幕上。

```
#include <stdio.h>
#include <stdlib.h>
void fun(char *s, int a, double f)
{
/********** found **********/
    __①__ fp;
    char str[100], str1[100], str2[100];
    int a1; double f1;
    fp=fopen("file1.txt", "w");
```

```
    fprintf(fp, "%s %d %f\n", s, a, f);
/********** found **********/
    __②__ ;
    fp = fopen("file1.txt", "r");
/********** found **********/
    fscanf(__③__,"%s%s%s", str, str1, str2);
    fclose(fp);
    a1 = atoi(str1);
    f1 = atof(str2);
    printf("\nThe result :\n\n%s %d %f\n", str, a1, f1);
}
int main()
{
    char a[10] = "Hello!"; int b = 12345;
    double c = 98.76;
    fun(a,b,c);
    return 0;
}
```

(3) 程序通过定义学生结构体变量,存储了学生的学号、姓名和3门课的成绩。所有学生数据均以二进制方式输出到文件中。函数 fun 的功能是重写形参 filename 所指文件中最后一个学生的数据,即用新的学生数据覆盖该学生原来的数据,其他学生的数据不变。

```
#include <stdio.h>
#define N 5
typedef struct student
{
    long sno;
    char name[10];
    float score[3];
} STU;
void fun(char *filename, STU n)
{
     FILE *fp;
/********** found **********/
    fp = fopen(__①__, "rb+");
/********** found **********/
    fseek(__②__, -(long)sizeof(STU), SEEK_END);
/********** found **********/
    fwrite(&n, sizeof(STU), 1, __③__);
    fclose(fp);
}
int main()
{
```

```
    STU t[N] = { {10001,"MaChao", 91, 92, 77}, {10002, "CaoKai", 75, 60, 88},{10003,"LiSi", 
85, 70, 78}, {10004, "FangFang", 90, 82, 87},{10005,"ZhangSan", 95, 80, 88}};
    STU n = {10006,"ZhaoSi", 55, 70, 68}, ss[N];
    int i,j; FILE * fp;
    fp = fopen("student.dat", "wb");
    fwrite(t, sizeof(STU), N, fp);
    fclose(fp);
    fp = fopen("student.dat", "rb");
    fread(ss, sizeof(STU), N, fp);
    fclose(fp);
    printf("\nThe original data :\n\n");
    for (j = 0; j < N; j++ )
    {
        printf("\nNo: %ld Name: %-8s Scores: ",ss[j].sno, ss[j].name);
        for (i = 0; i < 3; i++ ) printf("%6.2f ", ss[j].score[i]);
        printf("\n");
    }
    fun("student.dat", n);
    printf("\nThe data after modifing :\n\n");
    fp = fopen("student.dat", "rb");
    fread(ss, sizeof(STU), N, fp);
    fclose(fp);
    for (j = 0; j < N; j++ )
    {
        printf("\nNo: %ld Name: %-8s Scores: ",ss[j].sno, ss[j].name);
        for (i = 0; i < 3; i++ ) printf("%6.2f ", ss[j].score[i]);
        printf("\n");
    }
    return 0;
}
```

(4) 给定程序中，函数 fun 的功能是将形参给定的字符串、整数、浮点数写到文本文件中，再用字符方式从此文本文件中逐个读入并显示在终端屏幕上。

```
#include <stdio.h>
void fun(char *s, int a, double f)
{
/********** found **********/
    __①__ fp;
    char ch;
    fp = fopen("file1.txt", "w");
    fprintf(fp, "%s %d %f\n", s, a, f);
    fclose(fp);
    fp = fopen("file1.txt", "r");
    printf("\nThe result :\n\n");
```

```
    ch = fgetc(fp);
/********** found **********/
    while (!feof(__②__)) {
/********** found **********/
   putchar(__③__); ch = fgetc(fp);}
    putchar('\n');
   fclose(fp);
}
int main()
{
    char a[10] = "Hello!"; int b = 12345;
    double c = 98.76;
    fun(a,b,c);
    return 0;
}
```

【微信扫码】
本章游戏实例 & 习题解答

拓展学习

【微信扫码】
综合实例源代码

参考文献

[1] 谭浩强.C程序设计[M].北京:清华大学出版社,1991.

[2] 李春葆.C程序设计教程[M].北京:清华大学出版社,2004.

[3] 叶健等.C语言程序设计任务教程[M].西安:西安交通大学出版社,2016.

[4] 薛志坚等.算法思维训练——C++程序设计与算法思维[M].南京:东南大学出版社,2020.

[5] 刘瑞挺.全国计算机等级考试二级教程[M].天津:南开大学出版社,1996.

[6] 陈朔鹰等.C语言趣味程序百例精解[M].北京:北京理工大学出版社,1996.

[7] 刘玉英. C语言程序设计——案例驱动教程[M].北京:清华大学出版社,2011.

[8] 黑马程序员. C语言程序设计案例式教程[M].北京:人民邮电出版社,2017.

[9] MOOC课程程序设计与算法(大学先修课)http://noi.openjudge.cn/

[10] C语言学习教程(非常详细)http://c.biancheng.net/c/